普通高等教育"十二五"规划教材

金属压力加工概论

（第3版）

李生智　李隆旭　主编

北　京

冶 金 工 业 出 版 社

2024

内 容 提 要

本书按照本科教学的特点和要求，以"加强理论，突出应用，强调理论联系实际，有利于培养学生应用能力"为指导思想，本着理论与应用并重的原则，吸收相关图书的精华，尽可能使书中的内容接近学科的前沿，力求反映该学科目前的发展水平。全书共分 14 章，内容覆盖面广，结构严谨，层次清晰。内容涉及金属成型，压力加工实质，变形力学，金属学，摩擦学，轧制理论，轧钢工艺，钢坯、型线材、板带钢、钢管的生产，有色金属压力加工，产品标准、质量检验及技术经济指标，新技术介绍，后续管理。

本书可供材料成型，金属材料，冶金，机械制造，管理等专业的师生参考使用，还可供相关行业的工程技术人员参考。

图书在版编目（CIP）数据

金属压力加工概论/李生智，李隆旭主编 . —3 版 . —北京：冶金工业出版社，2014.8（2024.8 重印）

普通高等教育"十二五"规划教材

ISBN 978-7-5024-6688-6

Ⅰ . ①金… Ⅱ . ①李… ②李… Ⅲ . ①金属压力加工 Ⅳ . ①TG3

中国版本图书馆 CIP 数据核字（2014）第 184814 号

金属压力加工概论（第 3 版）

出版发行	冶金工业出版社	**电 话**	(010)64027926
地 址	北京市东城区嵩祝院北巷 39 号	**邮 编**	100009
网 址	www.mip1953.com	**电子信箱**	service@mip1953.com

责任编辑 郭冬艳 程志宏 美术编辑 吕欣童 版式设计 孙跃红
责任校对 禹 蕊 责任印制 禹 蕊

北京虎彩文化传播有限公司印刷
1984 年 11 月第 1 版，2005 年 11 月第 2 版，2014 年 8 月第 3 版，2024 年 8 月第 7 次印刷
787mm×1092mm 1/16；15.25 印张；370 千字；231 页
定价 32.00 元

投稿电话 （010）64027932 投稿信箱 tougao@cnmip.com.cn
营销中心电话 （010）64044283
冶金工业出版社天猫旗舰店 yjgycbs.tmall.com
（本书如有印装质量问题，本社营销中心负责退换）

第 3 版前言

《金属压力加工概论》1984 年 11 月首次出版，于 2005 年 11 月再版，该书自出版发行以来，得到相关专业师生和广大工程技术人员的一致好评。至 2012 年 1 月本书已印刷 12 次；累计印数近 30000 册。读者反映该书基础知识完整，系统性强，理论联系实际，简明、通俗、实用。到现在为止，可以说它是金属压力加工领域中内容较为齐全、充实的一本书。

本次修订是在保持原版体系的前提下，局部修正并补充有关内容。本书主要内容包括：金属压力加工基础知识、金属压力加工理论基础、轧制理论基础、轧钢生产工艺、有色金属加工工艺、金属压力加工产品的后续管理等，并在各章前面加了章节要点，各章的后面增加本章小结，更便于教学，满足师生的要求。

本书既可作为高等学校教学用书，也可供相关工程技术人员和管理人员参考。本书取材实用性强、内容涉及面广，对从事信息交流、技术开发以及质量检验等工作的人员也有参考价值。

本次修订由李生智、李隆旭主编。参加修订的编者包括于国安（第一、十一章），李隆旭（第四、六、八、十、十二、十三、十四章）和李生智（第二、三、五、七、九章）。李峻辉、李欣玮参与了本次修订的校对、资料收集等工作。

由于编者水平有限，书中不足之处，敬请读者批评指正。

第 3 版编者
2013 年 10 月

第 2 版前言

本书于 1984 年 11 月出版发行以来，受到相关专业师生和广大工程技术人员的欢迎。修订前本书已印刷 7 次，累计印数 21500 册。读者反映该书基础知识完整，系统性较强，理论联系实际。但随着时间的推移，书中部分内容也需要进行适当的增减与修订。

本次修订是在保持原版体系的前提下，调整和增加了个别章节，精化和补充了有关内容，例如新增了第四章金属压力加工的摩擦学基础、第十一章有色金属压力加工和第十三章金属压力加工简史及其新技术的发展等内容。本书可作为高等学校教学用书，也可供有关工程技术人员和管理干部参考。本书第 2 版的取材实用性更强、内容涉及面更广，这不仅满足了教学、生产、消费领域的需要，而且对信息交流、技术开发以及内贸、外贸的质量检验也是必不可少的。

本次修订由李生智任主编，李隆旭任副主编。参加修订的编者包括于国安（第一、十一章），李隆旭（第四、六、八、十、十二、十三章）和李生智（第二、三、五、七、九章）。

由于编者水平有限和时间仓促，书中定会有不少缺点和错误，敬请读者给予批评指正。

第 2 版编者
2005 年 8 月

目 录

第一章 金属的成型及金属压力加工基本知识

金属材料，尤其是金属压力加工产品，在日常生活中到处可见，在好多地方都是不能缺少的重要物质。人们的衣、食、住、行，都要接触到金属，都在对其的使用中受益。

本章简要介绍了金属、金属元素、金属的成型方法、金属压力加工过程的实质及主要方法，以及其在国民经济中的作用。

第一节 金属及金属元素

一、金属

在自然界，金属一般是以氧化物、硫化物、碳酸盐等化合物的形式出现，也有以金属状态出现的，如金、铂等贵金属和铜，但数量极少。人们通常是将矿石开采出来，通过冶炼提取金属及其合金，再进行加工使用。

众所周知，金属在常温下是原子有规律排列构成的固态结晶体。它除具有一定的形状外，还有坚硬性、塑性（延展性）和特殊的光泽，是热、电的良导体。也有例外，如水银不是固态结晶体，锑并不具有良好的塑性，铈、镨的导电性还不如非金属石墨。

上述的传统说法，显然还没有完全揭示出金属与非金属之间的本质差别。比较严格的定义，则要深入金属的原子结构及原子的结合方式的研究领域。在这里，传统说法实际上是基本知识，通俗地表述了金属的含义。

二、金属元素

通常把金属分为黑色金属和有色金属两大类（见附录1）。在化学元素周期表中，化学元素共109种，金属元素共列出86种，其中黑色金属元素3种，有色金属元素83种。

黑色金属亦称"铁类金属"，所含主要成分是铁，包括铁、锰、铬及其合金，还含有碳、硅、硫、磷等元素。实际上也是铁、碳与其他多种元素组成的合金，又称"铁碳合金"。一般呈黑色，故称其为黑色金属，习惯上把黑色金属统称为"钢铁"。

钢和铁是有区别的，其含碳量多少决定它们的特性。常说"铁硬钢强"，实际含碳量高的铸铁坚硬但脆，可铸造成形状更为复杂的产品；含碳量比铸铁低的钢（尤其合金钢）强韧性高、塑性好，使用更为广泛。

有色金属亦称"非铁金属"，具有更多特殊的性能，诸如高强度、高导电性、高耐蚀性、高耐热性等。在机电、仪器仪表等使用的特殊材料大都是有色金属。在航空、航天、航海、原子能等工业部门，对有色金属的使用量更大。电子、光学领域、卫星、导航系统、超导材料、真空器件等都离不开有色金属这种专用、独特的材料。

有色金属包括轻金属、重金属、稀有金属、贵金属、半金属等。依其特殊的功能，在要害部门和尖端技术上发挥着极大的作用。

三、常用的金属简介

（一）黑色金属部分

1. 铁

铁通常是指含有碳、硅、锰、硫、磷等元素组成的铁碳合金，工业上应用的有铸铁（生铁）和工业纯铁（熟铁）两种，其密度为 $7.86g/cm^3$，熔点为 1538℃。

（1）铸铁。又称生铁，含碳量大于 2.0% 的铁碳合金。铸铁是冶金厂的重要初级产品，大部分用于炼钢，另一部分用来生产铸铁件。铸铁是机器制造业的结构材料，其重量一般占机器总重量的 60% ~70%。

（2）工业纯铁。又称熟铁，碳含量低于 0.04% 的铁碳合金。其铁含量约 99.9%，也称为无碳钢，实际上可以说成是低碳钢。工业纯铁的磁性很好，是制造电工器件的常用材料，有很好的塑性、耐热性、耐蚀性和焊接性，因此可用于深冲。

2. 钢

钢也是铁碳合金，通常是指碳含量在 0.04% ~2.0% 之间的铁碳合金。钢是用生铁或废钢为主要原料，根据不同性能要求，配加一定的合金元素冶炼而成，经过轧制等金属压力加工过程，获取国民经济各领域所需要的钢材。人们更习惯按化学成分把钢分为碳素钢与合金钢两类。

（1）碳素钢。碳含量为 0.04% ~1.35%，并有硅、锰、硫、磷及其他残余元素的铁碳合金，简称碳钢。碳钢的产量占全部钢产量的 90% 左右，是用途最广、产量最大的金属。

（2）合金钢。在钢水中特意加入不同化学元素的合金化过程，获得特殊的工艺性能（如铸造性、焊接性、热处理性、切削性、深冲性等）和使用性能（如强度、硬度、韧性、耐热性、耐蚀性、耐磨性等）稳定、优良的钢即为合金钢。钢的合金化过程，一是改变了钢的组织和结构；二是改变了钢的物理和化学性能。合金化所用的化学元素称为合金元素，常用的合金元素有十多种：碳、氮、铝、硼、铬、钴、铜、锰、钼、镍、铌、硅、钛、钨、钒、锆、稀土等。锰、铬是钢铁中主要且含量偏多的组成元素，也是作为合金元素加入其中的。

（二）有色金属部分

1. 轻金属

密度小于 $3.5g/cm^3$ 的金属称为轻金属（国外把密度为 $4.5g/cm^3$ 的金属也称为轻金属），轻金属通常包括铝、铝合金、镁、镁合金及以铝、镁为基本的粉末冶金材料和复合材料，还有铍、锂等。轻金属，质轻且可节省能源，能回收再生而节省资源，是极为有用的金属。其使用范围在宇航、交通运输、建筑、机电工业、包装和高新技术产业方面逐渐扩大，和钢铁一样，已是重要的基础金属材料。

（1）铝。密度为 $2.7g/cm^3$，熔点 660.24℃，是主要的轻金属。密度小，约为钢的

1/3，添加该成分后可使产品轻量化，塑性好易加工。具有耐腐蚀、无低温脆性、导电导热性好、反射性强、有吸音性、耐核辐射、表面处理性能好等特点，使其广泛使用在包装、交通运输、建筑工程领域。

（2）镁。密度为 $1.73g/cm^3$，熔点 649℃，是银白色金属。镁的强度比铝低，塑性差，但有良好的切削加工性能和抛光性能，镁可用于化学工业、仪器仪表制造及军事工业。镁还可作生产球墨铸铁的球化剂，炼钢的脱硫剂，有机化合物的合成剂。镁易于燃烧，并发出高热及耀眼的火焰，因此可用来制作照明弹、燃烧弹和焰火。镁更多的用途是制造镁合金和生产含镁的铝合金。

2. 重金属

密度大于 $3.5g/cm^3$（国外大于 $4.5g/cm^3$）的金属称为重金属（有的可达 $7\sim12g/cm^3$），铜、镍、铅、锌、锡、镉等金属及其合金皆属重金属。重金属使用的历史悠久，如今的产量也高，仅次于钢铁，居金属中的第二位。

（1）铜。密度为 $8.96g/cm^3$，熔点 1083.4℃，红黄色金属。铜具有优良的导电导热性能，有较好的耐蚀性；工艺性能好，能承受大变形量（90%）的冷变形而不破裂等。铜是人类最早发现和使用的金属之一，中国在新石器时代就开始用铜。

（2）镍。密度为 $8.9g/cm^3$，熔点 1445℃。力学性能优良，有特殊的物理性能（铁磁性、磁致伸缩性等），有良好的化学稳定性，是耐蚀性最好的金属之一。大量用来制造不锈钢、软磁合金和多种镍基合金等。

（3）锌。密度为 $7.14 g/cm^3$，熔点 419.5℃。锌有较好的耐蚀性和力学性能，一般经压力加工后可成板、带、箔、线材，用于机械、仪器仪表工业的零件制造等。

（4）铅。密度为 $11.68g/cm^3$，熔点 327.4℃。铅具有熔点低、塑性好、耐蚀性高、X射线和 γ 射线不易穿透等优点。在室温状态下进行压力加工不产生加工硬化，说明其压力加工性能是极好的。广泛用于化工、电缆、蓄电池和放射性等工业部门。

（5）锡。密度为 $7.3g/cm^3$，熔点 231.9℃。锡的熔点低、强度硬度低、塑性好（经冷加工后不产生明显的加工硬化），用于电器、仪器仪表等工业部门的零件制造。

（6）镉。密度为 $8.64g/cm^3$，熔点 320.9℃。镉的塑性好、强度低，易在热、冷状态下经压力加工成板材和型材，用于无线电、核能等工业部门。镉的化学活泼性不大，且能在表面形成保护层，防止其被腐蚀。以镉为基本的合金很少，一般作为添加元素配制合金。

3. 稀有金属

顾名思义，可以理解是稀缺少有的金属。相比之下，稀有金属种类繁多，诸如稀有轻金属、高熔点金属、分散金属、稀土金属、放射性金属等。

（1）稀有轻金属。以铍为例，铍具有优异的性能。由于生产工艺复杂、加工困难、价格昂贵且有毒，则应用数量有限。除高新技术领域（如核技术）应用外，还有铍合金（如铍铝合金、铍铜合金、铍镍合金）及铍/钛复合材料等，都在开发和应用之中。

（2）高熔点金属。高熔点金属俗称难熔金属，其熔点超过 1650℃。难熔金属在稀有金属中，是最为广泛应用的金属，由于航空、航天、电子和原子能技术发展的需要，促进了难熔金属材料及其加工技术的发展。人们常接触到的钨、钼、钛等，皆属典型难熔金属，应用极为广泛。

1）钨。密度为 $19.25g/cm^3$，熔点 3410℃，银白色金属。钨以纯金属、合金及复合材料的形式广泛用于电光源和电子管的灯丝、电极、电触点、真空高温炉部件、火箭喷管等，还大量用作硬质合金、工具钢、耐热钢之中。

2）钼。密度为 $10.22g/cm^3$，熔点 2610℃。钼的应用较广，用作灯泡和电子管中钨丝的支撑材料，还可用作钨丝的缠绕芯杆、压铸和挤压模具、钻或镗的刀杆、火箭发动机的喷管等。

3）钛。国外亦归类为稀有轻金属，密度为 $4.5g/cm^3$，熔点 1667℃。钛具有密度小、强度高、耐热、耐蚀性能优良等特性，适用制造航空、航天、航海装备的承力件，化学和海洋工业的耐蚀件，医疗器械和人体整形支架等。

（3）分散金属。分散金属在自然界中几乎没有单独以矿物的形式存在，它们在地壳中很分散，往往是从冶金和化工的废料中提取。以铟为例，由铟和砷（半金属）构成的化合物半导体材料（砷化铟），常温呈银灰色固体，密度为 $5.66g/cm^3$，熔点为 942℃。砷化铟（InAs）可在常压下由熔体生长单晶，是一种难以纯化的半导体材料。其性能独特，应用越发广泛，如制造光纤通信用的激光器和探测器等。

（4）稀土金属。稀土金属在开发初期只能获得外观似碱土（如氧化钙）的稀土金属氧化物，故起名"稀土"。以钕为例，钕、铁、硼（半金属）为基相的稀土永磁合金，具有十分优异的永磁特性，钕铁硼（$Nd_2Fe_{14}B$）永磁合金也被称之为第三代稀土永磁合金，故被极力开发应用。

（5）放射性金属。如镭、铀等金属，多用于原子能工业等极其特殊的地方，一般人是接触不到的，这里也就不介绍了。

4. 贵金属

金、银和铂等金属都能抗化学变化，不易氧化并保持美丽的金属光泽，产量少而价格昂贵，故统称为贵金属。

（1）金。纯金密度为 $19.32g/cm^3$，熔点 1064.4℃。金有美丽的金黄色光泽，化学稳定性很高，有良好的抗氧化性，加热时不变色，有优越的抗腐蚀性。大部分的黄金都被用于制造首饰、金币和奖章等。金的放射性同位素，可在医学诊断和治疗疾病方面得到应用。近年来由于微电子和通信技术的发展，在该领域中用金量也有较大的增长。

（2）银。密度为 $10.49g/cm^3$，熔点 961.93℃，是一种白色金属，具有极强的金属光泽。银在所有金属中，对白色光线的反射性能最好，导电热性最高。银在贵金属中，密度小，熔点低，产量大，价格便宜。多用于银器及装饰品，银币和奖章，感光材料，用于饮用水消毒以及合成杀菌和抗病毒的药物等。

（3）铂。密度为 $21.45g/cm^3$，熔点 1770℃。铂与金、银相比，发现和使用较晚且产量稀少，称为稀有贵金属。铂具有良好的力学、电学和热学性能，又有优异的抗菌素氧化、耐腐蚀能力及催化活性。被广泛用于电工、电子、航空、航天、航海、轻工、仪器仪表、玻璃纤维、环保等众多领域。饰品材料约占其总用量的40%，其他如测温材料、器皿材料、铂催化剂、抗癌药物等。

5. 半金属

半金属一般指硅、砷、硒、碲、硼，其物理化学性质介于金属与非金属之间。如砷是非金属，但可传热导电；硅是电导率介于导体与绝缘体之间的半导体主要材料之一；砷、硒、碲可以化合物的形式构成半导体材料；硼是合金的添加元素。以半金属元素或化合物构成半导体材料，如硅和硒化锌。

（1）硅。密度为 $2.329g/cm^3$，熔点 1410℃，具有灰色金属光泽，较脆，硬度稍低于石英。硅是最主要的半导体材料，包括硅单晶、硅多晶、硅片、非晶硅薄膜等，可用于制备半导体器件。以硅为主要合金元素生产硅黄铜、硅青铜，硅黄铜具有较高的力学性能，能很好地承受压力加工，在大气和海水中有极好的耐蚀性，且比一般黄铜有较高的抗应力和腐蚀破坏能力；硅青铜的力学性较锡青铜高，可作锡青铜的代用品。

（2）硒化锌。由硒和锌构成的化合物半导体材料（硒化锌），密度为 $5.42g/cm^3$，熔点为1500℃，呈浅黄色晶体。它是化合物半导体中可以发出从黄到蓝一系列可见光的发光材料，也是重要的红外光学材料。

第二节　金属的成型方法

金属的成型方法归纳起来有以下几种。

（1）减少质量的成型方法。即将质量较小的金属去除一部分质量而获得一定形状及尺寸的工件。属于这种方法的有：车、刨、铣、磨、钻等金属切削加工；把金属局部去掉的冲裁与剪切、气割与电切；把金属制品放在酸或碱的溶液中蚀刻成花纹等蚀刻加工。

其优点是能得到尺寸精确，表面光洁，形状复杂的产品；缺点是原料消耗量大，能量消耗大，成本高、生产率较低，不会对金属的结构和性质带来改善。

（2）增加质量的成型方法。即由小质量的金属逐渐积累成大质量的产品。属于这种方法的有铸造，电解沉积，焊接与铆接，烧结与胶结等。

其优点在于能获得形状更为复杂的产品，成型过程中除技术因素外没有产生废品的条件，原料消耗少，故较为经济；缺点是力学性能较低，且存在难以消除的缺陷，如铸件中存在组织及化学成分不均匀，有缩孔、砂眼、偏析及柱状结晶等缺陷。沉积法没有铸造缺陷，但沉积合金还不能被广泛应用。

（3）质量保持不变的成型方法。即金属本身不分离出多余质量，也不积累增加质量的成型方法。这种方法是利用金属的塑性，对金属施加一定的外力作用使金属产生塑性变形，改变其形状和性能而获得所需的产品。这就是所谓轧制、锻造、冲压、拉拔、挤压等金属压力加工的方法，其中轧制是金属压力加工中使用最广泛的方法。

这种方法的优点是：

1）因为是无屑加工，故可节省金属。除工艺原因所造成的废料以外（如切头尾、氧化铁皮等），加工过程本身是不会造成废料的。

2）金属塑性变形过程中使其内部组织以及与之相关联的物理、力学等性能得到改善。

3）产量高，能量消耗少，成本低，适于大量生产。

该法的不足之处有：

1）对形状要求复杂，尺寸精确，表面十分光洁的加工产品尚不及金属切削加工方法。但由于压力加工方法的产量高、性能好、成本低，故对一些要求不特别高的工件有取而代之的趋势，如齿轮和简单周期断面工件的轧制、冲压和挤压等。

2）该法仅能用于生产具有塑性的金属，在成本上和形状复杂程度方面，该方法远不如铸造方法。大多数压力加工方法的设备庞大，加工薄而细和批量少的产品，成本也较高。

（4）组合的成型方法。即上述几种成型方法的联合使用。如无锭轧制亦称液态铸轧方法，是铸造与轧制方法的联合；辊锻加工是轧制和锻造方法的联合。

第三节 金属压力加工过程的实质及主要方法

金属压力加工过程，实质是金属塑性加工的过程。所谓金属压力加工，乃是对具有塑性的金属施加外力作用而使其产生塑性变形，改变金属的形状、尺寸和性能而获得所需产品的一种加工方法。

金属压力加工的主要方法有：轧制、锻造、冲压、拉拔和挤压等。

一、轧制

轧制是金属压力加工中使用最广泛的方法。它借助于旋转的轧辊与金属接触摩擦，将金属咬入轧辊缝隙间，再在轧辊的压力作用下，使金属在长、高、宽三个方向上完成塑性变形过程。简而言之，是指金属通过旋转的轧辊缝隙进行塑性变形的过程。

轧制的方式目前大致分为三种：纵轧、斜轧和横轧。

（1）纵轧。即金属在相互平行且旋转方向相反的轧辊缝隙间进行塑性变形，而金属的行进方向与轧辊轴线垂直（见图1-1）。结果使金属厚度变薄，而长度、宽度增大，其中长度增大最为显著。

金属无论在冷状态之下还是热状态之下皆可进行轧制，这种方法在钢材的生产中应用得最为广泛，如各种型材、板带材都用该法生产。

（2）斜轧。指金属在同向旋转且中心线相互成一定角度的轧辊缝隙间进行塑性变形（见图1-2）。金属沿轧辊交角的中心线方向进入轧辊，金属在变形过程中除了绕其轴线旋转运动外，还有沿其轴线的前进运动。亦即既旋转又前进的螺旋运动。

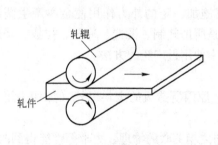

图1-1 纵轧示意图

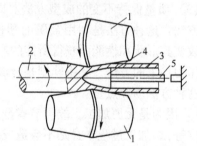

图1-2 二辊斜轧简图

1—轧辊；2—坯料；3—毛管；

4—顶头；5—顶杆

此法常用以轧制管材及变断面型材。

（3）横轧。指金属在同向旋转且中心线相互平行的轧辊缝隙间进行塑性变形（见图1-3）。在横轧中金属轴线与轧辊轴线平行，金属只有绕其自身轴线旋转的运动，故仅在横向受到加工。

这种方法用于生产齿轮、车轮和各种轴等回转体件。

二、锻造

锻造即指一般所说的"打铁"，它是一种古老的金属压力加工方法。锻造是用锻锤的往复冲击力或压力机的压力使金属进行塑性变形的过程。

锻造可分为自由锻造（见图 1-4a）和模型锻造（见图 1-4b）两种。

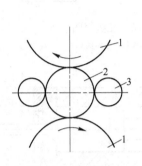

图 1-3　横轧简图
1—轧辊；2—轧件；3—支撑辊

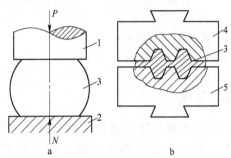

图 1-4　锻造简图
a—自由锻造；b—模型锻造
1—锤头；2—砧座；3—锻件；4—上模；5—下模

所谓自由锻造，是指金属在锻造过程的流动受工具限制不严格的一种工艺方法。它是在上下往复运动的平锤头冲击下使金属产生塑性变形，而下锤头（砧座）通常是固定不动的。其特点是当金属受压缩时，造成金属向四周自由流动。自由锻造亦称无型锻造。

模型锻造，是指锻造过程中的金属流动受模具内腔轮廓或模具内壁严格限制的一种工艺方法。

锻造加工被广泛应用在各工业部门，尤其是在造船工业、发动机制造工业、机床制造工业、国防及农业机械工业中均占有很重要的地位。锻造所用的原料可为金属锭或轧制坯，目前用最大钢锭重达 350t。合金钢厂一般都设置锻造车间，以提供后面加工车间的合金钢坯。锻造成品包括各种各样的零件，诸如曲轴、连杆、飞机和轮船的螺旋桨、高压锅炉的圆筒、枪身、炮管、涡轮机的叶轮等等。

三、冲压

一般用薄的板料冲压成我们所需形状的零件（见图 1-5）。用这种方法可以生产有底的薄壁空心制品，其产品如子弹壳、各种仪表器件、器皿及日常生活用的锅碗盆勺等。

四、拉拔

拉拔是指金属通过固定的具有一定形状的模孔中拉拔出来，而使金属断面缩小、长度增加的一种加工方法（见图 1-6）。

拉拔包括拉丝和拔管过程。拉丝过程是使外力作用于被加工金属的前端，金属通过一定的模孔，其断面缩小、长度增加的过程。拔管过程是将中空坯通过模孔（用芯棒或不用芯棒）在其前端施加拉力，使管径减小、管壁变薄（或加厚）的过程。

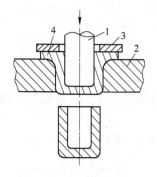

图 1-5　冲压简图

1—冲头；2—模子；3—压圈；4—产品

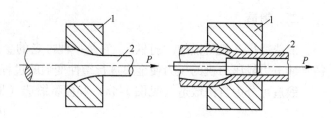

图 1-6　拉拔简图

1—模子；2—制品

五、挤压

挤压的实质是将金属放入挤压机的挤压筒内，在一端施加压力迫使金属从模孔中挤出，而得到所需形状的制品的加工方法（见图 1-7）。

挤压多用于有色金属的加工，近年亦应用于钢及其合金（黑色金属）的加工，特别是耐热合金及低塑性金属的加工方面。其产品多为型材、管材等。

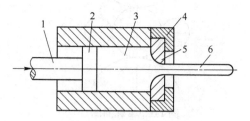

图 1-7　挤压简图

1—挤压棒；2—挤压垫；3—坯料；
4—模座；5—模子；6—制品

第四节　金属压力加工在国民经济中的作用及其发展

金属压力加工的产品在国民经济中应用极为广泛。根据统计，在铁路运输工具中所用金属压力加工产品占其金属制品的 96%，在汽车和拖拉机制造工业中约占 95%，在农业机械工业中占 80%，在航空和航天工业中占 90%，在机械制造工业中占 70%，基本建设约占 100%。特别是随着现代科学技术的不断发展，对金属产品的种类和质量，将提出新的更高的要求。

我们常用的一般钢材、钢轨、钢梁、钢筋、滚珠轴承、飞机机翼外壳、大炮炮筒等，都必须用压力加工的方法来进行优质、大量的生产。

工业、农业、交通运输等国民经济各个部门和国防建设，都需要钢材。建设一个较大的重工业工厂就需要多种大量的钢材，如钢筋、钢梁以及屋面板等就要用几千吨甚至上万吨。铺设一公里铁路，仅钢轨一项就要用 100t。制造一辆汽车，就需要三千多种不同规格的钢材。一艘万吨轮船，要用近 6000t 的钢材。制造一门炮和一杆枪，就需要一百多个钢种和一千多形状不同、尺寸不等的钢材。

通常冶炼出来的钢，除很少量的钢是用铸造方法制成零件的，绝大部分是经过压力加工制成产品，而且 90% 以上都要经过轧制，以轧制钢材供给国民经济各个部门。某些个别钢材虽非直接由轧钢车间生产，但基本上都要由轧钢车间供料。由此可见，在现代钢铁企业中，作为使钢成材的最后一个生产环节的轧钢生产，在整个国民经济中占据着异常重要的地位，对促进整个生产的发展起着十分重要的作用。

金属压力加工工业的发展是很快的。目前除了轧制、锻造、冲压、拉拔、挤压等几种普遍应用的压力加工方法外，由于国民经济一日千里的发展和科学技术日新月异的进步，则不断涌现出各种新的压力加工方法，如爆炸成型、液态铸轧、粉末加工、液态冲压及引拔、振动加工，以及各种加工方法的联合等。

金属压力加工的产品可用在各行各业中，面面俱到，无所不包。某些重要工业部门中金属压力加工产品比重更大，有的占整个金属制品的95%。

总的看来，当前金属压力加工生产是规模更加庞大、产量更多、种类更加齐全、控制更加精确，人们正围绕着优质、高产、低耗的生产工艺，不断完善、不断更新，进而实现综合技术的改革和创造。

随着金属冶炼技术的发展和机电工业的进步，随着自动控制、电子计算机技术的广泛应用和整个科学技术水平的不断提高，金属压力加工技术也在飞跃发展。以有代表性的轧钢生产技术发展来看，其发展的主要趋势是：

（1）生产过程日趋连续化。近几十年来带钢和线材生产过程连续化更加完善，出现了连续型钢轧机和连续钢管轧机。像无头轧制这样的完全连续式作业线，已由线材生产推广应用于冷轧带钢及连续焊管生产。

（2）轧制速度不断提高。生产过程的连续化为提高作业速度创造了条件。近几十年来，各种轧机的轧制速度不断提高。目前线材轧制速度已达 100m/s，带钢冷轧速度达41.7m/s，钢管张力减径速度达 20m/s。

（3）生产自动化日益完善。生产自动化不仅是提高轧机生产能力的重要条件，而且是提高产品质量、增加生产效率、降低消耗指标的重要前提。20 世纪 60 年代以后发展起来的电子计算机技术在轧钢生产中已得到日益普遍的应用，尤其在带钢连轧机上应用得最为全面。目前采用的多层计算机控制系统，不仅实现了过程控制和数字直接控制，而且使计算机技术在企业管理上也得到了应用。

（4）生产规模进入大型化。炼铁、炼钢生产能力的大幅度提高，必然会促使轧钢生产规模的扩大。将 20 世纪 60 年代和 70 年代加以比较，板坯初轧机最高年产能力从 350 万吨增至 600 万吨，带钢热连轧机从 300 万吨增至 600 万吨。初轧钢锭重达 60~70t，热轧板坯重达 45t，冷轧板卷重达 60t。初轧机主电机容量达 $2 \times 6700kW$，厚板轧机主电机容量达 $2 \times 8000kW$。最大轧辊重达 240t，牌坊重达 450t，轧制压力超过 100MN。厚板、薄板、大型 H 型钢、巨型管材等生产设备都在日趋重型化，生产规模愈来愈大。

（5）生产系统实现专业化。为了满足产量和质量的要求，往往把轧机分为大批量专业化轧机和小批量多品种轧机两类。前者为主要生产力量，采用专用设备及专用加工线进行生产，以利于提高产量、质量并降低成本。

（6）采用自动控制不断提高产品精度。计算机自动控制，大大提高了对钢材尺寸、形状和表面质量的控制精度。例如，能使厚 5mm 以下的热轧宽带钢的厚度精度控制到±0.025mm，冷轧带钢厚度精度控制到 ±0.004mm，使带钢宽度公差控制到 5mm；能使盘重 4.4t 的线材直径精度控制在 0.1mm 以内；冷加工钢管外径偏差达 ±0.05mm，壁厚偏差±0.01mm，表面特性达到极光表面的镜状光泽面，即 $Ra \leqslant 10\mu m$。

（7）发展合金钢种与控制轧制工艺以提高钢材性能。利用锰、硅、铌、钛、钒等微量合金元素生产低合金钢种，配合控制轧制或形变热处理工艺，可以显著提高钢材性能，延长使用寿命。近年来，由于工业发展的需要，对石油钻采用管、造船钢板、深冲钢板和硅钢片等生产技术的提高特别注意，所以，在这方面取得的进步也特别显著。

（8）不断扩大钢材品种规格及增加板带钢和钢管的产品比重。钢材品种规格已达数万种以上。现已能生产 1200 × 530H 型钢、78kg/m 重轨、直径 1.6m 以上的管材、宽达 5m 以上的钢板、薄至 0.1mm 以下的镀锡板等。各种特殊断面及变断面钢材、各种镀层、复层及涂层钢材都有很大的改变。在钢材总产量中，板带钢和钢管产量所占比重不断增加，尤其是板带钢更为突出。在工业发达的国家里板带钢占钢材产量的 50% ~ 65%，美国则达66% 以上。

（9）连铸钢坯取代初轧钢坯。采用连铸钢坯可以提高成材率、简化工艺过程、降低生产成本等许多优点，故近年来得到较迅速的发展。一些工业发达的国家，如日本 1978 年连铸钢坯约占钢坯总量的 46%，近年来仍在不断提高。各国对于直接采用连铸钢坯轧管及连铸钢坯穿孔的新工艺也极为重视。压力铸坯在不少中、小型企业已开始得到应用和发展。

（10）大力发展新工艺、新技术，节省能源和金属消耗，降低生产成本。近年来很多新工艺、新技术，例如钢锭的"液芯加热和轧制"、初轧坯不经再加热的"直接轧制"、薄板的"不对称轧制"及其他高效钢材轧制等正在得到积极试验和推广。有的工厂还开始进行连铸连轧、液态铸轧，甚至进行钢锭直接轧制成品的试验。这些都可大大节省能源消耗、提高成材率。

———— 本 章 小 结 ————

自然界存在的元素中约有 75% 是金属。地壳中含量最多的金属是铝，其次是铁、钙、钠、钾等。金属元素在地壳中经沉积作用，岩浆活动、区域变质等地质活动，使其聚集起来，形成被开采的金属矿床。

金属与其他元素形成的化合物具有不同的性质，金属更多的是以金属化合物的形式存在并被开发使用。

课后思考与习题

1. 简述金属的概念。
2. 黑色金属（钢铁）和有色金属是怎样区别的？
3. 金属的成型方法有哪些，其特点是什么？
4. 金属压力加工过程的实质是什么？
5. 试简要说明轧制的几种方法，其应用范围如何？

第二章　金属压力加工的变形力学基础

金属压力加工过程的实质，就是金属塑性变形的过程。受力的金属，其结晶组织发生变化（塑性流动），外部形状发生改变，诸多性能也随之发生改变。

金属压力加工的变形力学介于弹性力学和流体力学之间，它在连续体力学中是系统化的领域。不难看出，金属压力加工过程中的工具状况（材质、形状等）、加工方法（速度、温度、加载形式等），都是对施加的力的主要影响因素。

为了精确研究金属受力变形，对于金属变形体诸多的受力状态（受力点部位不一，受力方向差异、受力大小不均等），以及其形状和组织稳定性等情况，就不能认为是一般性的受力问题了。采用应力可推进复杂金属受力变形实质的研究。加在金属上的应力所引起的金属变形，即是金属体内点与点间距离（原子或分子的间距）发生的改变，显而易见，用"应力"来表达和描述，在工程应用上更贴近实际。

上述是本章的核心内容，本章的塑性变形机理方面的内容也是必须要深刻了解的。前后相互联系，可加深理解知识与实践运用间的结合，实用技术内容也能促进理论知识的提升。

第一节　外力、内力和应力

为了使金属产生塑性变形，必须施加一定的外力。如果在该力作用下物体的运动受到阻碍，则在物体内将产生内力。

一、外力

在压力加工过程中，被加工的物体所受到的表面外力（忽略工件重量和惯性力）有如下三种：

（1）作用力。作用力一般是由机械运动部分作用而产生的，例如在锻造时锤头的下落部分作用于金属的力，如图 2-1 所示的 p。

（2）反作用力。这是由于工具阻碍金属向某个方向运动而产生的，如图 2-1 中所示的 N 力。反作用力的方向总是垂直于工具表面指向物体，而不一定和作用力在同一条直线上（塑性变形体受力产生摩擦反力所致）。

（3）摩擦力。在任何压力加工过程中，变形金属和工具之间，都存在着摩擦力，如图 2-1 所示的力 T。工具对工

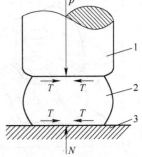

图 2-1　镦粗时金属受的外力

1—锤头；2—金属体；3—砧子

件作用的摩擦力的方向是阻碍工件质点沿工具表面运动的方向。摩擦力对金属的塑性变形既能起阻碍作用（如上述镦粗情况），又能起有效作用（如轧制时金属靠摩擦力被咬入辊缝）。

二、内力

由于某种原因，当物体内部的原子被迫离开平衡位置时，则在物体内部产生了与外力平衡的力，即谓之内力。当迫使原子离开平衡位置的因素（如外力）消除后，原子回到平衡位置，则内力消失。使物体产生内力的原因有二：其一是由于平衡外力而产生的，在外力作用下使物体产生变形时，则物体内部便产生了与外力平衡的内力；其二是由于物理过程及物理-化学过程的作用（如不均匀变形，不均匀加热及冷却，不均匀相变等），在物体内部产生相互平衡的内力。如金属板材不均匀加热时（见图2-2）的膨胀结果，板材右半部受到左半部的压缩作用，而左半部则受到拉伸作用，拉应力与压应力在物体内部相互平衡。

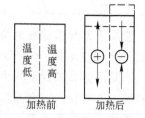

图2-2　加热不均引起的内力

三、应力

单位面积上产生的内力称为应力。在一般情况下，当断面上的内力分布均匀时，真实的应力将为一个在数值无限小的截面积上作用的内力 Δp 与该微小的截面积 ΔF 比值的极限，即

$$\sigma = \lim_{\Delta F \to 0} \frac{\Delta p}{\Delta F} \tag{2-1}$$

当应力分布均匀时，或者应力虽不均匀分布，但为了计算简便取平均值时

$$\sigma = \frac{p}{F} \tag{2-2}$$

式中　F——物体的截面积；

p——作用于该截面积的内力。

一般情况下（见图2-3）作用任意截面上的应力 s，往往与该截面成任意角度，可以分解为垂直于截面 F 的法线应力 σ_n 和作用于截面 F 的切线应力 τ_x、τ_y。

在压力加工原理中，为了使用方便，常常取适当的坐标轴（见图2-4），使之按此轴

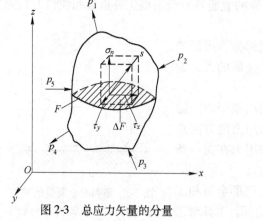

图2-3　总应力矢量的分量

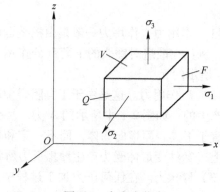

图2-4　主应力状态

方向所取的截面上只有法线应力作用，而没有切线应力作用（$\tau_x = \tau_y = \tau_z = 0$）。通常把如此所取的坐标轴（$x$、$y$、$z$）叫做主轴，所截取的截面（$F$、$Q$、$V$）叫做主平面，作用在主平面上的法线应力（$\sigma_1$、$\sigma_2$、$\sigma_3$）叫做主应力。

第二节　应力状态和主应力图示

一、应力状态

当金属受外力或由于物理过程、物理-化学过程的作用而在物体内产生内力时，称金属处于应力状态。由弹性力学可知，变形物体任一点的主应力状态，可用三个主应力来表示，也就是说，由通过该点的三个主平面上的应力 σ_1、σ_2、σ_3 能够决定此点的应力状态（见图 2-4）。一般规定拉应力为正，压应力为负，按代数顺序 $\sigma_1 > \sigma_2 > \sigma_3$。

二、主应力图示

在压力加工原理中，为了定性说明变形金属内某点的应力状态，常采用只注明作用于该点的三个主应力是否存在及其正、负号，而不注明应力数值的简明立方体图解，把该图解称作主应力状态图示或简称主应力图示。

可能的主应力状态图示共九种，如图 2-5 所示。

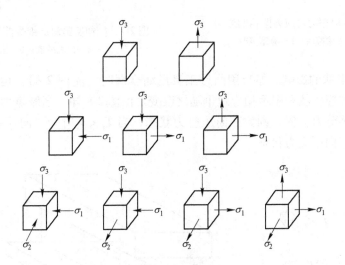

图 2-5　应力状态图示

金属压力加工过程中，金属内各点的主应力图示往往是不一样的。如果变形区中绝大多数金属质点都是同样的主应力图示，则该种主应力图示就表示这种压力加工过程的主应力图示。主应力图示很重要，首先它能定性地反映出该压力加工过程所需单位变形力的大小。其次，也能定性地说明工件在破坏前可能产生的塑性变形程度，即塑性大小。例如挤压时为显著的三向压应力状态，而拉拔时为一向拉应力，二向压应力状态，所以前者的塑性比后者高，但单位变形力却比后者大得多。

三、影响主应力状态、主应力图示的因素

（1）外摩擦的影响。众所周知，理想的光滑无摩擦的情况是不存在的。特别是压力加工过程中，工件在外力作用下，工件和工具接触表面间产生摩擦力更是不可忽略的。由于该摩擦力的作用往往会改变金属内部的应力状态，例如镦粗时，工件与工具接触表面在光滑无摩擦的条件下，其应力为单向压应力状态（见图2-6a），金属将均匀变形（实际上这种情况是不存在的）。事实上因摩擦力的存在，金属内部应力状态为三向压应力状态。摩擦力的作用可由圆柱体镦粗后变为"单鼓形"而得到证明（见图2-6b）。

（2）变形物体形状的影响。做拉伸试验时，开始阶段是一向拉伸主应力图示（见图2-7a），当出现细颈以后在细颈部分变成三向拉应力主应力图示（见图2-7b）。

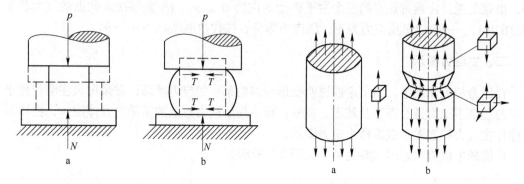

图2-6　摩擦力对应力图示的影响
a—无摩擦时；b—有摩擦时

图2-7　拉伸实验时出细颈前后的应力状态图示
a—出细颈前；b—出细颈后

（3）工具形状的影响。如当用凸形工具压缩金属时（见图2-8），由于作用力方向发生改变，所以主应力状态图示相应地也随之改变。由图2-8知，当摩擦力的水平分力 T_x 大于作用力的水平分力 p_x 时，则为三向压应力状态，当 $T_x < p_x$ 时为二向压一向拉应力状态，当 $T_x = p_x$ 时为二向压应力状态。

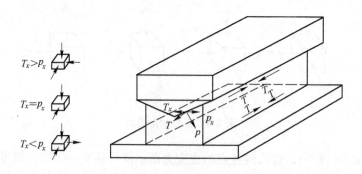

图2-8　凸形工具对主应力状态图示影响

（4）不均匀变形的影响。由于某种原因产生了不均匀变形时，也能引起主应力状态图示的变化，如图2-9所示，用凸形轧辊轧制板材时，由于中部变形大，两边缘变形小，金属为保证其完整性，金属内部产生了相互平衡的内力，此时中部为三向压应力状态，而两

边可能为二向压应力一向拉应力状态。

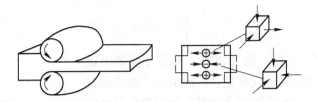

图 2-9 不均匀变形对应力状态图示的影响

在金属压力加工中，最常见的是三向压应力主应力图示（如轧制、锻造和挤压）和一向拉伸二向压缩主应力图示（如拉拔）。

第三节 主变形和主变形图示

一、主变形

在压力加工原理中，为研究问题方便引入主变形概念。所谓主变形是指在主轴方向（或主应力方向）所产生的变形。表示主变形的方法有三种，即绝对主变形、相对主变形和真实相对主变形。现以图 2-10 所示的矩形坯料变形前、后尺寸变化为例进行说明。

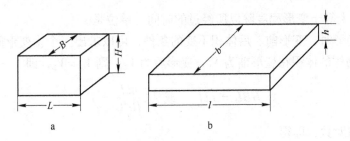

图 2-10 矩形坯变形前、后的尺寸变化
a—变形前；b—变形后

（1）绝对主变形。所谓绝对主变形，就是指在主轴方向上（或主应力方向上）物体变形前和变形后的尺寸差。设物体变形前、后的高、宽、长三个方向上的尺寸分别以 H、B、L 和 h、b、l 表示，物体在这三个方向上的绝对主变形依次称为压下量 Δh，宽展量 Δb 和延伸量 Δl，因此绝对主变形以下式表示，即

$$\Delta h = H - h$$
$$\Delta b = b - B \qquad (2\text{-}3)$$
$$\Delta l = l - L$$

（2）相对主变形。因为绝对主变形没有相对比较的意义，所以在大多数情况下采用相对主变形，即用绝对主变形与变形前尺寸之比来表示，即

相对压下量 $\qquad \dfrac{\Delta h}{H} \times 100\%$

相对宽展量 $\dfrac{\Delta b}{B} \times 100\%$

相对延伸量 $\dfrac{\Delta l}{L} \times 100\%$

(2-4)

（3）真实相对主变形。因为相对主变形并不能准确地表示出变形金属的真实变化程度，因此引入了真实相对主变形的概念。真实相对主变形是用某一瞬间变形尺寸的无限小的增量 dh_x，db_x，dl_x 与该瞬间尺寸 h_x，b_x，l_x 的比值之积分来表示（图 2-11），即

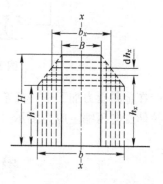

$$\delta_1 = \int_H^h \frac{dh_x}{h_x} = \ln \frac{h}{H}$$

$$\delta_2 = \int_B^b \frac{db_x}{b_x} = \ln \frac{b}{B}$$

(2-5)

$$\delta_3 = \int_L^l \frac{dl_x}{l_x} = \ln \frac{l}{L}$$

图 2-11 镦粗时体积变化示意图

在上述三种表示变形程度的方法中，以相对主变形最为常用。

为了表示塑性变形的激烈程度，还常常引用变形速度的概念。所谓变形速度就是变形程度对时间的变化率 $\left(\dfrac{d\delta}{dt}\right)$。为了研究变形速度对金属性能的影响而常用平均变形速度 $(\bar{u})$，它在数值上等于变形程度除以所经过的时间，单位是 s^{-1}。

根据塑性变形时，变形前、后体积不变的条件，可以求出三个主变形间的关系。参看图 2-10，假设物体的体积在变形前为 V_1，变形后为 V_2，则 $V_1 = V_2$，即

$$HBL = hbl \quad \text{或} \quad \frac{hbl}{HBL} = 1$$

两边分别取对数，即得

$$\ln \frac{h}{H} + \ln \frac{b}{B} + \ln \frac{l}{L} = 0 \tag{2-6}$$

或写成 $$\delta_1 + \delta_2 + \delta_3 = 0 \tag{2-7}$$

由式（2-7）可得出如下结论：

（1）物体变形后其三个真实相对主变形的代数和等于零；

（2）当三个主变形同时存在时，则其中之一在数值上等于另外两个主变形之和，且符号相反，即 $-\delta_1 = \delta_2 + \delta_3$，或 $+\delta_1 = -\delta_2 - \delta_3$；

（3）当一个主变形 $\delta_2 = 0$ 时，其余两个主变形数值相等但符号相反，即 $-\delta_1 = +\delta_3$。

和应力状态一样，变形金属中任一点变形状态也可以用三个主变形来表示，在三个主变形中数值最大的称为最大主变形。显而易见，最大主变形较比其他两个主变形更能反映变形过程的情况。因此，任何变形过程的变形程度，一般都用最大主变形表示。例如轧制时以压下量表示，拉拔时用伸长率表示，挤压时用断面收缩率表示等等。

二、主变形图示

在压力加工原理中，同样为研究问题的方便，而采用了主变形图示。所谓主变形图示，乃是用来表示三个主变形存在与否，符号的正负，而不注明它的具体数值的简明立方体示意图形。

根据体积不变的条件可以断定，塑性变形时可能的主变形图示只有三种（D_I、D_{II}、D_{III}），如图2-12所示。主变形图示是很重要的，它直接反映出金属塑性的好坏。如图2-13c所示的轧制扁钢时（有延伸和宽展），主变形图示为 D_I，当主变形程度增加时，由于缺陷面积被扩大了，导致金属塑性降低；与此相反，在图 2-13b 所示的挤压时，主变形图示为 D_{III}，当主变形程度增加时，缺陷暴露面积缩小了，所以提高了金属的塑性。

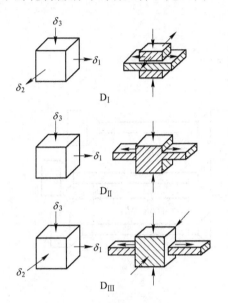

图 2-12　主变形图示

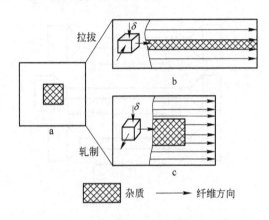

图 2-13　主变形对夹杂物形状的影响

第四节　弹性变形和塑性变形

如前所述，当外力作用于物体，并使物体运动受到阻碍时，则在物体内部会产生内力，同时物体内的原子将产生位移，即所谓变形。物体的变形又分为弹性变形和塑性变形。

一、弹性变形

当使物体发生变形的因素去掉之后变形即行消失，这种变形叫做弹性变形。弹性变形的特征为：

（1）应力和应变是直线关系，即遵守虎克定律。图2-14为碳钢（20号钢）的拉伸图示。由该图可知，施加外力在材料弹性极限 σ_e 以前，变形与应力的变化关系是直线 Ob。实验证明在 a 点以前外力与试样伸长量成正比例变化关系，外力去掉后变形完全消失；当外力达到 b 点时，外力去掉后试样将有 $0.0001\% \sim 0.03\%$ 的残余变形。因为 a 点和 b 点相距很近，所以一般认为 b 点前为弹性伸长阶段。

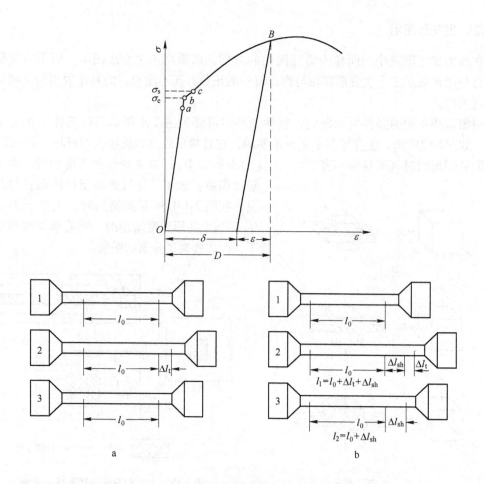

图2-14　金属试样拉伸时应力-应变曲线

a—试样弹性伸长图示；b—试样塑性伸长图示

1—原始试样；2—拉伸中试样；3—卸载后试样

（2）外力只改变原子间的距离，而不破坏原子间的联系，因而外力消失后原子又回到其原来的平衡位置，而物体则恢复到原来的形状（见图2-15b）。

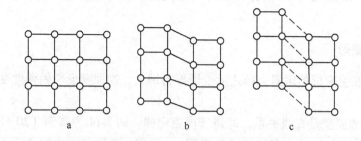

图2-15　结晶格子的弹性变形和塑性变形

a—变形前；b—弹性变形；c—塑性变形

（3）弹性变形过程材料的基本性质不变。

二、塑性变形

当使物体发生变形的因素去掉后，物体不能恢复原来的形状，这种变形叫做塑性变形。塑性变形的特征为：

（1）塑性变形是在弹性变形的基础上发生的。当所加的外力达到一定程度（如达到屈服极限 σ_s），变形体便由弹性变形转变到塑性变形。如图 2-14 所示那样，由外力所引起的应力 σ 大于 σ_s 时，则去掉外力后试样不能恢复其原来形状，同时由图 2-14 看出卸载后拉伸试样长度比卸载前拉伸试样长度缩短了。这种现象说明在塑性变形过程中仍然存在一部分弹性变形 ε，因此，塑性变形时的总变形 D 等于弹性变形 ε 和塑性变形 δ 之和，即 $D = \varepsilon + \delta$。由此得出在压力加工过程中为保证产品尺寸精度，应考虑压力加工过程中有弹性变形的结论。

（2）应力和变形不是直线关系，即不遵守虎克定律。由图 2-14 看到，当应力超过弹性极限后，变形与应力呈曲线关系。

（3）在塑性变形过程中，外力不但改变了原子间距，而且破坏了原来的原子间联系，建立了新的联系（见图 2-15c）。

（4）塑性变形能改变材料的力学性能和物理化学性质。

第五节　塑性变形的不均匀性

一、变形和应力不均匀分布的原因

引起变形和应力不均匀分布的主要原因归纳为以下几个方面。

（一）外摩擦的影响

如图 2-16 所示，圆柱体镦粗时，沿轴向应力的分布是周边低中心部高，其原因是外层所受的摩擦力小，变形阻力小，中间层变形时除受其本身与工具接触表面的摩擦力外，还受到来自外层的阻力。因此，从试件的周边到中心部三向压应力越来越显著，尤其是中心部变形较为困难。为了获得同样尺寸的轴向变形，显然单位压力从周边到中心部是逐渐增加的，应力分布当然是不均匀的。从径向应

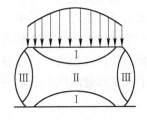

图 2-16　圆柱体镦粗的变形情况

力作用看来，摩擦力的作用从工具与金属接触表面至远离该表面的中心部是逐渐减弱的，所以导致距该接触表面越远部位所受径向应力越小，故变形较易。圆柱体镦粗时根据变形难易程度可大致分为三个区域，即受外摩擦影响显著的难变形区（Ⅰ）；与外作用力成45°有利方位的易变形区（Ⅱ）；变形难易程度介于二者之间的自由变形区（Ⅲ）。对于塑性较差的合金钢，镦粗饼材时，其侧面往往形成纵裂纹，裂纹小时，通过修磨可以挽救，裂纹较大时，会造成报废。

又如图 2-17 用坐标网格法研究圆棒材拉伸时金属的流动，把金属圆棒材试样沿轴线纵向剖开，在剖面上刻上直角坐标网格，再把试样合在一起进行拔制，变形后沿变形区纵剖面剖开观察原来的坐标网格，其形状和尺寸有下列主要变化：

（1）坐标网格的各纵坐标线，在拔制变形前是直线，在拔制变形中变成曲线，并且弯向拉伸方向，这些线的曲率是在变形区中逐渐增大的；

（2）坐标网格的横坐标线拔制变形后仍然是直线，但在靠近中心部各层正方形的坐标网格时会变成矩形，其内切圆变成正椭圆，在轴向被拉伸，在径向被压缩，而在靠近模子外层，正方形的坐标网格变成了平行四边形，其内切圆变成了斜椭圆。

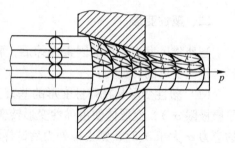

图 2-17　拔制圆棒材时的不均匀变形

从坐标网格的变化可以知道，由于外摩擦的存在，圆棒在拔制过程中，金属流动和变形是不均匀的。纵坐标线在通过变形区时曲率逐渐增加，说明变形时内、外层金属流动速度不一致。由于外层金属的流动受外摩擦的阻力较大，因此内层金属流动速度比外层的快。外摩擦系数越大，内、外层金属流动速度的差值越大，故由于外摩擦的影响，拔制圆棒材时产生了不均匀变形。

在拔制钢管时，由于减壁拔管而使芯棒参加变形，此时除拔模对钢管外表面产生摩擦力外，在钢管内壁上芯棒对钢管产生正压力 p 和摩擦力 t。因芯棒固定，作用在钢管内壁摩擦力方向和金属质点流动的方向相反，摩擦力方向阻碍钢管内表面金属的质点流动，所以靠近钢管内表面层的金属质点流动速度小于管壁中间层金属质点的流动速度。图 2-18所示用短芯棒拔管时，减壁过程中纵坐标线靠近外表面和内表面部分都向入口方向弯曲，说明内、外表面层金属都发生了金属流动的滞后现象。

（二）变形物体形状的影响

将铅板折叠成窄边、宽边和斜边（见图 2-19），在平辊上以相同的压下量进行轧制，结果沿试样宽度上压下率分布不等。中间部分自然伸长小，两边部分自然伸长大，但轧件是一个完整体，于是中部便受到附加拉应力，两边受附加压应力。图 2-19b 由于试样中部承受的拉应力较大（因中部小压下量区域的截面积小），故该部分被拉裂。这说明应力和变形在变形金属内不是均匀分布的。

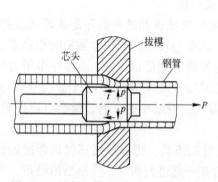

图 2-18　拔制钢管时的不均匀变形现象

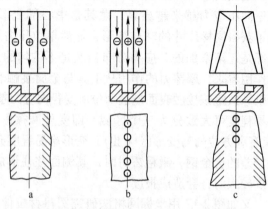

图 2-19　变形体形状引起的不均匀变形
a—边部浪形；b—中部拉裂；c—上部中间裂，下部边部浪形

（三）变形物体性质不均匀的影响

当金属内部的化学成分、杂质、组织、方向性、加工硬化及各种不同相的不均匀分布时，都会使金属产生应力及变形的不均匀分布。如图 2-20 所示，由于金属内部缺陷所引起的应力集中，可能超过物体平均应力的好几倍，所以易使部分金属首先变形，并易引起破坏。

（四）变形物体温度不均匀的影响

平辊轧制薄钢板（20 号），由于加热造成钢板上、下层温差较大，导致轧制时造成缠辊现象（见图 2-21）。

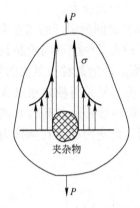

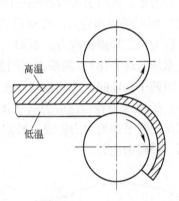

图 2-20　杂质对应力分布的影响　　　　图 2-21　上下层温度不均而造成的缠辊现象

（五）加工工具形状的影响

加工工具形状选择不当时，也会引起金属的不均匀变形。如图 2-22 所示的矩形断面坯料，在凹形、凸形轧辊上进行轧制变形时会产生不均匀变形。若在凹形辊型中轧制板材时，沿轧件宽度上边部压下量比中部压下量大，对应的边部延伸比中间部分延伸大，伸长较大的边部会被伸长较小的中部拉缩回来一部分，由此而形成波浪或皱纹，此种皱纹称为"边部浪形"。相反，在凸形辊型中轧制板材时，轧件中部压下量比边部压下量大，中部伸长相应大，但受伸长较小的边部拉缩作用，往往形成中间皱纹，称"中间浪形"。

（六）变形物体内残余应力的影响

如变形物体内有 $\pm100\text{MPa}$ 残余应力，由外力作用产生基本应力为 -500MPa，而变形金属屈服点为 450MPa，则变形金属右半部先达到屈服点而先变形；左半部未达到屈服点而未变形。因此，物体内产生应力和变形的不均匀分布（见图 2-23）。

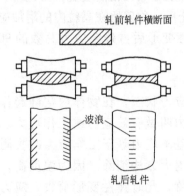

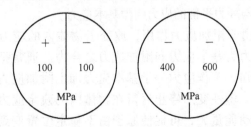

图 2-22　工具形状对变形的影响　　　图 2-23　残余应力对应力分布的影响

二、附加应力和基本应力

前面已经讲过，由于不均匀变形的结果，在物体内将产生相互平衡的内力，因而物体内产生了与之相应的应力。因为由此而产生的应力是与外力无关的，所以它对由外力产生的应力而言是附加的，故在变形过程中把物体内部相互平衡的应力叫做附加应力。我们通常把附加应力分成三种。

（1）第一种附加应力。在变形物体内，几个大部分区域之间，由于不均匀变形所引起的应力称附加应力。如图 2-24 所示，用凸形轧辊轧制板材时，在板材内引起附加应力。当去掉外力后，此应力残留在钢板内，又称此应力为第一种残余应力。

（2）第二种附加应力。在变形物体内，两个或几个晶粒之间所引起的相互平衡的附加应力，称为第二种附加应力。例如在多晶体金属中，有两种力学性能不同的晶粒（如低碳钢中铁素体与珠光体），屈服点低的晶粒在某一方向比屈服点高的晶粒有更大的尺寸变化。但是，因两个晶粒间，彼此是联系在一起的一个完整体，变形结果将使屈服点高的 B 晶粒给屈服点低的 A 晶粒以压应力（见图 2-25）；反之，A 晶粒将给屈服点高的 B 晶粒以拉应力，如此相互平衡的内力称第二种附加应力。外力消失后，此应力残留在物体内，称此应力为第二种残余应力。

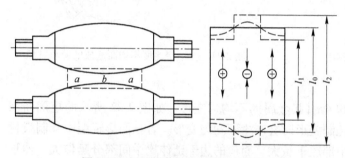

图 2-24　用凸形轧辊轧制板材的情况

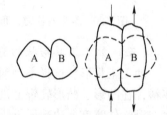

图 2-25　晶粒不均匀变形产生的附加应力

（3）第三种附加应力。在一个晶粒内各部分间，由于晶格不均匀歪扭，引起相互平衡的附加应力，称此应力为第三种附加应力。如多晶体某个晶粒在塑性变形时，沿滑移面上产生剪切变形，滑移面产生破坏和扭曲，导致接近滑移面的原子晶格的畸变，由此畸变引起晶粒内的各部分间相互平衡的附加应力。塑性变形停止后，称残留在晶粒内的附加应力为第三种残余应力。实验表明，第三种残余应力在塑性变形后占残余应力总数的 90%以上。

与外力平衡的应力叫做基本应力。

由于附加应力作用，改变了物体内的应力分布和应力状态，在物体内实际起作用的应力为基本应力和附加应力之合力。通常把这种应力叫做有效应力或工作应力。由此可知，工作应力等于基本应力加上附加应力，或者基本应力等于工作应力减去附加应力。塑性变形停止后留在物体内的残余应力，可用退火方法消除。因为温度高，原子活动能量大，可促使原子由不稳定位置变到稳定位置，此时弹性变形消失，应力也就随之消失。

三、不均匀变形引起的后果

由于变形和应力的不均匀分布，使物体内产生附加应力，这将会引起下列后果。

（1）变形抗力升高。当应力不均匀分布时，可能加强同名应力状态或使异名应力状态变为同名应力状态。如拉伸带缺口试样（或拉伸出现细颈状态）时，由单向拉应力变为三向拉应力状态（见图 2-7），而使变形抗力增加；变形物体各部分应力状态不一致时，变形不均匀，已达到屈服极限值的部分产生了变形，其余部位没有达到屈服极限值，因而没有变形。若使物体各部分同时产生塑性变形，则必须增加外力。

（2）降低金属的塑性。由于应力的不均匀分布，可能出现拉应力而使金属塑性降低或局部应力超过金属的强度极限时，造成金属破坏。图 2-26 为旋转锻压圆坯，因表面变形，而在中心部位引起附加拉应力 σ_2，该拉应力是引起中心疏松或撕裂的主要原因。

（3）降低产品质量。如上所述，由于变形及应力的不均匀分布，使物体产生附加应力，外力去掉后，则该应力留在物体内成残余应力，使物体的力学性能降低。同样，由于不均匀变形在金属内各个部分的变形程度不同，热处理后各部分的晶粒度亦不同。如图 2-27 所示是工具与工件接触表面摩擦系数 f 不同的条件下，以同一变形程度进行变形，再结晶后沿轴线晶粒大小的分布。试验结果指出，在变形金属中不同变形程度之处退火时形成不同尺寸的晶粒，最后得到组织不均匀和性能不均匀的产品。由此可知，当不均匀变形严重时，产品可能产生弯曲、皱纹和裂纹。

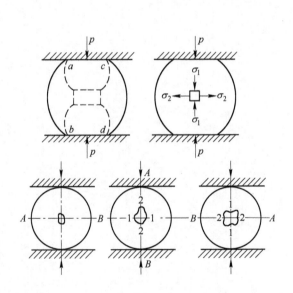
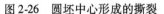

图 2-26　圆坯中心形成的撕裂

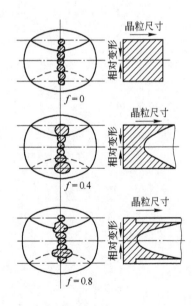

图 2-27　摩擦系数 f 不同时，再结晶晶粒度沿轴线分布图示

（4）工具寿命降低。由于不均匀变形会造成工具不均匀磨损，而降低工具的使用寿命。

———————— **本 章 小 结** ————————

　　在金属塑性变形过程中所施加的力，应考虑诸多问题。如在实际的工程计算中，需全面分析，对应力和变形的极其复杂的各种影响因素全盘考虑。

　　工程计算往往采用经验（实验）公式，这是在实践中不断完善、总结出来的。

课后思考与习题

1. 试问弹性变形与塑性变形的实质有什么不同的地方？
2. 金属塑性变形的特征是什么？
3. 试分析引起金属塑性变形的外力和内力是怎样的？
4. 金属塑性变形的不均匀性受到哪些因素的影响，其后果是什么？

第三章　金属压力加工的金属学基础

我们知道，金属处于固体状态时通常是结晶体。除化学成分外，内部结构和组织状态也是决定其性能的重要因素，这也是我们对其不断地开展研究，以寻求从金属实体创新和发展的目标。

金属结晶过程是由液体状态转变为固体状态，即原子有秩序、有规律排列的结晶体。实际的结晶体本身是有异向性的，会表现出或大或小的差异。在这里，还是要抓住多项影响因素，抓住改善的要点、难点和实用点。

金属压力加工过程中的钢坯加热、热轧程序、轧后冷却，都是金属的再结晶、形变热处理等过程。这一切，是跟金属学的理论密切相关的。理论与实际结合在工业生产过程中是不断完善和改进的过程。

第一节　金属的塑性变形机构

工业上应用的金属一般都是由无数单个晶粒构成的多晶体，要了解多晶体塑性变形性质，必须先了解单个晶粒或单晶体的塑性变形机构。

一、单晶体塑性变形

单晶体塑性变形的最主要方式是滑移。

滑移是指晶体在外力作用下，其中一部分沿着一定晶面（原子密排晶面）和这个晶面上的一定晶向（原子密排晶向）对其另一部分产生的相对滑移，此晶面称为滑移面，此晶向称为滑移方向。滑移时原子移动的距离是原子间距的整数倍，滑移后晶体各部分的位向仍然一致。滑移结果，使大量原子逐渐地从一个稳定位置移到另一个稳定位置，晶体产生宏观的塑性变形。如图 3-1 所示是晶体以滑移方式进行的塑性变形。

滑移面与滑移方向数值的乘积称为滑移系，金属晶体内存在着滑移系，仅说明金属产生滑移的可能性，若要使晶体产生滑移，只有在作用于滑移面及其滑移方向上的切应力达到一定数值时才开始。开始滑移时作用于滑移方向上的切应力为临界切应力，以 τ_k 表示。以拉伸为例，当以外力 p 拉伸晶体时，滑移面上切应力 τ 的大小是由滑移面相对于拉力方向的取向决定的（见图3-2），设晶体横断面积为 F_0，滑移面的面积为 F，外力 p 与滑移面法线夹角为 φ，作用力 p 与滑移方向的夹角为 λ。

作用在横断面 F_0 上的正应力 σ 为

$$\sigma = \frac{p}{F_0} \tag{3-1}$$

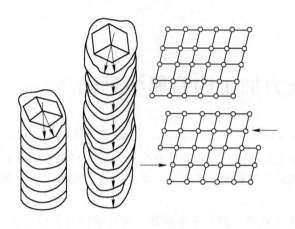 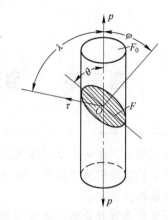

图 3-1　晶体滑移示意图　　　　图 3-2　晶体中滑移要素与拉伸应力

作用在滑移面上，沿作用力 p 方向的应力为

$$S = \frac{p}{F} = \frac{p}{F_0}\cos\varphi = \sigma\cos\varphi \qquad (3-2)$$

作用在滑移面上，沿滑移方向的分切应力为

$$\tau = S\cos\lambda = \sigma\cos\varphi\cos\lambda \qquad (3-3)$$

由式（3-3）可知，当外力 p 增加时，作用在滑移方向的分切应力 τ 也增加。当 τ 达到临界切应力 τ_k 时，晶体产生滑移。这时垂直于横截面的应力 σ 达到拉伸的屈服极限 σ_s。这样式（3-3）又可写成

$$\tau_k = \sigma_s\cos\varphi\cos\lambda \qquad (3-4)$$

当外力 p 与滑移面和滑移方向都成 45°角时，即 $\varphi = \lambda = 45°$

$$\tau_k = \frac{\sigma_s}{2} \qquad (3-5)$$

式（3-5）说明滑移面和滑移方向与作用力都成 45°角时，在该滑移面和滑移方向上分切应力最大。由于 τ_k 一定，此时用较小的拉伸应力，在此滑移面和滑移方向上所产生的分切应力就能达到 τ_k，而使晶体滑移。此时，σ_s 值为最小，且 $\sigma_s = 2\tau_k$。

临界切应力的大小与晶体的化学成分、杂质含量、变形温度、变形速度、预先塑性变形程度等因素有关。当化学成分中两组元在固态互溶的合金中，溶质元素量增大时，合金的临界切应力增大；金属中含有杂质时，也会使临界切应力增大，并且含量越多增大的越多，这是因为溶入的杂质会使晶体的点阵产生畸变，杂质原子与金属原子尺寸的差别越大溶解量越大，引起的晶体点阵畸变就越强烈；温度升高，临界切应力降低，温度越高降低得越厉害，这是因为温度升高后，原子的活动能力增大而使结合力下降；预先的塑性变形使临界切应力升高（加工硬化），一般认为，这是由于变形引起点阵畸变造成的。

二、多晶体的塑性变形

多晶体是由许多微小的单个晶粒杂乱组合而成的。其组织结构上的特点是：各个晶粒

的形状和大小是不同的，化学成分和力学性能也不均匀；而各相邻晶粒的取向一般是不一样的；多晶体中存在大量的晶界，晶界的结构和性质与晶粒本身不同，晶界上聚集着杂质。所有这些都使多晶体的许多性质不同于单晶体。因此，当其中某一个晶粒变形时总要受到晶界和周围晶粒的限制。多晶体塑性变形的主要特点有：

（1）增强变形与应力的不均匀分布。如图 3-3 所示，当多晶体内某相邻两晶粒的力学性能不同，假设 A 晶粒的屈服点高，B 晶粒的屈服点低，在外拉力作用下产生塑性变形时，屈服强度低的 B 晶粒将比屈服强度高的 A 晶粒产生更大的延伸变形。若是两个晶粒互无约束时，其变形后的位置应如图 3-3b 中虚线所示，但这两个晶粒是彼此紧密结合的完整体，在变形中屈服强度高的 A 晶粒将给屈服强度低的 B 晶粒施加压力；反之，B 晶粒给A 晶粒施以拉力，在 A 晶粒内产生附加拉应力，在 B 晶粒内产生附加压应力。其结果在 A和 B 晶粒间增强了变形与应力的不均匀分布。

多晶体中各晶粒的取向不同，会使变形与应力的不均匀分布增强。在多晶体内通常存在着软取向（滑移面和滑移方向与外力成45°角的有利方位）和硬取向（不利方位）的晶粒。如图 3-4 所示，当逐渐增加外力时，切应力首先在软取向的晶粒中达到临界值，而优先产生滑移变形。对其相邻的硬取向晶粒，由于没有足够的切应力使之滑移，而不能产生塑性变形。这样，硬取向晶粒将阻碍软取向晶粒产生塑性变形，于是在硬取向和软取向的晶粒间产生了应力的不均匀分布。同样在多晶体内也将出现变形的不均匀性。

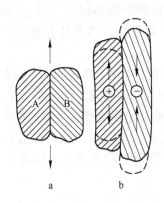 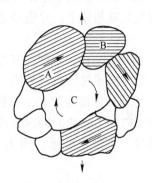

图 3-3　晶粒力学性能不同的影响　　　　　　图 3-4　晶粒间的相互作用
a—变形前；b—变形后　　　　　　A—软取向晶粒；B—硬取向晶粒；C—变形中转动

（2）提高变形抗力。多晶体在塑性变形中出现了变形与应力的不均匀分布，将会使多晶体的变形抗力升高和塑性降低。

多晶体晶粒的大小对变形抗力有显著的影响，晶粒的大小一般介于 0.01～1.0mm 之间，或更小一些。这样，在多晶体中，自然存在着大量的晶粒间界，晶粒间界的结构和性质与晶粒本身不同。晶界上的原子是不规则排列的（见图 3-5），并聚集有其他杂质。相邻的晶粒彼此相互影响，晶粒间的取向也不同。这就使滑移在晶界处受阻，变形发生困难。要想使滑移由晶内通过晶界传到另一个晶粒，就必须加大外作用力来克服晶界阻力。如图3-6 所示，当拉伸几个相连接的晶粒试样时，其晶界的变形甚小。由此可见，晶界比晶粒本身难于变形，即晶界变形抗力比晶粒本身的变形抗力大。因为多晶体是由许多晶粒组成的，各个晶粒通过晶界而互相紧密地连接着。这样，晶粒越细小，晶界所占的区域相对的

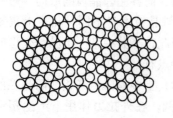

图 3-5　晶粒间界的原子结构

图 3-6　晶界对变形的影响

就越大，对变形的阻碍作用也就越大。因此，多晶体的变形抗力也就越大。很多金属实验结果表明，屈服极限 σ_s 随着晶粒的大小而发生变化。晶粒越细小，则屈服极限值越高。

此外，晶粒越细小，在一定体积内的晶粒数目越多，于是在一定的变形量下，变形会分散在很多的晶粒内进行。这样，就使变形分布得比较均匀，应力集中较小，会使金属具有较高的塑性和韧性。此规律只适用于低温情况，而在高温时就有所不同。由于在晶粒间界处，原子的排列是很不规则的，存在着大量的由点缺陷、线缺陷等所引起的晶格畸变。在高温下畸变晶格的原子将获得较大的能量，当受外力作用时会出现沿晶粒界面的黏滞性流动，而使晶粒间界的强度降低。因此，一般说来，高温时粗晶粒材料要比细晶粒材料有更高的高温强度。

如果在多晶体金属中存在有脆而硬的第二相时（例如钢中的 Fe_3C），它们将分布在具有较高塑性的软基体上，并阻碍基体金属的塑性变形，从而能使多晶体金属的变形抗力增加。

（3）出现方向性。在塑性变形中晶粒形状和取向将发生变化，晶粒的某一同类晶面和晶向沿一定方向排列（出现择优取向），就产生了所谓织构，使金属产生各向异性。

（4）除晶粒内部变形外，在晶界上也发生变形。多晶体金属在塑性变形过程中，晶粒的形状和取向发生改变的同时，晶粒彼此间也发生相对的移动。就是说除晶粒内部变形外，在晶界上也发生变形。因为晶界上变形会导致晶粒间的联系破坏，所以应尽可能避免。

第二节　加工过程中的硬化和软化

一、加工硬化过程

多晶体塑性变形将导致金属的力学、物理及化学性能的改变。随着变形程度的增加，变形抗力的所有指标（如屈服极限、强度极限和硬度）都增大，而塑性指标（如伸长率、断面收缩率）都减小，同时还使电阻升高、抗腐蚀性和导热性下降。金属在塑性变形过程中产生这些力学性能和物理化学性能变化的综合现象叫做加工硬化。

产生加工硬化的原因很多，大致可归纳为如下几点：

（1）几何硬化。由于在滑移过程中，滑移面的方位发生改变，使产生滑移的滑移面偏离有利的滑移方向（与外力成45°角的方向），为使金属继续变形则必须加大外力。

（2）物理硬化。在滑移过程中，原子的滑移层的晶格发生畸变及破坏，阻碍了滑移面进一步滑移而使变形抗力增加。

（3）在多晶体中，由于在变形过程中晶粒间相对转动，使晶界遇到破坏使塑性指标下降或由于晶粒转动的结果产生几何硬化。当晶粒转至滑移面上且分切应力等于零时，而使晶内变形处于极不利的地位。特别是当法向拉应力达到一定值时，则可能使物体产生脆性破坏。

（4）在多晶体中，由于组织（晶粒大小、相组成、化学成分偏析等）不均匀和不均匀变形引起的附加应力及残余应力，从而使其塑性降低变形抗力增加。

影响加工硬化的因素亦很多，归纳起来主要有以下几方面：

（1）金属本身的性质。不同的金属其晶格不同，化学成分不同，组织不同，所含杂质的多少及成分亦不同，所以，对加工硬化的敏感性亦有所不同；

（2）变形程度的大小。变形程度增加，则加工硬化的程度也随之增加；

（3）变形速度的高低。当变形速度增加时，加工硬化程度加剧，但是，当变形速度达到一定值时，由于热效应的作用使金属温度升高而产生了软化现象，此时所呈现的加工硬化反而会下降。

加工硬化现象有其重要的实际意义。从变形角度看，如果金属仅有塑性变形而无加工硬化，就难以得到截面均匀一致的冷变形。这是因为凡是出现变形的地方必然会有硬化，从而使变形分布到其他暂时没有变形的部位上去。从改善性能的角度看，加工硬化对那些用一般热处理无法使其强化的无相变的金属材料是更加重要的强化手段。另外加工硬化也有其不利的一面。如在冷轧、冷拔等冷加工过程中由于变形抗力的升高和塑性的下降，往往使继续加工发生困难，需在工艺过程中增加退火工序，以消除加工硬化。

加工硬化金属其组织特点之一是晶粒被拉长。金属与合金在冷变形中，随着外形的改变，其内部晶粒形状也大体上发生相应的变化，即都沿最大主变形的方向被拉长、拉细或压扁，如图3-7所示。晶粒被拉长程度取决于主变形图示和变形程度。两向压和一向拉伸的主变形图示最有利于晶粒的拉长，其次是一向压缩和一向拉伸的主变形图示。变形程度越大，晶粒形状变化亦越大，同时金属中的夹杂物和第二相也在延伸方向被拉长或破碎而呈链条状排列。这种组织称为纤维组织。由于纤维组织的存在，使变形金属的横向（垂直于延伸方向）力学性能降低。另一组织特点是形成变形织构。如图3-8a所示，金属的多晶体是由许多不规则排列的晶粒所组成。但在加工变形过程中，当达到一定的变形程度以后，在各晶粒内晶格取向发生了转动，使其特定的晶面和晶向趋于排列成一定方向（见图3-8b），从而使原来位向紊乱的晶粒出现有序化，并有严格的位向关系。金属所形成的这种组织结构叫做变形织构。当变形方向一致时，变形程度越大，位向越明显。

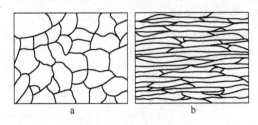

图3-7　冷轧前后晶粒形状变化

a—变形前退火状态组织；b—冷轧变形后组织

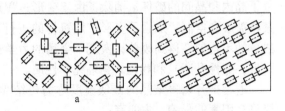

图3-8　多晶体晶粒的排列情况

a—晶粒的紊乱排列；b—晶粒的整齐排列

加工硬化金属的力学性能的改变是多方面因素造成的。由于在变形中产生晶格畸变，晶粒的拉长和细化及不均匀变形等，使金属的变形抗力指标随变形程度的增加而增加。又由于在变形中产生晶内和晶间的破坏以及不均匀变形等，使金属塑性指标随着变形程度的增加而降低。图3-9 为 $w(C) = 0.27\%$ 的碳钢在冷拔时力学性能的变化图。

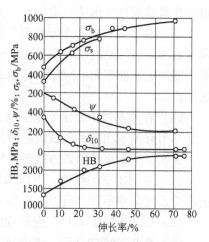

图3-9　$w(C) = 0.27\%$ 碳钢冷拔时
力学性能的变化

二、加工软化过程

金属的回复和再结晶过程就是软化过程。

（一）回复

回复现象是依靠对变形金属的加热，而使其原子运动的动能增加，借以增加其热振动，使偏离稳定位置的原子恢复到稳定位置。由于回复的结果，部分的恢复了由变形所改变的力学、物理及物理化学性质。如电阻大部分得到回复，而力学性能（如强度和硬度指标）只能部分回复（降低 $20\% \sim 30\%$）。由于回复温度不高，原子不能发生很大位移，因此回复不能改变晶粒的形状和方向性，同时也不能回复晶粒内及晶间的破坏现象。

（二）再结晶

由于加热温度的升高，原子获得了巨大的活动能力，金属的晶粒开始发生变化，由破碎的晶粒变为整齐的晶粒，由拉长的晶粒变为等轴晶粒，此结晶过程称为金属的再结晶，如图3-10 所示。

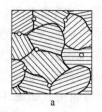 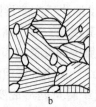 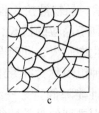

图3-10　再结晶过程
a—破碎（机体）的晶粒；b—长大（拉长）的晶粒；c—等轴的新晶粒

再结晶完全消除了加工硬化所引起的一切后果，使拉长晶粒变成等轴晶粒，消除了晶粒变形的纤维组织及与其有关的方向性，消除了在回复后尚遗留在物体内的残余应力；恢复了晶内和晶间的破坏，消除了由于变形过程产生在金属内的某些裂纹和空洞；加强了变形扩散机构的进行，而使金属化学成分的不均匀性得到改善；恢复了金属的力学性能（变形抗力降低，塑性升高）和物理、物理化学性质。

通常把开始再结晶的最低温度称为再结晶温度（T_z），它受许多因素的影响，主要有：

（1）变形程度影响。变形程度越大，再结晶温度越低（见图3-11）。随着变形程度的增大，金属的开始再结晶温度将趋

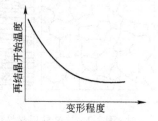

图3-11　再结晶温度与
变形程度的关系

近于某一恒定值，即所谓金属的最低再结晶温度。最大变形程度的再结晶温度与金属熔点之间存在着一定的关系，即

$$T_z = (0.35 \sim 0.4)T_r \tag{3-6}$$

式中　T_z——以绝对温度表示的再结晶温度；

　　　T_r——以绝对温度表示的金属的熔点温度。

（2）保温时间的影响。在一定的变形程度和变形温度下，保温时间越长，再结晶温度越低。

（3）合金元素越多，杂质含量越大，一般说来再结晶温度越高。高合金的再结晶温度一般较高。

当再结晶完成以后，延长加热时间或提高加热温度，会发生晶粒长大现象，再结晶后的晶粒长大亦称为聚合再结晶。

在再结晶过程中，由于新晶粒的增大，解除了变形金属加工硬化现象。但是要注意，再结晶只是在塑性变形的物体中发生，在未达到某一变形程度之前，再结晶一般是不可能发生的。如图3-12所示，当温度一定时，再结晶后晶粒大小与变形程度有关。

在一定温度下，使晶粒增长突然加大的变形程度称为临界变形程度，在临界变形程度以前（对不同金属及合金有所不同，一般波动于2%～12%）不发生再结晶现象。

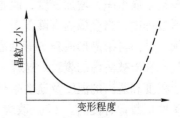

图3-12　当温度一定时变形程度与晶粒度大小的关系

这是由于在变形开始时，变形不大，晶格畸变小，内能低而不足以推动再结晶。当变形程度等于或稍高于临界变形程度时，由于塑性滑移所涉及的晶粒较少，再结晶只是在较少的核心上进行，故再结晶后晶粒变得特别粗大。此后变形程度增加时，再结晶中心增加，因而在再结晶后晶粒变得很细小。可是在变形程度很大时（＞90%），亦获得粗大晶粒，这是由于在很大的加工硬化的条件下，晶粒获得一致的方位，而晶间物质被破碎拉长，故晶粒彼此紧密的接触，在达到再结晶的温度时即溶合在一起，生成一个或几个粗大的晶粒。

在压力加工过程中再结晶过程有两种情况，即加工硬化的金属在退火操作时的再结晶过程和金属在热变形时再结晶过程。这里所说的再结晶退火和热处理时的退火是有区别的。热处理退火与金属的相变点有关，如碳钢退火是在高于临界点 A_{c_3} 以上的温度下进行的，而加工硬化后的再结晶退火则是在低于 A_{c_3} 的温度下（或 A_{c_1} 温度以下）进行的。

第三节　金属的冷变形和热变形

在金属压力加工中，随着变形程度的增加，根据变形温度和变形速度的不同，在变形体中可能产生硬化、回复和再结晶等程度的不同，亦即变形结果是不同的。为此，我们把金属的塑性变形分为冷变形、热变形、不完全冷变形和不完全热变形。

一、冷变形

金属压力加工过程中，只有加工硬化作用而无回复与再结晶现象的变形过程，叫做冷

变形。冷变形在低于再结晶温度（$<0.3T_r$）的条件下发生。

冷变形后产品的强度指标（σ_b、σ_s）增加，塑性指标（δ、ψ）降低，致使金属严重硬化。欲想继续进行塑性加工，则必须加以软化退火。

二、热变形

对于在再结晶温度以上，且再结晶的速度大于加工硬化速度的变形过程，即在变形过程中，由于完全再结晶的结果而全部消除加工硬化现象的变形过程称为热变形。这种变形过程不但能提高金属的塑性，降低变形抗力，同时，变形后可使金属获得等轴的再结晶显微组织。热变形通常发生在（$0.9 \sim 0.95$）T_r 的温度范围内。

热加工变形可认为是加工硬化和再结晶两个过程的相互重叠。在此过程中，由于再结晶能充分进行和靠三向压应力状态等因素的作用，将对其金属性质有如下影响：（1）改善铸造金属组织，增加密度，改善力学性能和降低化学成分的偏析与组织的不均匀性。热变形过程中，当金属内有降低其力学性能及塑性的铸造柱状组织时，经过变形使其破碎变细，并由再结晶形成新的等轴晶粒。若用三向压应力状态图示加工，还可以焊合铸锭内部气孔和未被沾污的裂纹。这样一来，增加了金属的密度，并改善了力学性能。在足够的变形程度和适当的温度及速度条件下，可以得到均匀的等轴晶粒组织，致使变形抗力指数及塑性指数皆有提高。（2）改善热变形金属的本身性质。热变形不仅能改善铸造组织及性质，同时还可以改善热变形物体本身的性质。这是由于在热变形过程中，扩散和再结晶可使其化学成分变得更加均匀，同时随着变形程度的增加，再结晶后的晶粒会变小，金属内的晶粒越小则力学性能越高。由此，只要掌握再结晶图，控制变形程度、变形过程与变形终了温度，使之获得均匀的所需一定大小晶粒的良好条件，则可保证产品的质量。但热变形不能改变由非金属夹杂物所造成的纤维组织。铸造金属在热加工变形中所形成的纤维组织与在冷加工变形中由于晶粒被拉长所形成的纤维组织不同，前者是由于铸造组织中晶界上非溶物质的拉长造成的。因为在铸造金属中存在有粗大的一次结晶的晶粒，在其边界上分布有非金属夹杂物的薄层。在变形过程中这些粗大的晶粒遭到破碎并在金属流动最大的方向上拉长。与此同时，含有非金属夹杂的晶间薄层在此方向上也拉成长形。当变形程度足够大时，这些夹杂可被拉成线条状。在变形过程中，由于完全再结晶结果，被拉长的晶粒可变成许多细小的等轴晶粒，而位于晶界和晶内的非溶物质却不能因再结晶而改变，仍处于拉长状态，形成纤维状组织。一般情况下，纤维方向只能用变形的方法来改变，由于压力加工的方式不同，这种纤维组织的方向也是不同的。轧制和拉拔时，纤维平行于延伸方向。

三、不完全冷变形

在金属压力加工过程中只具有加工硬化及回复现象，而无再结晶现象的变形称为不完全冷变形。不完全冷变形发生于 $0.3T_r \sim 0.4T_r$ 的温度范围内。由于回复作用的结果，加工硬化现象和残余应力减少，变形抗力降低，塑性提高了。这种变形可在室温下采用高变形速度（靠变形热升温）来获得。这种变形过程是一种合理的变形过程。它不仅提高设备的生产能力，同时因使金属达到较高的变形程度时不必经过中间退火而降低了成本。故在金属压力加工中，常常采用这种变形方式。

四、不完全热变形

金属在变形过程中，除有加工硬化外，同时尚有回复与部分的再结晶的变形过程，叫做不完全热变形。不完全热变形发生在$(0.5 \sim 0.7)T_r$的温度范围内。这种变形过程使金属组织不均，因而使金属塑性降低，变形抗力升高，金属中可能有部分破裂而未恢复，并且有使设备破坏的可能。因此在实际生产中应尽量避免不完全热变形。不完全热变形可能发生于稍高于再结晶的温度，随着变形速度的增加其发生的可能性亦增加。故在加工再结晶速度较小的高合金钢时应特别注意。

第四节　金属的塑性

一、金属塑性的概念

金属塑性是在外力作用下发生永久变形而不损害其整体性的性能。在这里我们不要把塑性和柔软性混为一谈，因为柔软性是表示金属的软硬程度（即变形抗力的大小），而塑性则表示金属能产生多大变形而不被破坏。例如铅既柔软而塑性也很好（可在很大变形程度下变形而不破坏）。又如奥氏体不锈钢，在冷状态下塑性很好，但是它却很硬，具有很大的变形抗力，所以说它具有很小的柔软性。一般来说金属和合金在高温度区域变形抗力小，具有良好的柔软性，但不能同时具有良好的塑性。因为若过热、过烧，则变形时就要产生裂纹或破裂，表现塑性很差。

塑性不仅取决于金属的自然性质，而且也取决于压力加工过程中的外界条件。也就是说金属和合金的塑性，不是一种固定不变的性质，而是随着许多外界因素而变化。根据实验证明，压力加工外部条件比金属本身的性质对塑性影响更大。例如铅，一般来说是塑性很好的金属，但使其在三向等拉应力状态下变形，铅就不可能产生塑性变形，而在应力达到铅的强度极限时，它就像脆性物质一样被破坏。

金属和合金的塑性，并非固定不变的一种性能，则完全有可能靠控制变形时各种条件加以改变，使其有利于进行压力加工。例如，过去认为是难以甚至是不能进行压力加工的低塑性金属和合金现已能够顺利地进行加工，就是这方面的例子。

二、塑性指数

在生产中，金属适合于压力加工的性能——塑性，需用一种数量指标来表示，这就是塑性指数。由于塑性是一种依各种复杂因素而变化的加工性能，因此很难找出一个单一的指标来反映其塑性特征。到目前为止，在大多数情况下，还只能用依靠某种变形方式的试验来确定破坏前试样的变形程度。常用的主要指标有下列几种：

（1）在材料试验机上进行拉伸试验时求得的破断前总伸长率

$$\delta = \frac{l - L}{L} \times 100\% \tag{3-7}$$

或者是破断时断面积的总收缩率

$$\psi = \frac{F_0 - F_1}{F_0} \times 100\%　　　　　(3\text{-}8)$$

式中　L——拉伸试样原始标距长度；

　　　l——拉伸试样断裂后标距长度；

　　　F_0——拉伸试样原来的横断面面积；

　　　F_1——拉伸试样断裂处横断面面积。

（2）在轧机、锻锤或材料试验机上作压缩试验时所得的出现第一个裂纹前总压缩率

$$\varepsilon = \frac{H - h}{H} \times 100\%　　　　　(3\text{-}9)$$

式中　H——压缩前高度；

　　　h——压缩后高度。

（3）冲击试验所获得的冲击韧性指数 $\alpha_k(\mathrm{J/cm^2})$，用以来表示在冲击力作用下使试样破坏所消耗的功。因为在同一变形力作用下消耗于金属破坏的功越大，则金属破坏时所产生的变形程度就越大。

（4）扭转试验时破坏前扭转 $360°$ 角的次数，来表示金属塑性的大小。

（5）工艺弯曲试验，以破坏前的弯曲次数来表示金属的塑性大小。

三、影响金属塑性的因素

（一）金属的成分与组织影响

（1）化学成分对塑性影响。纯金属及呈固溶体状的合金塑性最好，而呈化合物或机械混合物状态的合金塑性最差。例如纯铁有很好的塑性，碳在铁中的固溶体（奥氏体）的塑性也很好，而当铁中存在大量化合物 Fe_3C 时金属变脆。钢中含碳量增加时，则钢的强度极限升高，而塑性指数下降，延伸性能降低。

合金钢、高合金钢的合金成分中所含的铬、镍、锰、钼、钨、钒等，对塑性影响是具有多样性的。例如钢中锰含量增加，塑性降低，但降低程度不大，当钢中含铬量大于 30%时，即失去塑性加工能力。

在钢中的一些与铁不形成固溶体，而成化合物的元素，例如硫、磷或不溶于铁的铅、锡、砷、锑、铋存在于晶界，加热时即行溶化，而削弱了晶间联系使金属塑性降低或完全失掉塑性。再如硫和铁形成易溶的低熔点的物质，其熔点约为 950℃，这些硫化物在初次结晶的晶粒周围，以网状物存在，当加热温度升高时，它们熔化而破坏了晶间联系，导致塑性降低。

气体（氢、氧）及非金属夹杂物（氮化物、氧化物），当其在晶界上分布时同样会降低金属的塑性。氢气是钢中产生"白点"缺陷的主要原因，也是造成钢材产生裂纹的原因之一，因此现代炼钢均采用真空脱气处理，以净化钢水。

（2）金属组织结构对塑性影响。晶粒界面强度、金属密度越大，晶粒大小、晶粒形状、化学成分、杂质分布越均匀及金属可能的滑移面与滑移方向越多时，则金属的塑性越高。例如铸造组织是最不均匀的，塑性较低。因此，生产上用热变形法将铸造组织摧毁，并借助再结晶和扩散作用使其组织均匀化。在变形前采用高温均匀化方法也可使合金成分均匀一致，提高其塑性。例如 Cr25Ni20 合金钢在 1250℃经过扩散退火，一个小时后可消

除铸造中的枝状偏析，然后以适当的温度热轧时其允许压缩率可达 60% ~65%。

多相合金的塑性大小取决于强化相的性质、析出的形状和分散度，还取决于强化相在基体中分布的特点、溶解度以及强化相的熔点。一般认为强化相硬度和强度越高、熔点越低、分散度越小，在晶内呈片状析出及呈网状分布于晶界时，皆使合金塑性降低。

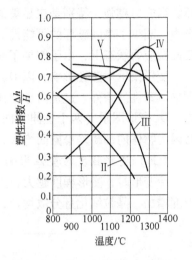

图 3-13　温度对金属塑性的影响

（二）温度对金属塑性影响

一般来说，随温度升高，金属塑性增加；但是当温度升至低塑性区（蓝脆区、相变区和过烧温度）时，使金属塑性降低。温度对不同金属的塑性影响亦不同；如图 3-13 所示，曲线 I 表示随温度升高金属及合金的塑性增加，大多数碳素钢、合金结构钢属于这种类型；曲线 II 表示随温度升高，金属及合金的塑性降低，此曲线只对几种 25~20 型不锈合金钢来说是典型的；曲线 III 指出，温度升高至某一中间温度时，塑性增加，继续升高温度时，塑性降低（对大多数优质合金钢而言）；曲线 IV 指出，在某一中间温度塑性降低，当温度较低或更高时，则塑性升高，此曲线对工业纯铁来说是典型的；曲线 V 表示随温度升高，塑性变化很小，此曲线对某些优质合金钢（例如 GCr15）是典型的。从塑性指数与温度的关系图上，可以选择塑性高的加工温度范围进行加工。

（三）变形速度对塑性影响

变形速度对金属塑性影响较为复杂。一方面，当增加变形速度时，变形的加工硬化及滑移面的封闭，使金属的塑性降低；另一方面，随着变形速度的增加，由于消耗于金属变形的能量大部分转变为热能，而来不及散失在空间，因而使变形金属的温度升高，使加工硬化部分地或全部得到恢复而使金属的塑性增加。

根据实验结果得出，关于变形速度对金属塑性状态的影响，可综合为下述结论：

（1）变形速度增加时，在下述情况下会降低金属的塑性：1）如果在变形过程中加工硬化发生的速度超过硬化解除的速度时（考虑变形热效应所发生的加工硬化解除）；2）如果由于变形热效应的作用，使变形物体的温度升高，处于金属的脆性区域时。在上述情况下，因为增加变形速度会使金属由高塑性的温度区域转变为低塑性的温度区，产生塑性降低的有害影响。

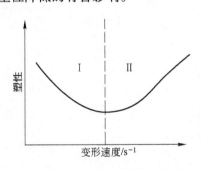

图 3-14　变形速度对塑性的影响

（2）变形速度增加时，在下述情况下会使金属的塑性增加：1）如果在变形时期金属的软化过程比加工硬化过程进行得快；2）如果变形速度增加时，由于热效应产生使金属的温度升高，处于金属的塑性区域时。在上述情况下，使金属由脆性温度区转变为塑性温度区，而使金属的塑性提高。关于变形速度对塑性的影响，可用图 3-14 描述之。

（四）变形力学图示对金属塑性的影响

前面已讲过，应力状态图示的改变，将会在很大程度上改变金属的塑性，甚至会使脆性物体产生塑性变形，或使塑性很好的物体产生脆性破坏。当应力越强，特别是在显著的三向压应力状态下，由于三向压应力妨碍了晶间变形的产生，减少了晶间破坏的可能性。反之，当拉应力数值越大，数目越多，特别是在显著的三向拉应力状态下，由于增加了晶间破坏的可能性，而使塑性降低。

变形图示对塑性影响，以 D_{III} 变形图示（一个拉伸方向，两个压缩方向）为有利于发挥物体塑性的条件。这是由于物体内的缺陷暴露面缩小，而降低了对塑性的危害作用。反之，D_{I} 变形图示（两个拉伸方向，一个压缩方向）是发挥物体塑性最差的变形图示。此乃因为物体内部缺陷暴露面增大，而增加了对塑性的危害性。

（五）变形程度对塑性影响

冷变形时，变形程度越大，加工硬化越严重，则金属塑性降低；热变形时，随着变形程度增加，晶粒细化且分散均匀，故使金属塑性提高。

—————— 本 章 小 结 ——————

了解金属塑性变形的性质前，必须先了解金属塑性变形机理。我们学过的最典型、最常见的金属晶体结构有三种类型，即体心立方结构，面心立方结构和密排六方结构。晶体中的原子排列或堆集方式是不一样的，晶体中的晶粒在外力作用下，其位错沿着晶体滑移面进行运动，显然塑性变形是存在不均匀性的。

塑性变形的不均匀性是由于晶粒及晶界位向不同而产生的，各个晶粒的变形造成有的晶粒变形量大，有的晶粒变形量小。就一个晶粒而言，变形也存在不均匀性，一般说来，晶粒中心区域的变形量较大，晶界及其附近区域的变形量较小。

课后思考与习题

1. 金属的塑性变形机构是怎样通过单晶体塑性变形和多晶体塑性变形加以描述的，试简要说明。
2. 金属变形过程为什么存在加工硬化和加工软化？
3. 何谓金属的冷变形和热变形？
4. 举例说明金属的化学成分与组织结构是怎样影响金属塑性优劣的？

第四章　金属压力加工的摩擦学基础

金属压力加工中的外摩擦指变形金属与工具接触表面间产生的摩擦；内摩擦是指变形金属内部各个部分之间和滑移变形所产生的摩擦。内摩擦在金属压力加工力学中的论述和分析较多，因其影响受力状态较直接。

本章重点论述金属压力加工中的外摩擦，这个外摩擦与一般机械的摩擦意义大不相同。它在金属压力加工生产工艺上的作用，对金属变形过程、力能消耗、产品质量、工具磨损等有直接的影响，最终亦影响到经济效益。

第一节　金属压力加工中的外摩擦特点

摩擦学是研究物体相对运动时，相互作用于接触表面的科学。金属压力加工过程的力能消耗、变形特性、工具磨损、产品质量、设备功能和生产效率等，都同摩擦条件密切相关。

金属压力加工中的外摩擦是指变形金属与工具接触表面上产生的摩擦；相对应的内摩擦是变形金属内部各个部分之间的相对运动（如滑移变形等）而产生的摩擦。这里的着眼点是外摩擦，金属压力加工中的外摩擦具有生产工艺上的实际意义。

金属压力加工中的外摩擦与一般机械的摩擦是不同的，它具有如下特点：

（1）接触面上的单位压力非常大。这是金属塑性变形所要求的，加工变形过程中接触面积增加，金属流动阻力增大，单位压力随之增加。为此，生产实践中采用"工艺润滑"技术（优选润滑方法、配制润滑剂），用以降低单位压力。

（2）摩擦过程中金属表面状态不断变化。金属在变形区内表面积不断扩大，原来表面的氧化膜、润滑膜不断破坏，新生表面依次袒露、表面更新，结果使摩擦及工具黏着和磨损加剧。这就要求采用工艺润滑，以达到防止黏着，降低摩擦及减少磨损的作用。

（3）界面温度条件更加恶劣。金属变形热、表面摩擦热等因素，使温度波动或升高，这势必会改变摩擦面的接触性质、改变黏着度和磨损程度。通过工艺润滑，也可实施冷却、控温的作用。

第二节　金属压力加工中的外摩擦种类及其影响

一、金属压力加工中的外摩擦种类

金属压力加工过程中，金属变形的变形温度、变形程度、变形速度等工艺条件是复杂多变的。在外力的作用下，变形金属充满工具表面，由于啮合（交锁）与黏着（焊合）作用，金属与工具表面产生相对运动。按接触界面上复杂多变的状态，则可出现如下的外摩擦：干摩擦、流体润滑摩擦、边界摩擦等。

（1）干摩擦。是指表面上没有润滑的摩擦。润滑较困难的锻压过程、无润滑挤压及其他不加润滑剂的加工过程都有可能出现干摩擦状态。

（2）流体润滑摩擦。是指在接触上存在一层较厚的流体润滑膜内发生的摩擦。在高速轧制与拉拔生产时所采用的"工艺润滑"，就是这种状态。

（3）边界摩擦。是指润滑剂对金属表面的物理、化学吸附作用出现一层只有几个分子厚的边界润滑膜的摩擦。可见它的状态，类似于流体润滑摩擦。

实际上，金属压力加工时的摩擦条件比较恶劣，理想的流体润滑及边界润滑状态较难出现。整个接触面上为单一的摩擦润滑状态较少，多为混合状态，如流体-边界摩擦、流体-干摩擦、边界-干摩擦等。

二、外摩擦对金属压力加工过程的影响

在实际的金属压力加工过程中，接触面上的摩擦规律除与接触表面的状态（粗糙度、润滑剂等）有关外，还与变形区的几何因素（形状、尺寸等）有关，也与变形力学条件（应力-变形状态）有关。

由此可见，接触面上的外摩擦对金属压力加工过程会产生多方面的影响：

（1）使金属在变形时的实际变形抗力增大，力能消耗增大。这是因为加工过程中容易发生变形金属与工具间的黏着（焊合），在出现相对滑动时就会使金属微粒转移，变形金属黏附在工具的表面上，结果改变摩擦表面状态和性质；进而增大摩擦与变形力能消耗，乃至损伤产品表面，缩短工具使用寿命。

（2）引起金属不均匀变形，影响产品性能，降低成品率。不均匀变形与外摩擦的作用密切相关，金属变形（流动）时摩擦力大小及摩擦分布会发生变化，这种变化又对金属变形产生格外的影响。加工过程中同样伴随黏着、磨损现象，结果会影响产品表面质量及尺寸精度，降低成品率。

（3）加工工具磨损及消耗增大，提高生产成本。加工所用的工具虽然硬度比变形金属高得多，但其往往是在高压、高速及高温条件下连续使用。它的表面通过质点转移而使金属产生脱落等现象，出现严重磨损，这不仅影响产品表面质量及尺寸精度，而且增大了工具消耗，提高生产成本。

第三节　金属压力加工中的外摩擦有效利用

在实际生产中，摩擦并非是一无所长，有时可以直接加以利用，有时则想方设法变害为利。

在金属压力加工中利用外摩擦包括以下几个方面：

（1）在初轧机或开坯轧机上轧制时，特意增大摩擦可大大改善咬入条件，相对增加压下量，强化轧制过程。往往在轧辊面上采取刻痕或堆焊焊点等变粗糙的措施，以增加轧辊的摩擦系数，进而改善轧辊的咬入条件，增大压下量，提高轧机生产能力。

（2）在冲压生产中增大冲头与板料之间的摩擦可使变形量加大，强化生产工艺，减少由于缩颈冲裂等造成的废品。在这里，摩擦的有效利用还要与模具部位、润滑状况联系起来。

（3）在挤压生产中采取无润滑挤压等增加摩擦的措施，有利于减少产品缩尾。挤压的最后阶段挤压力变得很大时，坯料后端的金属趋于沿挤压垫片端面流动而产生缩尾。由此不难看出，若金属与挤压垫片之间的摩擦减小，金属向内流动就越容易，产生的缩尾就越长；反之，增加摩擦会减少缩尾。

外摩擦有效利用的意义深远，尚需在生产实践中进一步开发。

第四节　金属压力加工中的工艺润滑

日常生活中熟知的机械等润滑，是指机械等运动部件之间的润滑；而金属压力加工中的工艺润滑是指变形金属与工具接触表面上的润滑。后者是生产工艺要素，是在变形金属与工具接触表面上优选润滑方法、配制润滑剂等，从而实现"工艺润滑"。

一、工艺润滑的目的及其作用

（一）工艺润滑的目的

1. 降低金属变形时的力和能量消耗

选用有效的润滑，可以减少或消除变形金属和工具间的直接接触，使接触表面间的相对滑动在润滑层内部进行。由此减小变形区接触表面的摩擦系数和摩擦阻力，以及由于摩擦阻力所造成的附加变形抗力，从而降低金属变形时的力能消耗。

如轧制过程的工艺润滑使摩擦阻力减小，改善变形条件，又可增加道次压下量和减少道次，还可提高轧制速度；板材冷轧工艺润滑能使金属变形所需的轧制压力显著减小，从而使轧辊压扁减小、轧辊磨损减少、轧辊和轧材温度降低，因此还能轧出更薄的产品。

2. 提高产品质量

影响产品质量的因素有以下几点：（1）当变形金属与工具接触表面直接接触时会产生黏着以及磨损，进而导致产品表面黏伤、划道、异物压入和尺寸超差等缺陷；（2）摩擦阻力对金属表层与内部质点塑性流动阻碍作用的显著差异，致使各部分的变形程度（晶粒组织结构破碎程度）明显不同；（3）变形金属与工具表面的接触面积往往很大，内部金属转移到表面上，接触压力很大，会在金属全部或局部接触面上存在滑动；（4）各种不同的金属趋向黏结的程度也不相同，在黑色金属轧制中不锈钢的黏结趋向就很明显，很多有色金属如铝及其合金、钛、锌、铜等在轧制中极容易发生黏结现象。

在影响产品质量的因素中，可优选有效的润滑方法，利用润滑剂的"防黏降摩"作用，可提高产品表面质量和内在质量。

3. 减少工具磨损，延长工具使用寿命

工艺润滑能消除或减弱变形金属与工具间的黏结，以及在接触过程中元素的相互扩散，起到减少摩擦、降低接触面压力、工艺冷却等作用，进而保证工具具有足够的强度，使工具磨损减少、寿命延长。

总而言之，金属压力加工中的工艺润滑会极大地影响产品质量，这一工艺要素在整个生产工艺过程中是至关重要的。

（二）工艺润滑的作用

不难理解变形金属与工具接触面上存在润滑剂时，由于其相对运动出现一层润滑膜，则形成工艺润滑条件。工艺润滑大都属流体润滑，其作用实质是变形金属与工具表面被一层流体润滑膜隔开，由流体的压力平衡外部载荷，流体层中的分子大部分不受金属表面原子引力场的作用，可以自由地做相对（切向）运动，通常称此润滑状态为流体润滑。

不同的金属压力加工方法对润滑剂导入的方式是不同的。如轧制、拉拔是连续导入且产生较高的相对运动速度，从而具备形成流体润滑条件；挤压、锻冲采取事先对金属（坯料）或工具表面进行一次性的润滑剂涂抹，这就很难保证润滑剂在整个变形过程中起到"防黏降摩"作用。后者往往多处于间断生产，相对的产量也少，暂且不再过多考虑。

着眼点是对流体润滑条件的研究和完善。流体润滑的主要优点是摩擦阻力小，其摩擦系数可小至 0.001～0.008。摩擦大小完全取决于流体的性质，而与其摩擦表面的材质无关。确切地说，流体润滑的建立主要取决于润滑流体的性质以及影响变形金属与工具接触表面相对运动的有关因素。诸如润滑剂的黏度增大，轧件伸长率增大，表面粗糙度增加；润滑膜温度超过规定范围，则会发生散乱、熔化等；变形金属与工具表面间的相对运动速度，可改变其切向阻力、润滑膜温度等；作用在接触面上的压力，对润滑膜的性质乃至使润滑膜破裂的程度都会有显著影响。这些均属专业技术问题，我们就不再详细介绍了。

二、工艺润滑剂

金属压力加工过程具有高压、高温、高速以及金属基本连续变形，接触表面不断更新的特点，多种加工方式和不同的工艺条件要求。为此，必须在种类繁多和性能各异的、不同类型或不同组成的润滑剂中选择与之相适应的。

（一）工艺润滑剂的基本要求

（1）变形金属与工具表面应有较强的黏附能力，保证形成强度较大且较完整的润滑膜，从而减小变形金属与工具表面的摩擦系数和摩擦力。

（2）要求有适当的黏度，既要保证有一定的润滑层厚度和较小的流动阻力，又要便于喷涂到变形金属和工具上，并保证使用和清理方便。

（3）润滑剂成分和性质要稳定，以保证润滑效果，避免腐蚀变形金属与工具表面。

（4）要求有适当的闪点及燃点，避免在金属压力加工过程中过快地挥发或烧掉，失去润滑或减少摩擦效果，并保证安全生产。

（5）保证有较好的冷却性能，以便对工具起到冷却、调控作用，提高工具寿命和产品质量。

（6）润滑剂本身或其生成物（烟、尘、气体）要求无毒、无难闻气味，不污染环境，净化简单。

（7）杂质和残留物应符合要求，以保证产品不出现各种斑迹，避免污染产品表面。

（8）资源丰富，成本低廉。

（二）工艺润滑剂的种类

工艺润滑剂按其形态可分为：液体润滑剂、固体润滑剂、液-固润滑剂、熔体润滑剂。其中液体润滑剂使用最为广泛，通常又可分为纯油型（矿物油、动植物油）和水溶型

（油水乳化液）两类。

1. 液体润滑剂

（1）矿物润滑油。在金属压力加工中采用的矿物润滑油有：变压器油、12号机油、20号机油、11号汽缸油、24号汽缸油、28号轧机油等。除以纯油方式使用外，还可加入少量防腐添加剂、洗涤剂、抗氧化剂等作为混合润滑剂使用。

矿物润滑油都是从石油中提炼而成的，其种类繁多、来源丰富、成本低廉，故使用最为广泛。

（2）动植物润滑油。在金属压力加工中采用的动植物润滑油有：牛油、猪油、鲸油，以及棕榈油、蓖麻油、棉籽油、葵花子油等。动物油和植物油，都是甘油酯和高分子脂肪酸的复杂混合物。

动植物润滑油的分子组成，除含有矿物润滑油分子组成的碳、氢元素外，还含有氧元素。因此，动植物润滑油在性质上与矿物润滑油相比有许多不同之处，前者的润滑性能更好。

（3）乳化液。动植物润滑油和矿物润滑油虽然具有优良的润滑性能，但冷却性能差是它们的共同弱点。因此在某些压力加工过程中，特别是轧制及高速拉拔时，为了冷却工具，控制轧辊辊型及模孔尺寸，以获得良好的产品形状、尺寸精度，提高工具使用寿命，保证达到要求的润滑效果等，常常采用含有水的冷却-润滑乳液。

在一般情况下，油与水是不能混溶的，只能通过乳化作用获得理想的乳化液，以满足工艺润滑及工艺冷却的要求。

乳化液是一种以细小液滴形成的液相，分布于另一种液相中，形成两种液相组成的足够稳定的系统。也就是说将两种不相混溶的液体（如油与水）放在一起搅拌时，一种液体会呈现液滴状并分散于另一种液体中，添加乳化剂（如皂类）使两种液体间产生乳化作用，即形成乳化液。

通常乳化液包含有基础油（多为矿物油）、乳化剂、添加剂（能改进润滑性能）、水四种成分。常见的乳化液有两类，即水包油型和油包水型，金属压力加工中使用的乳化液多为前者。

2. 固体润滑剂

在金属压力加工中采用的固体润滑剂有：二硫化钼、石墨、石蜡以及脂肪酸钠和脂肪酸钙等固体皂粉。

使用最多的是粉末状的石墨和二硫化钼，由于它们具有优良的耐压、耐热和润滑性能，从而被广泛用于高强度材料和高温条件下的加工过程，诸如挤压、锻造以及轧管时钢管芯棒的润滑。

3. 液-固润滑剂

（1）以液状悬浮液使用的液-固润滑剂。把固体润滑剂粉末悬浮在润滑油中，构成液-固两相悬浮液。

（2）以溶液状甚至糊膏状使用的液-固润滑剂。把固体润滑剂粉末过量地混合到润滑油中，分别呈溶胶状或糊膏状。

4. 熔体润滑剂

在金属压力加工中采用的熔体润滑剂有：玻璃、沥青、石蜡也属此类。

　　熔体润滑剂的作用机理与流体润滑剂相同，它们与温度很高的金属表面相接触被熔化，在摩擦界面上形成一层黏度很高的流体润滑膜，使两表面脱离了直接接触，并使相对切向移动出现在熔体内部，起到"防黏降摩"、提高工具使用寿命的作用。

　　对于加工某些温度高、强度大、变形金属与工具表面黏着性强、易受空气污染的钨、钼、钽、铌、锆、钛等金属，在某些钢材的热锻、热挤压等过程中，应选用可在整个加工过程中呈现熔融状态的熔体润滑剂，来满足"防黏降摩"、减少工具磨损等工艺要求。

　　综上所述，在金属压力加工生产及其技术发展中，有很多都与摩擦学密切相关。金属压力加工中的摩擦、磨损及润滑对金属塑性变形过程、变形力能消耗、金属产品的表面和内部质量、工具磨损，以及反映到最终的经济效益都有非常大的影响。现已被普遍重视并大力开展金属压力加工摩擦学理论研究，广泛应用于生产实际中。

—————— 本 章 小 结 ——————

　　金属压力加工品的外摩擦，是影响金属塑性变形的直接因素，生产过程中对外摩擦的有效利用实例很多；然而更着重的是减少外摩擦，从而使变形接触表面的摩擦阻力变小，达到改善变形条件。

　　变形金属与工具接触表面上的润滑，之所以称为"工艺润滑"，是因为生产工艺过程中离不开这一至关重要的工艺要素。更多的探讨和研究"工艺润滑"已被普遍重视。

课后思考与习题

1. 何谓金属压力加工中的外摩擦？
2. 金属压力加工中的外摩擦与一般机械摩擦有何不同之处？
3. 金属压力加工的干摩擦和流体润滑摩擦的状态是什么样的？
4. 金属压力加工中的"工艺润滑"为什么是整个生产工艺过程中至关重要的工艺要素？

第五章　轧制理论基础

　　轧制是金属压力加工生产中最主要的方式，它具有生产效率高、质量好、品种多，生产过程容易实现连续化和自动化等优点，有85%～90%以上的金属压力加工产品是通过轧制生产的。轧制也叫压延，它是指金属坯料通过转动轧辊的缝隙间而使金属受压缩产生塑性变形的过程。根据轧辊转动方向和轧件在变形区中的运动特点可把轧制分为纵轧、横轧和斜轧过程。本章仅就纵轧和斜轧理论的重点内容加以介绍。

　　纵轧是采用最多的轧制方式，纵轧时轧件变形的高度方向被压缩、长度方向被延伸、宽度方向形成宽展。实际上在轧件变形的长度方向是变形区位置连续形成极大的改变，这就是更要注重的地方。在这里主要的是讨论轧件高度变化的压下量，长度变化的延伸量、宽度变形的宽展量，由浅入深研究设计变形量和寻求轧件咬入、受外力等条件。

　　斜轧是在热轧无缝钢管生产中被采用，如斜轧穿孔机的轧辊轴线与管坯轴线（轧制线）有一个交角（送进角），使管坯在旋转的同时作纵向移动，即变形区中的管坯表面上任一金属质点作螺旋运动，既旋转又前进。这里的变形，受力等状态就复杂多了，比纵轧方式更有难度了。

第一节　纵轧时变形区和变形的表示方法

一、纵轧时的变形区

　　纵轧时，轧辊作用于轧件的摩擦力把轧件连续地拉入轧辊缝隙中进行轧制。轧件高度方向压缩的金属体积，一方面向长度方向延伸，另一方面向宽度方向流动而形成宽展，结果使轧件横断面的形状与几何尺寸发生改变。纵轧时轧辊作用在轧件上使轧件产生塑性变形的部分称为变形区（图5-1中阴影部分）。轧制某一瞬间变形区仅为轧件长度上的一部分，随着轧辊转动和轧件向前运动，变形区在轧件长度上会连续改变位置。

　　纵轧时简单轧制过程，如图5-1所示。所谓简单轧制过程，即上、下轧辊直径相等；转速相等；轧辊无轧槽，均为传动辊；无外加张力或推力；轧辊为刚性体，轧件性质均匀一致等理想条件的对称的轧制过程。通常以简单轧制过程作为研究轧制理论的起点。

二、纵轧时变形的表示方法

　　纵轧时绝对变形量（压下量、延伸量、宽展量）分别以下式表示：

$$\Delta h = H - h \tag{5-1}$$

$$\Delta L = l - L \qquad (5\text{-}2)$$

$$\Delta B = b - B \qquad (5\text{-}3)$$

式中　h，H——轧件轧后、轧前高度；

　　　l，L——轧件轧后、轧前长度；

　　　b，B——轧件轧后、轧前宽度。

绝对变形不能确切表示变形程度的大小，仅能表示轧件外形尺寸的变化，为此常用相对变形表示变形程度。

一般相对变形量用绝对变形量与轧件原始尺寸的比值来表示：

压下率　　　$\dfrac{H - h}{H} \times 100\%$ $\qquad (5\text{-}4)$

宽展率　　　$\dfrac{b - B}{B} \times 100\%$ $\qquad (5\text{-}5)$

伸长率　　　$\dfrac{l - L}{L} \times 100\%$ $\qquad (5\text{-}6)$

变形量的其他表示方法见表5-1。其中 η 为压下系数；ω 为宽展系数；μ 为延伸系数。

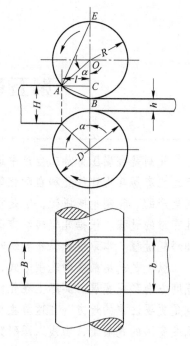

图5-1　简单（理想）轧制过程图示

表5-1　变形量的其他表示

变形方向	变形系数	对数变形系数	变形方向	变形系数	对数变形系数
压下方向	$\eta = \dfrac{H}{h}$	$\ln\dfrac{1}{\eta}$	延伸方向	$\mu = \dfrac{l}{L}$	$\ln\mu$
宽展方向	$\omega = \dfrac{b}{B}$	$\ln\omega$			

塑性变形时，一般认为轧件轧制前与轧制后体积不变（忽略了轧制前、后轧件密度变化，加热中氧化烧损，或轧件经冷加工因晶格歪扭等引起体积的增加），称体积不变定律。

根据体积不变定律，轧前体积 V_H 等于轧后体积 V_h，即

$$V_H = V_h \qquad (5\text{-}7)$$

或

$$HBL = hbl$$

改写成

$$\frac{h}{H}\frac{b}{B}\frac{l}{L} = 1$$

即

$$\frac{1}{\eta}\omega\mu = 1 \qquad (5\text{-}8)$$

或

$$\ln\frac{1}{\eta} + \ln\omega + \ln\mu = 0$$

由式（5-8）可知，由一个主变形方向压下的金属体积，按照不同比例分配到另外两个变形方向上去，亦即轧制时给予一定压下量后，将会得到一定的伸长量和宽展量。

如果以 F_H 表示轧件轧前横截面积，F_h 表示轧件轧后横截面积，根据体积不变的条件，则：

$$\frac{l}{L} = \frac{F_H}{F_h} = \mu \qquad (5\text{-}9)$$

延伸系数 μ 等于轧制前、后横截面积之比或轧制后轧件长度和轧制前轧件长度之比。因为 $F_H > F_h$，$l > L$，所以延伸系数 μ 的值总是大于 1。

轧钢生产中，钢坯总是要经过若干道次轧制之后方能轧成为成品，对应的延伸系数则可分为总延伸系数和道次延伸系数。如轧制 n 道次，各道次轧前轧件横截面积为：

$$F_0 = \mu_1 F_1 \qquad F_1 = \mu_2 F_2 \qquad F_2 = \mu_3 F_3$$

$$F_3 = \mu_4 F_4 \qquad \cdots \qquad F_{n-1} = \mu_n F_n$$

从上式可得：

$$F_0 = \mu_1 \cdot \mu_2 \cdot \mu_3 \cdot \mu_4 \cdots \mu_n F_n \qquad (5\text{-}10)$$

式中　F_0，F_n——轧前、轧后轧件的横截面积；

μ_1，$\cdots$，μ_n——1～n 道次的延伸系数。

由式（5-10）得：

$$\frac{F_0}{F_n} = \mu_1 \cdot \mu_2 \cdot \mu_3 \cdots \mu_n$$

如果设 $\mu_\Sigma = F_0/F_n$ 轧件轧制 n 道次后轧制总延伸系数为：

$$\mu_\Sigma = \mu_1 \cdot \mu_2 \cdot \mu_3 \cdots \mu_n \qquad (5\text{-}11)$$

由此可知，总延伸系数为各道次延伸系数相乘之积。

轧板时，因宽展很小，可以忽略，认为 $B \approx b$，常用压下系数来表示变形程度：

$$\eta = \frac{H}{h} \qquad (5\text{-}12)$$

如图 5-1 所示，咬入角 α 是指轧件开始被轧辊咬入时，轧件和轧辊最先接触的点（实际上是一条沿辊身长度的线）和轧辊中心的连线与两轧辊中心连线所构成的圆心角。

现在我们来求变形区长度以及咬入角 α、轧辊直径 D 和压下量 Δh 三者之间的关系。

由图 5-1 可知，咬入弧 $\overset{\frown}{AB}$ 的弦长为 $\overline{AB}$，咬入弧 $\overset{\frown}{AB}$ 的水平投影为 $\overline{AC}$，我们把咬入弧（亦称接触弧）的水平投影叫做变形区长度 l，即 $l = AC$。

由图 5-1 上半部（下半部与上半部对称）的几何关系求得：

$$l = AC = \sqrt{AB^2 - BC^2}$$

又知　$\triangle ABE \backsim \triangle CBA$　则　$\dfrac{AB}{BC} = \dfrac{BE}{AB}$　$AB^2 = BC \cdot BE$

因为　$BC = \dfrac{H-h}{2} = \dfrac{\Delta h}{2}$　$BE = D = 2R$　所以　$AB^2 = 2R\dfrac{1}{2}\Delta h = R\Delta h$

将 BC 和 AB 代入前式得 $l = \sqrt{R\Delta h - \dfrac{\Delta h^2}{4}}$，当 Δh 很小时，则忽略 $\dfrac{\Delta h^2}{4}$ 而近似得

$$l = \sqrt{R\Delta h} \tag{5-13}$$

α、D、Δh 三者之间的关系，由图 5-1 看出 $BC = BO - CO$，即 $\dfrac{\Delta h}{2} = R - R\cos\alpha$，则

$$\Delta h = D(1 - \cos\alpha) \tag{5-14}$$

公式（5-14）为计算压下量的基本关系式，知其中任意两个量，可求另一个量。

例如某初轧厂 1150 初轧机，轧制钢锭质量 28.2t，钢锭大头尺寸 735mm×815mm，钢锭在第 I 孔型中压下制度见表 5-2，轧辊工作直径 1100mm，初轧机最大允许咬入角为 27°~34°（带有刻痕和堆焊表面的轧辊中轧制），用式（5-14）校对表 5-2 中的压下制度能否实现。

表 5-2 某初轧机第 I 孔型中压下制度

道　次	断面尺寸(高×宽) /mm×mm	压下量 /mm	宽展量 /mm	道　次	断面尺寸(高×宽) /mm×mm	压下量 /mm	宽展量 /mm
	735×815			4	490	50	
1	660	75		5	440	50	
2	600	60		6	390×850	50	35
3	540	60					

用式（5-14）计算道次最大压下量：

$$\Delta h_{\max} = D(1 - \cos\alpha) = 1100(1 - \cos 27°) \approx 120\text{mm}$$

由计算得，I 孔型中最大道次压下量为 120mm，压下制度中道次压下量均小于此值，故满足咬入条件，能较顺利实现轧制过程。当然，实现道次最大压下量除受咬入条件限制外，还要考虑轧辊强度和电机能力等主要因素的限制等综合因素，但咬入条件是首要的。

第二节　纵轧时轧辊咬入轧件的条件

在生产实践中可以发现，有时轧制过程很顺利，但有时由于压下量过大或来料太厚，轧件不能被轧辊咬入。可见轧制过程能不能建立起来，首先取决于能否咬入，因此，研究和分析轧辊咬入轧件的条件具有非常重要的实际意义。本书的中心内容是分析轧辊开始咬入轧件时的咬入条件及稳定轧制过程的咬入条件。

一、平辊轧制矩形断面轧件的咬入条件

依靠旋转方向相反的两个轧辊与轧件间的摩擦力，将轧件拉入轧辊辊缝中的现象，称为咬入。

轧件与轧辊在 A、B 两点上接触时（见图 5-2a），轧件对轧辊产生径向压力 R，在 R 力作用下产生与 R 力相互垂直的摩擦力 T_0，因轧件力图阻止轧辊旋转，摩擦力 T_0 方向与轧辊转动方向相反，即为 A、B 两点的切线方向。根据牛顿力学基本定律（两物体相互间的作用力大小相等、方向相反，且作用在一条直线上），轧辊对轧件作用力 p，摩擦力 T 的方向已定（见图 5-2b）。按库仑摩擦定律，摩擦系数 f 与作用力 p、摩擦力 T 的关系

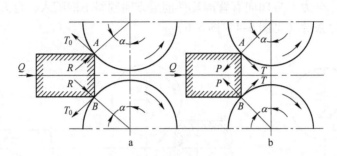

图 5-2　轧辊与轧件开始接触瞬间作用力图示

为：$\dfrac{T}{p} = f$。

显然，与咬入条件有关的是轧辊对轧件的作用力，由于上、下轧辊对轧件作用力对称，所以仅取一个轧辊对轧件作用力来分析轧辊咬入轧件的条件（见图 5-3）。

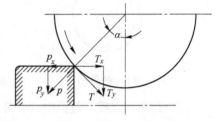

图 5-3　p 和 T 力的分解

将作用接触点的径向力 p 和切向力 T，分别分解成垂直分力 p_y、T_y 和水平分力 p_x、T_x。p_y 与 T_y 对轧件起压缩作用产生塑性变形，对轧件水平方向运动不起作用。p_x 与 T_x 为水平方向的力，p_x 力方向与轧件运动方向相反，阻止轧件进入辊缝中，T_x 力与轧件运动方向一致，力图把轧件拉入轧辊辊缝中。由此可知，在没有附加外力作用的条件下，若实现自然咬入，必须是水平咬入力 T_x 大于水平推出力 p_x，可见 p_x 与 T_x 可能有如下三种情况：

$$\left. \begin{aligned} T_x &< p_x \text{ 不能实现自然咬入} \\ T_x &= p_x \text{ 咬入临界状态（平衡状态）} \\ T_x &> p_x \text{ 可实现自然咬入} \end{aligned} \right\} \tag{5-15}$$

由图 5-3 可知　　$p_x = p\sin\alpha, T_x = T\cos\alpha$
当 $p_x = T_x$ 时
则　　　　　　　　$p\sin\alpha = T\cos\alpha$

或　　　　　$\dfrac{T}{p} = \dfrac{\sin\alpha}{\cos\alpha} = \tan\alpha$，　而　　$\dfrac{T}{p} = f$

所以　　　　　　　$f = \tan\alpha$ \hfill (5-16)

公式（5-16）是咬入临界状态的另一种表现形式。这个公式说明，咬入角 α 的正切等于轧件与轧辊之间的摩擦系数 f 时，是咬入角的临界条件，当 $\tan\alpha < f$ 时能咬入，$\tan\alpha > f$ 时，则不能咬入。

根据物理概念，摩擦系数可以用摩擦角表示，即摩擦角 β 的正切就是摩擦系数 f，将 $\tan\beta = f$ 代入式（5-16），则实现自然咬入的条件为：

$$\tan\beta \geq \tan\alpha$$

或　　　　　　　　　　$\beta \geq \alpha$ \hfill (5-17)

即轧制过程咬入条件是摩擦角 β 大于咬入角 α。若用图表示时，合力 F 方向倾斜轧件前进方向能咬入，反之合力 F 方向向着背离轧件前进方向倾斜不能咬入，合力 F 方向恰好垂直轧制线方向是临界条件（见图5-4～图5-6）。

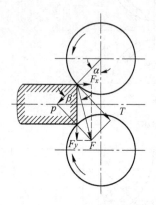   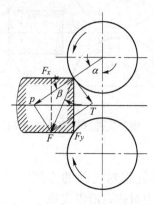   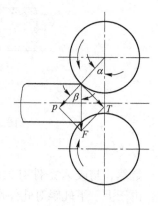

图5-4 $\beta>\alpha$ 的图示   图5-5 $\beta<\alpha$ 的图示   图5-6 $\alpha=\beta$ 的图示

应该指出，在咬入过程中，轧件和轧辊的接触表面，一直是连续地增加。因此随着轧件逐渐地进入辊缝，轧制压力 p 及摩擦力 T 已不作用在 α 处，而是向着变形区的出口方向移动。轧件受力分析如下：我们用 θ' 表示轧件被轧辊咬入后，其前端与中心线所成的夹角（见图5-7）。随着咬入过程的进行，θ' 值在逐渐减小。开始咬入时 $\theta'=\alpha$，轧件完全充满辊缝后 $\theta'=0$。随着轧件逐渐充填变形区，径向压力 p 的作用角由原来的 α 角变成 φ 角，假设轧制压力沿接触弧均匀分布，则 φ 角大小为：

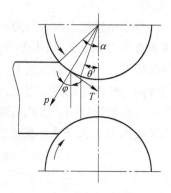

图5-7 轧件进入变形区情况

$$\varphi=\frac{\alpha-\theta'}{2}+\theta'$$

即
$$\varphi=\frac{\alpha+\theta'}{2} \qquad (5\text{-}18)$$

显然，随 θ' 角由 α 变至零度，φ 角将由 α 变至 $\frac{\alpha}{2}$。当 $\varphi=\alpha$ 时，为轧件开始咬入阶段；而当 $\varphi=\frac{\alpha}{2}$ 时，轧件充填满整个变形区，此时一般称为稳定轧制阶段，亦即轧制过程建成。

轧件进入到变形区中某一中间位置时，p 力与 T 力之水平力亦在不断变化。随着 φ 角减小，T_x 增加，p_x 减小，水平咬入力比水平推出力越来越大，这说明咬入比开始时容易。

轧件充满辊缝后，继续进行轧制，其咬入条件仍然应当是水平咬入力 T_x 大于水平推出力 p_x，即 $T_x \geqslant p_x$（见图5-8），此时

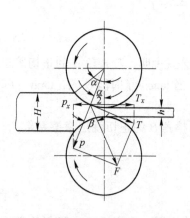

图5-8 稳定轧制过程咬入条件

$$T_x=T\cos\frac{\alpha}{2} \qquad p_x=p\sin\frac{\alpha}{2}$$

所以 $T_x \geqslant p_x$ 可写成

$$T\cos\frac{\alpha}{2} \geqslant p\sin\frac{\alpha}{2}$$

或

$$\frac{T}{P} \geqslant \tan\frac{\alpha}{2}$$

亦即

$$\tan\beta = f = \frac{T}{p} \geqslant \tan\frac{\alpha}{2}$$

由此得出

$$\beta \geqslant \frac{\alpha}{2} \tag{5-19}$$

可见，根据轧件充填辊缝的程度，咬入条件向有利的一面转化。亦即开始咬入阶段，所需摩擦条件最高，随着轧件充填辊缝，咬入越来越容易。

开始咬入时的咬入条件为 $\beta \geqslant \alpha$，而轧制过程建成时为 $\beta \geqslant \dfrac{\alpha}{2}$。以通式表示，可写成：$\beta \geqslant \varphi$。这样，开始咬入时，$\varphi = \alpha$；而轧制过程建成时，$\varphi = \dfrac{\alpha}{2}$。

由上可知，稳定轧制阶段的咬入角等于开始咬入阶段咬入角的 2 倍，实际上稳定轧制阶段 $\alpha = (1.2 \sim 1.5)\beta_k$（$\beta_k$——开始咬入阶段的摩擦角）。粗略估计各种轧制条件下的最大咬入角 α_{max} 和摩擦系数 f，可参看表 5-3 和表 5-4。

表 5-3 钢的最大咬入角和摩擦系数的参考值

轧 制 情 况	α_{max}	f	轧 制 情 况	α_{max}	f
热 轧			冷 轧（有润滑剂）		
带有刻痕或堆焊的轧辊上轧制	$24° \sim 32°$	$0.45 \sim 0.62$	在一般光面轧辊中轧制	$5° \sim 10°$	$0.09 \sim 0.18$
型钢轧制	$20° \sim 25°$	$0.36 \sim 0.47$	在磨光（极光表面）轧辊中轧制	$3° \sim 5°$	$0.05 \sim 0.08$
热轧极薄带钢	$15° \sim 20°$	$0.27 \sim 0.36$	同上，但采用棉籽油润滑	$2° \sim 4°$	$0.03 \sim 0.06$

表 5-4 有色金属热轧时最大咬入角和摩擦系数的参考值

金 属	轧制温度/℃	$\alpha_{max}/(°)$	f	金 属	轧制温度/℃	$\alpha_{max}/(°)$	f
铝	350	$20 \sim 22$	$0.36 \sim 0.40$	镍	950	22	0.40
铜	900	27	0.50	锌	200	$17 \sim 19$	$0.30 \sim 0.35$
黄 铜	850	$21 \sim 24$	$0.38 \sim 0.45$				

二、孔型中轧制时的咬入条件

孔型中轧制，咬入过程的基本原理与平辊轧制板材情况完全相同，只是多了孔型侧壁斜度对轧件受力条件的影响。

型钢生产中采用孔型系统较多，其孔型形状亦不尽相同，但就其开始咬入时轧件与轧辊的接触情况而言，基本可归纳为如下两种情况：第一，与平辊轧制矩形件相似（见图 5-9a、b），轧件先与孔型顶部接触；第二，轧件先与孔型侧壁接触（见图 5-9c、d），这是孔型中最有代表性的一种接触。

下面分析箱形孔型轧制矩形件时，轧件先与孔型侧壁接触时的咬入条件（见图 5-10）。N、T、N_0 力分别为轧辊孔型侧壁斜度作用给轧件正压力，轧辊作用给轧件的摩擦力，轧辊作用给轧件的径向力；θ 为孔型侧壁斜度夹角。

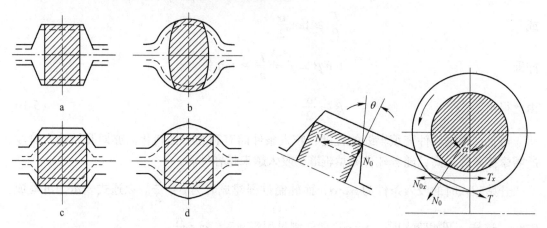

图 5-9　孔型中轧制轧件与轧辊接触图示　　　图 5-10　孔型中轧制受力分析

随着轧件填充孔型，实现咬入的条件仍然是 $T_x \geqslant N_{0x}$（见图 5-10）

$$T\cos\alpha \geqslant N_0 \sin\alpha$$

$$\frac{T}{N_0} \geqslant \tan\alpha \tag{5-20}$$

因为

$$N_0 = N\sin\theta$$

代入式（5-20）得

$$\frac{N \cdot f}{N \cdot \sin\theta} \geqslant \tan\alpha$$

即

$$\frac{f}{\sin\theta} \geqslant \tan\alpha$$

或

$$\frac{\tan\beta}{\sin\theta} \geqslant \tan\alpha$$

得

$$\frac{\beta}{\sin\theta} \geqslant \alpha \tag{5-21}$$

由上式可知，当 $\theta = 90°$ 时，此乃与平辊轧制条件相同，$\beta \geqslant \alpha$；当 $\theta < 90°$ 时，极限咬入角 α_{max} 增大了 $\frac{1}{\sin\theta}$ 倍。可见，在孔型中轧制时，孔型侧壁斜度夹角 θ 值越小咬入越有利。因为 θ 值小，β 值增加意味着 T_x 值大，更容易把轧件拉入轧辊辊缝中。

三、改善咬入条件的途径和方法

在轧制过程中，影响轧件咬入的因素，主要是咬入角和摩擦系数。

（一）咬入角

由前面分析可知，轧制过程的咬入条件一般可写成 $\alpha < \alpha_{max} = \dfrac{\beta}{\sin\theta}$，因此改善咬入条

件的基本途径为：（1）减少实际咬入角 α；（2）增加极限咬入角 $\alpha_{\max}$。当摩擦系数 $f = \tan \beta$ 及孔型侧壁斜度均一定时，$\alpha_{\max}$ 值是固定的，此时只有减小实际咬入角 α。由 $\Delta h = D(1 - \cos\alpha)$ 关系可知：

$$\alpha = \arccos\left(1 - \frac{\Delta h}{D}\right)$$

据此减小实际咬入角 α 有如下办法：

在不改变压下量的情况下增大轧辊直径（见图 5-11）；在不改变辊径 D 的情况下（在已有轧机上）减小压下量；在辊径及压下量均保持不变的条件下通过预先将轧件头部作成楔形（轧制钢锭时，可让小头先进轧辊）或者实行撞击喂料，即利用一定的冲击力使轧件头部在咬入时被撞扁的方法来减小 α 值（见图 5-12）。

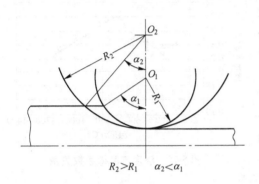

$R_2 > R_1 \quad \alpha_2 < \alpha_1$

图 5-11　增大轧辊直径后咬入情况

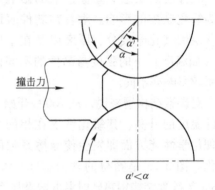

撞击力

$\alpha' < \alpha$

图 5-12　带楔形端轧件咬入情况

增加极限咬入角 $\alpha_{\max}$ 值，可以通过减小孔型侧壁斜度角及增大摩擦系数 f（增大摩擦角 β）来达到。

在孔型中轧制时，为改善咬入，适当减小 θ 角，同时要兼顾不使轧件因孔型被过充满出现"耳子"的缺陷。兼顾方法之一是采用"双斜度孔型"。以箱形孔型为例（见图 5-13），就是把靠近槽底处的侧壁斜度适当地做得小一些，而接近槽口处则做得大一些。

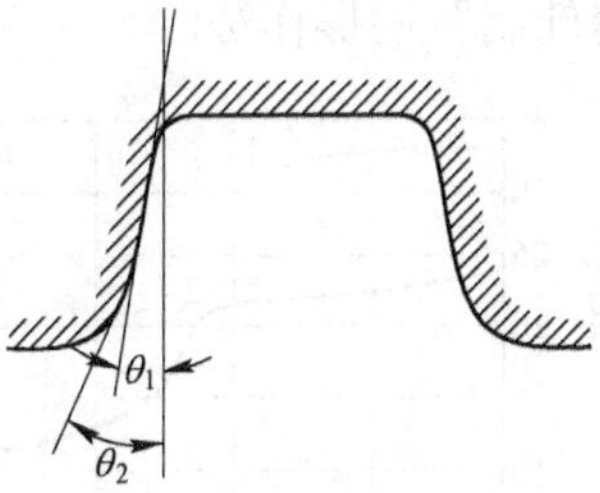

（二）摩擦系数

至于如何增加摩擦系数 f 来改善轧制时的咬入条件，我

图 5-13　箱形孔型侧壁斜度对咬入的影响

们准备结合对影响摩擦系数的诸因素的讨论加以阐明。

根据迄今所掌握的资料，轧制中摩擦系数主要与轧辊和轧件的表面状态、轧制时轧件对轧辊的变形抗力以及轧辊线速度的大小有关。温度因素的影响则是通过对轧件表面（氧化）状态及变形抗力的影响而起作用的。

轧辊表面状态影响因素是：轧辊表面越光滑，硬度越高，摩擦系数便越小。实际上新辊比旧辊咬入能力差，硬面铸铁轧辊比硬度较低的钢轧辊咬入能力差。

对初轧机和开坯机而言，为增加开坯机的生产能力，一般都力争在设备条件允许的情况下采用尽可能大的道次压下量，此时轧辊咬入能力往往成为限制道次压下量增加的主要因素。为增加咬入能力，则在轧机的某几个孔型上经常采用刻痕或堆焊（见图 5-14）等

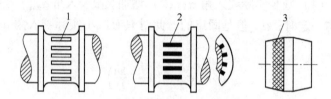

图 5-14　轧辊表面刻痕、堆焊和压花
1—刻痕；2—堆焊；3—压花（穿孔机轧辊用）

法，以增加摩擦系数。然而在精轧孔型中以及在轧制表面质量要求较严的合金钢材时采用刻痕或堆焊方法是不适宜的。

　　轧件表面状态对摩擦系数的影响主要表现为氧化铁皮的影响。附着在轧件表面上的氧化层因其化学成分、厚度以及在不同的条件（如温度）下的强度与黏性的不同而对摩擦系数影响亦不同。

　　对碳素结构钢来说，从700℃开始，随着轧件温度的升高，其氧化铁皮在相的组成及物理化学性能方面即发生使摩擦系数降低的变化。图 5-15 是测得的含 $w(C) = 0.5\% \sim 0.8\%$ 的碳素结构钢热轧时温度与摩擦系数的关系。

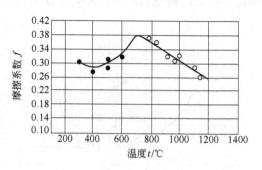

图 5-15　温度与摩擦系数关系

　　热轧时，轧制速度对摩擦系数的影响如图 5-16 所示。冷轧时轧制速度对摩擦系数的影响见图 5-17。由此可知，轧制速度降低摩擦系数增加，从而有助于轧件的咬入。在速度可调的初轧机或毛轧机上，为了改善咬入条件，增加道次压下量，往往采用"低速咬入高速轧制"的操作法。

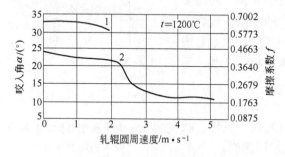

图 5-16　轧制速度与摩擦系数关系
1—带刻痕轧辊；2—光面轧辊

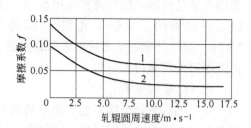

图 5-17　轧制速度与摩擦系数关系
1—用矿物油乳液润滑；2—用棕榈油润滑

　　为了确定在某一特定的轧制条件下的极限咬入角并计算该条件下所能达到的最大压下量，可根据下面的关系求之，即：

$$\Delta h_{max} = D(1 - \cos\alpha_{max})$$

$$\cos\alpha_{max} = \frac{1}{\sqrt{1 + \tan^2\alpha_{max}}} = \frac{1}{\sqrt{1 + f^2}}$$

即
$$\Delta h_{\max} = D\left(1 - \frac{1}{\sqrt{1+f^2}}\right)$$
(5-22)

从式（5-22）中确定 $\Delta h_{\max}$ 值必须先确定摩擦系数 f 值。但由上述分析可知，因为对强烈影响摩擦系数大小的诸因素，如轧辊表面状态、轧件表面状态、轧制速度等研究还很不够，故摩擦系数值目前还没有理论计算的方法，只好运用由实测资料整理出来的经验公式进行近似计算。目前计算 f 较为通用的公式为考虑轧辊材质、轧制速度和轧件化学成分影响的经验式：

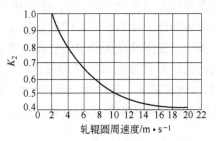

图 5-18 轧制速度影响系数

$$f = K_1 K_2 K_3 (1.05 - 0.0005t)$$
(5-23)

式中　K_1——考虑轧辊材质影响系数，钢轧辊
　　　　　$K_1 = 1.0$，铁辊 $K_1 = 0.8$；

　　　　K_2——轧制速度影响系数，见图 5-18；

　　　　K_3——轧件化学成分影响系数，见表 5-5。

表 5-5　轧件化学成分影响系数

钢　号	GCr15	Cr18Ni9	30CrMnSiA	20	40
K_3 值	1.1	0.85	0.8	0.95	0.88
钢　号	T10	Y*12	Y20	Y40Mn	Q235
K_3 值	0.82	0.85	0.80	0.70	1.0

注：Y*代表易切钢，硫含量高。

第三节　纵轧时的轧制压力和传动力矩

一、纵轧时的轧制压力

（一）轧制压力的概念

轧制压力是验算轧机零件强度和选择电机的重要数据之一。通常所说的轧制压力是指用测压仪在压下螺丝下实测的总压力，即轧件给予轧辊的总压力的垂直分量。只有在如前所说的简单轧制情况下，轧件对轧辊的合力方向才是垂直的（见图 5-19）。

假定轧制进行的一切条件与简单轧制条件情形相同，只是在轧件出口及入口处作用有张力 Q_h 及 Q_H，如在单机架带卷筒的二辊式冷轧机和连轧机各机架间产生张力，即属于这种情况。此时，如图 5-20 所示，设 $Q_h > Q_H$，合力方向已不再垂直，而是有一个水平分量。当水平分量为零时，轧件对轧辊的合力才是垂直的。否则，在压下螺丝下用测压仪实测的力仅为合力的垂直分量。

在确定轧件对轧辊的合力（总压力）时，首先应考虑接触区内轧件与轧辊间的力的作用情况。轧件作用于单位接触

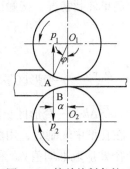

图 5-19　简单轧制条件下
的合力方向

面积上的压力（称单位压力）在变形区内的分布是不均匀的，因此不能直接用它来计算总压力。通常是以它们的平均值计算，此平均值称为平均单位压力，以符号 $\bar{p}$ 表示。在轧件与轧辊接触所形成的变形区中，单位压力分布如图 5-21 所示。单位压力分布图的平均高度 $\bar{p}$ 称为平均单位压力。诚然，在平均单位压力的实测值中，既包括了金属在轧制中的自然变形抗力（金属内阻力），也包括由于外力的制约（外部的阻力作用）所引起的变形抗力增高部分。金属在轧制中的自然抗力在钢种一定的情况下主要是由轧制的变形程度，变形温度，变形速度所决定的；而外部阻力的制约作用则主要与摩擦系数 f 及反映轧制变形区的几何形状特征 $l/\bar{h}$（l 为变形区长，$\bar{h}$ 为变形区平均高度）比值有关。当轧件厚度较小时，$l/\bar{h}$ 值甚大，摩擦阻力起主导作用，而外区（$l/\bar{h}$ 值）影响甚微；当轧制 $l/\bar{h}$ 很小的高轧件时，摩擦阻力影响不显著，外区（$l/\bar{h}$ 值）影响则是主要的。

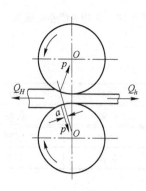

图 5-20　具有外力时合力方向

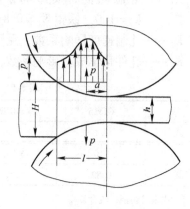

图 5-21　轧制变形区的单位压力分布

（二）轧制压力的确定

轧制压力为平均单位压力 $\bar{p}$ 与接触面水平投影面积 F 乘积的总和，即：

$$p = \bar{p}F$$

式中　p——轧制压力；

　　　$\bar{p}$——平均单位压力；

　　　F——接触面水平投影面积。

显然，如要确定轧制压力，就要求出接触面积和平均单位压力。

简单轧制情况，接触面积 F 按下式计算：

$$F = \frac{B+b}{2}\sqrt{R\Delta h} \tag{5-24}$$

式中　$\dfrac{B+b}{2}$——变形区平均宽度；

　　　$\sqrt{R\Delta h}$——变形区长度 l。

在孔型中轧制时，用图解法或用公式（5-24）求出接触面积，其中的压下量 Δh 和轧辊半径 R 应取平均值 $\overline{\Delta h}$ 和 $\overline{R}$。对菱形、方形、椭圆形和圆孔型进行平均压下量 $\overline{\Delta h}$ 计算时，可采用的关系式为：由菱形轧菱形 $\overline{\Delta h} = (0.55 \sim 0.6)(H-h)$；由方形轧椭圆形 $\overline{\Delta h} = H - 0.7h$（对扁椭圆）和 $\overline{\Delta h} = H - 0.85h$（对圆椭圆）；由椭圆轧方形 $\overline{\Delta h} = (0.65 \sim 0.7)$

$H-(0.55\sim0.6)h$；由椭圆形轧圆形 $\Delta\bar{h}=0.85H-0.79h$。$H$、$h$ 分别为孔型中央位置轧制前、后轧件断面高度。欲求孔型接触面积 F 时，可用下列近似关系：由椭圆轧方形 $F=0.75b\sqrt{R(H-h)}$；由方形轧椭圆 $F=0.54(B+b)\sqrt{R(H-h)}$；由菱形轧菱形或方形 $F=0.67b\sqrt{R(H-h)}$。H、h 为孔型中央位置轧制前、后轧件断面高度，B、b 为轧制前、后轧件断面最大宽度，R 为孔型中央位置的轧辊半径。

确定平均单位压力的方法可归纳为：数学分析法和实验曲线法。下面计算公式可供参考。

$$\bar{p}=K_{f}p_{0} \tag{5-25}$$

式中　p_0——有效单位压力；

　　　K_f——外阻力影响系数。

有效单位压力 p_0 是只考虑金属本身的内因素，如化学成分、变形温度，变形速度和变形程度等对轧制压力的影响。建议用单向拉伸时的强度极限（σ_b）计算有效单位压力，即 $p_0=1.15\sigma_b$，碳素结构钢 σ_b 值由图 5-22 可查。

外阻力影响系数 K_f 是考虑接触面上摩擦系数大小等外部因素对轧制压力的影响，可从图 5-23 曲线求之。如图 5-23 所示的曲线，纵坐标表示欲求的 K_f 值，横坐标为 δ 值。$\delta=2fl/\Delta h$，式中 f、l、Δh 分别为摩擦系数、变形区长度、该道次压下量。

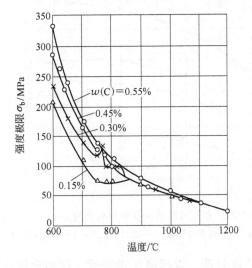

图 5-22　0.15%～0.55% 碳素结构钢 σ_b
　　　　　和温度关系

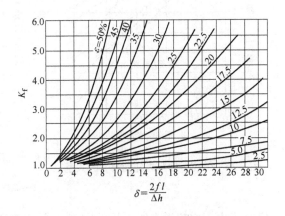

图 5-23　$\delta=2fl/\Delta h$ 与 K_f 关系图

实验资料表明，轧钢温度高，轧制的平均单位压力 $\bar{p}$ 低（见图 5-24）；道次压下量和摩擦系数小，平均单位压力 $\bar{p}$ 值小（见图 5-25）；带前后张力会随着张力值增加，$\bar{p}$ 值下降（见图 5-26）；随轧制速度提高，$\bar{p}$ 值增加，轧制速度对平均单位压力值波动也是显著的（见图 5-27），但在一般工业生产使用速度范围内，其平均单位压力值 $\bar{p}$ 波动甚小，一般可忽略。

众所周知，轧制压力越大，轧辊受力越大。当轧辊所受的压力超过允许值时，可能发生断辊事故，因此轧辊强度亦是限制提高道次压下量的主要因素之一。为此，在提高轧机

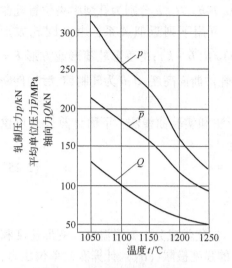

图 5-24　穿孔温度对力参数影响

（ЭИ865 管坯，直径 85mm，毛管 89mm×11mm）

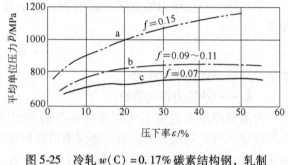

图 5-25　冷轧 $w(C)=0.17\%$ 碳素结构钢，轧制
条件与 $\bar{p}$ 的关系

a—粗糙平辊；b—光滑平辊；c—光辊加润滑

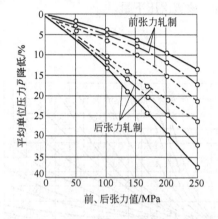

图 5-26　带前、后张力轧制与 $\bar{p}$ 的关系

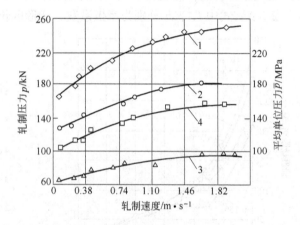

图 5-27　穿孔时轧制速度和力参数的关系

1—总压力；2—平均单位压力；3—出口区压力；4—入口区压力

生产能力、增加道次压下量的同时，必须改善轧辊材质，以提高轧辊强度，增加允许压力；另外，在轧制过程中，创造使平均单位压力（$\bar{p}$）减小的轧制条件，如提高轧制温度等，以保证轧制压力不超过允许压力。

二、纵轧时的传动力矩

轧制时所需要的动力是由主电机提供的，主电机必须克服机列中一系列反转矩而做功。一般说来，为了传动轧辊，主电机轴上所需力矩 M_Σ 由以下四部分组成：

$$M_\Sigma = M_z + M_m + M_k + M_d \tag{5-26}$$

式中　M_z——轧制力矩，即为轧件塑性变形所需的力矩；

　　　M_m——传至电动机轴上的附加摩擦力矩，此摩擦力矩是当轧件通过轧辊时，在轧辊

轴承、传动机构及轧钢机其他部分所发生的;

M_k——空转力矩,即在轧件未通过轧辊(空转)时传动轧钢机所需的力矩;

M_d——动力矩,此力矩是为了克服速度变化时的惯性力所必需的。

前面三项称为静力矩,即:

$$M_j = M_z + M_m + M_k \tag{5-27}$$

式中,M_z 为静力矩中的有效力矩,而 M_m 及 M_k 则为无效力矩,它们的数值越小,轧机有效系数越高,轧机有效系数 $\eta_0 = M_z/M_j$,一般 $\eta_0 = 0.5 \sim 0.95$。

(一)轧制力矩

已知简单轧制情况(见图5-19),轧件给轧辊的合力 p 的方向与两轧辊中心连线平行,上下辊之 p 力大小相等,方向相反。此时,转动一个轧辊所需力矩,应为合力 p 与它对轧辊中心连线力臂 a 乘积,即:

$$M'_{zy} = pa \tag{5-28}$$

转动两个轧辊的力矩为:

$$M'_z = 2pa$$

或

$$M'_z = 2pXl = 2pX\sqrt{R\Delta h} \tag{5-29}$$

式(5-29)中的 X 为合力作用点系数,X 值并非恰好等于变形区接触弧长水平投影的一半,而是随着轧前轧件高度(厚件或薄件)而波动,实验给出下列关系:热轧时,$a = (0.3 \sim 0.6)\sqrt{R\Delta h}$;冷轧时,$a = (0.2 \sim 0.4)\sqrt{R\Delta h}$。

传动到电动机轴上的轧制力矩为:

$$M_z = \frac{M'_z}{i} \tag{5-30}$$

式中 i——轧辊到电机的传动比。

(二)附加摩擦力矩

克服轧辊轴承中的摩擦力矩 M'_{m1} 和齿轮机座、减速机、联接轴等机构中的摩擦力矩 M_{m2}。

轧制压力 p 在一个轧辊轴承中产生摩擦力为 pf_1,摩擦力矩为 $pf_1\dfrac{d}{2}$,两个轧辊轴承中产生摩擦力矩:

$$M'_{m1} = pf_1d \tag{5-31}$$

式中 p——轧制压力;

d——轧辊辊颈直径;

f_1——轧辊轴承的摩擦系数,见表5-6。

传动机构中摩擦力矩:

$$M_{m2} = \left(\frac{1}{\eta} - 1\right)\frac{M'_z + M'_{m1}}{i} \tag{5-32}$$

式中 η——由电机至轧辊的传动效率,见表5-7。

表 5-6 轧辊轴承的摩擦系数

轴 承 形 式	f_1
滑动轴承	
金属衬	
热轧时	0.07 ~ 0.10
冷轧时	0.05 ~ 0.07
塑料材料	0.01 ~ 0.03
液体摩擦轴承	0.003
滚动摩擦轴承	0.003

表 5-7 电机至轧辊的传动效率

传 动 方 式	η
梅花接轴:	0.94 ~ 0.96
万向接轴:	
倾角 $\theta \leqslant 3°$ 时	0.96 ~ 0.98
倾角 $\theta > 3°$ 时	0.94 ~ 0.96
考虑主接手损失的多机减速机	0.92 ~ 0.94
一级齿轮传动	0.95 ~ 0.98

推算到电机轴上总的附加摩擦力矩:

$$M_m = \frac{M'_{m1}}{i} + M_{m2} \tag{5-33}$$

(三)空转力矩和动力矩

轧辊空转时传动轧钢机主机列所需力矩,一般是根据旋转零件重量及其轴承中的摩擦圆半径来计算的,资料介绍空转力矩 $M_k = (0.03 \sim 0.06)M_z$。此外,在轧钢过程中,不等速轧制时都会产生动力矩 M_d,这在带有飞轮的或在轧制过程中进行调速的以及可逆式的轧机轧制情况下都是存在的。

$$M_d = \frac{GD^2}{375} \frac{dn}{dt} \tag{5-34}$$

式中 GD^2——旋转部件的飞轮惯量,即轧机转动部分传到电机轴上的飞轮矩,kg·m²;

$\frac{dn}{dt}$——角加速度,rad/s²,加速时取正号,减速时取负号。

确定电机功率的常用方法有"转矩法"与"能耗法"两种。用转矩法确定电机功率:

$$N = \frac{M_\Sigma n}{0.975} = 1.03 M_\Sigma n \quad (kW) \tag{5-35}$$

式中 M_Σ——轧制总传动力矩,N·m;

n——轧辊转速,r/min。

由上述分析知,影响总传动力矩 M_Σ 的因素有:平均单位压力 $\bar{p}$,变形区长度 l(或轧辊直径和压下量),轧辊轴承中摩擦系数 f_1 和主传动系统中的摩擦系数 f_z,传动件重量 G_i,轧辊直径 D 和辊颈直径 d 及变形区平均宽度 $\bar{B}$ 等。当上述影响 M_Σ 因素数值越大时,M_Σ 值也越大；当轧辊直径 D 和辊颈直径 d 一定，设接触面上摩擦系数 f 一定，在某温度范围内轧制某种产品时，若压下量在咬入条件允许的范围内增加，则 $\bar{p}$ 等增大，最终导致 M_Σ 增加，但 M_Σ 不能超过电机所允许的力矩。这样，为提高轧机道次压下量，在轧机设计时，电机容量选择要富裕一些。另外，要指出的是在轧辊强度允许的情况下，尽量采用小直径轧辊，它既利于延伸，又能降低轧制力矩。所以轧制小断面钢材时，应选用小直径轧辊，防止大直径轧辊轧制小断面钢材。

综合上述分析可知，限制压下量提高的因素有：咬入条件，轧辊强度和电动机允许力矩。究竟哪个是主要因素或主要矛盾，则需根据具体条件而取决其一，找出主要矛盾并在生产上采取必要措施来提高道次的最大压下量，进一步增加轧机产量。

第四节 斜轧时的孔腔形成

锻造实心圆毛坯时，每锤锻一次，圆毛坯绕本身轴线转动一下，因此圆毛坯在径向受到连续的锤锻和压缩。每次锤锻时，径向的压缩量称为单位压缩量。因横向锻造时，单位压缩量小，因此发生表面变形（圆毛坯横锻试验证明，单位压缩量小于6%时，则发生表面变形）。由于连续地多次径向压缩，当径向总压缩量达到一定数值时，毛坯轴心部位便出现撕裂。图 5-28 为 5CrNiMo 钢在 1100~850℃ 温度范围内锻造后，其中心部产生撕裂的情形。二辊斜轧穿孔机穿孔管坯时，圆管坯在未和顶头相遇之前，管坯中心部位有撕裂现象发生，导致成品管内表面有内折缺陷。可穿性越低的管坯，产生撕裂的可能性越大。图 5-29 为二辊斜轧穿孔机无顶头斜轧 20 号钢时，管坯直径 75mm，总压下率为 16%，穿孔温度 1200℃，其管坯中心撕裂的图示。

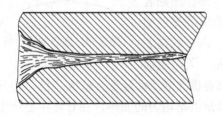
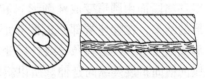

图 5-28　锻造时坯料中心撕裂　　　　　图 5-29　斜轧时坯料中心撕裂

由此可知，圆管坯进行锻造或二辊斜轧机斜轧时，实心管坯产生纵向内撕裂部位叫做孔腔，同时将撕裂的产生过程叫孔腔形成过程。

三辊斜轧穿孔机斜轧穿孔试验证明，顶头前管坯中心部位从未发现有孔腔形成现象。图 5-30 为三辊斜轧穿孔机和二辊斜轧穿孔机穿孔轧卡试样。由轧卡试样可知，三辊穿孔顶头前管坯中心部位无孔腔产生，而二辊穿孔顶头前管坯中心部位产生了孔腔。图 5-31a 所示为三辊穿孔管坯中心在横向只受轧辊外力作用产生压应力，而无拉应力；图 5-31b 所示为二辊穿孔管坯中心在轧辊外力作用方向，产生压应力，在导板方向受拉应力，在交变拉、压应力的作用下，导致中心产生撕裂。

二辊斜轧穿孔时，轧辊与轧件纵向接触面为细长窄条，因此轧辊对管坯作用力近似于集中载荷，又因为轧辊每旋转半圈的压下量小（约小2%~4%），从而造成表面变形。图 5-32 为斜轧圆管坯在外力 p 作用下管坯横断面的图示，由图可知，管坯的一部分受轧辊的

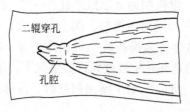 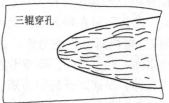

图 5-30　顶头前形成孔腔图示

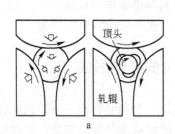 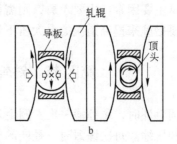

图 5-31　管坯中心应力状态图示

直接作用，即所谓直接作用区；另一部分受轧辊的间接作用，该部分称为间接作用区。由于载荷集中，直接作用区的应力获得优先发展，应力值较大；而在随着离开集中载荷作用下的直接作用区所形成的间接作用区中，由于应力分布在比直接作用区接触面积大得多的面积上，因此应力分散，其值急剧下降。由此不难看出，斜轧穿孔时，表面首先产生塑性变形，而随着接近坯料中心其塑性变形逐渐减小，表面变形的金属优先向横向扩展（横断面由圆形变成椭圆形）和纵向延伸。由于纵向表面变形的结果，在管坯端部形成漏斗形凹陷。可见，无论表面

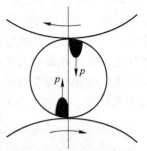

图 5-32　圆管坯受力的横断面图示

横变形或纵变形，其结果乃导致外层变形的金属具有很大的流动速度，造成"拉"中间区域金属向横向扩展及纵向延伸。所以斜轧穿孔变形是极不均匀的变形，在管坯中心产生很大的拉应力（横向），该力是形成孔腔的主要应力。

　　由于斜轧过程是螺旋轧制，随着管坯不断的旋转和前进，径向压缩量不断增大，因此塑性变形不断地逐渐积累和发展，最后渗透到中心，使其中心也产生塑性变形。

　　我们可以用许多同心圆环代表管坯，在外力 p 作用下外层圆环因表面层的塑性变形大，圆的周长也增大（横向扩展），而内层圆环由于塑性变形小，圆的周长增加减缓，则中心部分塑性变形更小，横向扩展也很小，这样，由各层圆环之间产生的大小不同的间隙（见图 5-33），明显看出斜轧的真实现象。管坯是一个完整的整体，彼此间紧密联系，因此外层金属必然拉内层金属横向扩展，在中心产生很大的拉应力。结果斜轧穿孔时，顶头前部区域管坯中心为一向压缩（外力方向）、二向拉伸（横向、纵向）的应力状态。

图 5-33　管坯变形示意图

第五节　斜轧穿孔过程轧件运动学特点

　　热轧无缝管生产中广泛采用斜轧过程。最早是利用二辊或三辊斜轧穿孔机的穿孔过程将实心管坯穿成空心毛管，然后利用三辊斜轧管机辗轧毛管控制外径和壁厚；为了进一步提高钢管的壁厚精确度和表面质量，采用二辊或三辊斜轧均整机均整钢管；近年来，在热轧钢管精整中，为了提高钢管的外径尺寸精度，又开始采用旋转定径机（斜轧）。因此，近年发展的三辊斜轧系统无缝钢管机组中各成型工序几乎都是斜轧过程。尽管机组中各斜轧机的作用不同，但斜轧过程运动学是一致的，其共同特点是轧辊向同一方向旋转，轧辊轴线与轧制线相互倾斜，因此，管坯被轧辊咬入后，靠轧辊和金属间的摩擦力作用，轧辊带动管坯（即毛管）旋转。又因为轧辊轴线与管坯轴线（轧制线）有一个交角（送进角）α，而使管坯（即毛管）在旋转的同时做纵向移动，即变形区中的管坯（即毛管）表面上任一金属质点做螺旋运动，亦即既旋转又前进。

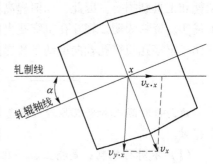

图 5-34　斜轧穿孔时轧件的运动速度

　　下面分析斜轧穿孔过程中轧件的运动速度，即分析轧辊轴线与轧制线相交 x 点的速度（见图5-34）。

　　x 点的轧辊圆周速度：

$$v_x = \frac{\pi D_x n}{60}$$

　　速度 v_x 分解为轧件轴向速度与切向速度：

$$v_{x \cdot x} = \frac{\pi D_x n}{60} \sin\alpha \tag{5-36}$$

$$v_{y \cdot x} = \frac{\pi D_x n}{60} \cos\alpha \tag{5-37}$$

式中　v_x——x 点轧辊圆周速度；

　　　$v_{x \cdot x}$——x 点轧辊轴向速度；

　　　$v_{y \cdot x}$——x 点轧辊切向速度；

　　　D_x——x 截面轧辊直径；

　　　n——轧辊转速；

　　　α——轧辊送进角。

　　轧辊在 x 点的轴向、切向速度靠摩擦传给轧件，于是，轧件也获得相应的速度：

$$u_x = v_x S_x = \frac{\pi D_x n}{60} S_x$$

$$u_{x \cdot x} = \frac{\pi D_x n}{60} \sin\alpha S_{x \cdot x} \tag{5-38}$$

$$u_{y \cdot x} = \frac{\pi D_x n}{60} \cos\alpha S_{y \cdot x}$$ (5-39)

式中　$S_{x \cdot x}$——x 截面轴向滑动系数；

　　　　$S_{y \cdot x}$——x 截面切向滑动系数。

因斜轧穿孔变形区中有顶头参加变形，顶头给轧件相当大的轴向阻力（实测知二辊穿孔机穿孔轴向阻力约为轧制压力的 30%，三辊穿孔机穿孔约为 50%），所以轧件轴向速度小于相应点的轧辊轴向速度，即 $u_{x \cdot x}/v_{x \cdot x} = S_{x \cdot x} < 1.0, S_{y \cdot x} \approx 1$，往往在多数情况下，斜轧穿孔过程变形区中任一点均为后滑。

大量实验证实 $S_{x \cdot x}$ 对生产过程影响较大，它关系到轧件通过同样长度的变形区时所需要的时间、轧件在变形区中受轧辊辗轧次数的多少、轧机小时产量、毛管表面质量、能量消耗和工具磨损等。因此，如何提高变形区出口截面的轴向滑动系数应给予足够的重视，大量实测资料表明二辊穿孔机穿孔出口截面轴向滑动系数 $S_{x \cdot x}$ 为 0.5~0.9，三辊穿孔机穿孔比二辊穿孔机穿孔轴向滑动系数提高 15%~20%。

————————　本 章 小 结　————————

前面针对纵轧和斜轧原理方面基本内容进行了一些介绍，不难看出尚留下不少问题需要探讨。

（1）不对称轧制：是指上、下轧辊转动速度不一样的异步轧制和上、下辊直径不相同的异径轧制；

（2）环形件轧制：在环状坯里用小径辊；环状坯外用大径辊，采用扩孔轧制工艺，生产轴承圈、轮箍、法兰盘等环形件；

（3）三辊横轧：三个轧辊线成 120°，旋转方向相同，轧辊呈圆锥形。可轧出断面变化的轴类轧件。

以上都是通过轧制生产的，只是对轧辊的速度改变、直径改变、布局改变、数量改变等，生产更多异样的产品。很显然对这些新技术理论研究还不太多，但实际已见成效。

课后思考与习题

1. 画出纵轧时简单轧制过程示意图，写出压下量、延伸量、宽展量的表示方法。
2. 参照纵轧时简单轧制过程示意图，分析咬入角、轧辊直径和压下量三者之间的关系。
3. 何谓咬入？试分析轧辊咬入轧件的条件和改善咬入条件的途径。
4. 简述纵轧时轧制压力的概念，轧制压力是怎样确定的？
5. 画图说明斜轧穿孔过程的特点。

第六章 轧钢生产工艺的基本问题

这里讲解了生产的产品、生产的主要设备即轧钢机,尤其是对轧钢生产工艺过程进行了较详细的说明。需要关注的是轧钢生产工艺过程中的各个工序的技术保证措施。

产品的技术要求是确定生产工艺过程的首要依据,产品的技术要求就是对钢材品种规格和技术性能的要求。为了满足钢材在使用上的要求,每种钢材都必须具有能满足使用需要的品种规格和技术性能,如断面形状和尺寸、力学性能、化学成分和内部组织等。在确定生产工艺过程时,不论采用哪种加工方式和选用什么工序,都必须保证产品质量达到相应的技术要求,产品才能具有较高的使用价值。因此,产品的技术要求是确定生产工艺过程的首要依据,当然也要考虑生产上的经济性、合理性等。

第一节 轧制钢材的品种、用途和产量

轧制钢材的断面形状和尺寸总称为钢材的品种规格。在国民经济各部门所使用的以轧制方法生产的钢材品种规格已达数万种之多。根据钢材形状特征之不同,可归纳为型材、线材、板材、带材、管材及其他特殊钢材等品种。

一、型钢

全长具有一定断面形状和尺寸的实心钢材称为型钢。

型钢品种很多,按其断面形状可分为简单断面型钢(方钢、圆钢、扁钢、角钢等)和复杂断面型钢(槽钢、工字钢、钢轨等);按其用途又可分为常用型钢(方钢、圆钢、扁钢、角钢、槽钢、工字钢等)和特殊用途型钢(钢轨、钢桩、球扁钢、窗框钢、汽车挡圈等);按其生产方法还可分为轧制型钢、弯曲型钢、焊接型钢等。型钢是一种实心断面钢材,通常是按其断面形状分类的。

(一)简单断面型钢

如图6-1所示,大致包括:

(1)方钢。断面形状为正方形的钢材称为方钢,其规格以断面边长尺寸的大小来表示。经常轧制的方钢边长为5~250mm,个别情况还有更大些的。方钢可用来制造各种设备的零部件,铁路用的道钉等。

(2)圆钢。断面形状为圆形的钢材称为圆钢,其规格以断面直径的大小来表示。圆钢的直径一般为5~200mm,在特殊的情况下可达350mm。直径为5.5~9mm的小圆钢称为线材,用于拔制钢丝、制造钢丝绳、金属网、涂药电焊条芯、弹簧、辐条、钉子等;直径

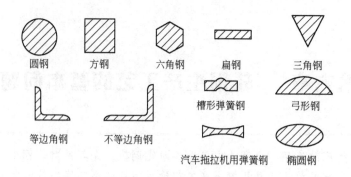

图 6-1　简单断面型钢

10～25mm 的圆钢，是常用的建筑钢筋，也用以制作螺栓等零件；直径 30～200mm 的圆钢用来制造机械上的零件；直径 50～350mm 的圆钢可用作无缝钢管的坯料。

（3）扁钢。断面形状为矩形的钢材称为扁钢，其规格以厚度和宽度来表示。通常轧制的扁钢厚度从 4mm 到 60mm，宽度从 10mm 到 200mm。多用做薄板坯，焊管坯以及用于机械制造业。

（4）六角钢。其规格以六角形内接圆的直径尺寸来表示。常轧制的六角钢其内接圆直径为 7～80mm。多用于制造螺帽和工具。

（5）三角钢、弓形钢和椭圆钢。这些断面的钢材多用于制作锉刀。三角钢的规格用边长尺寸表示，常轧制的三角钢边长为 9～30mm。弓形钢的规格用其高度和宽度表示，一般的弓形钢高度为 5～12mm，宽度为 15～20mm。椭圆钢规格是以长、短轴尺寸来表示，其长轴长度为 10～26mm，短轴长度为 4～10mm。

（6）角钢。有等边、不等边角钢两种，其规格以边长与边厚尺寸表示。常用等边角钢的边长为 20～200mm，边厚为 3～20mm。不等边角钢的规格分别以长边和短边的边长表示，最小规格的不等边角钢长边为 25mm，短边为 16mm；最大规格的不等边角钢长边为 200mm，短边为 125mm。角钢多用于金属结构、桥梁、机械制造和造船工业，常为结构体的加固件。

（二）复杂断面型钢

如图 6-2 所示，经常轧制的品种有：

（1）工字钢。工字钢规格以高度尺寸表示。一般的工字钢有№10～63，即高度等于

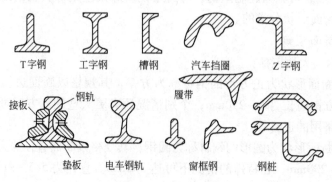

图 6-2　复杂断面型钢

100～630mm。特殊的高度可达1000mm。工字钢广泛地应用于建筑或其他金属结构。

（2）槽钢。其规格以高度尺寸表示。一般的槽钢有№5～40，即高度等于50～400mm。槽钢应用于工业建筑、桥梁和车辆制造等。

（3）钢轨。钢轨的断面形状与工字钢相类似，所不同的是其断面形状不对称。钢轨规格是以每米长的质量来表示。普通钢轨的质量范围是5～75kg/m，通常在24kg/m以下的称为轻轨，在此以上的称为重轨。钢轨主要用于运输，如铁路用轨、电车用轨、起重机用轨等，也可用于工业结构部件。

（4）T字钢。它分腿部和腰部两部分，其规格以腿部宽度和腰部高度表示。T字钢用于金属结构、飞机制造及其他特殊用途。

（5）Z字钢。Z字钢也分为腿部和腰部两部分，其规格是以腰部高度表示。它应用于制造铁路车辆、工业建筑和农业机械。

型钢的品种繁多，举不胜举。前面已择其主要的加以介绍，余者不用赘述。

型钢是使用广泛的钢材，其产量在工业先进的国家中一般占总钢材产量的30%～35%，我国达50%以上。

二、板带钢

板带钢是一种宽度与厚度比值（B/H值）很大的扁平断面钢材，包括板片和带卷。板带钢按其厚度一般分为厚板、薄板、极薄带材（箔材）；按制造方法可分为热轧板带钢和冷轧板带钢；按用途还可分为锅炉板、桥梁板、造船板、汽车板、镀层板、电工钢板等。通常是按其厚度分类。

（1）厚板。厚板属于热轧钢板，厚4～500mm或以上（其中4～20mm者为中板，20～60mm者为厚板，60mm以上者为特厚板），宽至5000mm，长达25000mm以上，一般是成张供应。主要用于锅炉、造船、车辆、桥梁、槽罐、化工装置等。

（2）薄板。热轧、冷轧皆可生产薄板，厚0.2～4mm，宽至2800mm。可剪成定尺长度供应，也可成卷供应。用于汽车、电机、变压器、仪表外壳、家用电器等。

（3）极薄带材。极薄带材或称箔材，属于冷轧产品，一般厚度为0.2～0.001mm，宽度为20～600mm，常以带卷供应。用于表面包层和包装，可起隔冷、隔热、隔潮、隔音等作用。诸如精密仪器、电容器等零件，造船和车辆工业中的绝热层、建筑工业中的防水层，食品、化妆品盒等。

各种钢板宽度与厚度的组合已超过5000种以上，宽度与厚度的比值达10000以上。异型断面钢板、变断面钢板等新型产品正不断出现。板带钢不仅作为成品钢材使用，而且也常用于制造弯曲型钢和焊接钢等的原料。

板带钢是应用最广泛的钢材，其产量在各工业先进国家中占总钢材产量的50%～60%以上，美国达66%以上。

三、钢管

凡是全长为中空断面且长度与周长之比值较大的钢材称为钢管。

钢管规格用其外形尺寸（外径或边长）和壁厚（或内径）表示。它的断面形状一般为圆形，也有方形、矩形、椭圆形等多种异型钢管（见图6-3）及变断面钢管。

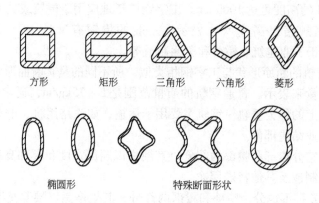

方形   矩形   三角形   六角形   菱形

椭圆形   特殊断面形状

图 6-3 异型钢管示例

钢管按用途分为管道用管、锅炉用管、地质钻探管、化工用管、轴承用管、注射针管等；按制造方法分为无缝钢管、焊接（有缝）钢管及冷轧与冷拔钢管；按管端状态可分为光管和车丝（带螺纹的）管，后者又分为普通车丝管和端头加厚的车丝管；按外径和壁厚之比的不同，还可分为特厚管、厚壁管、薄壁管和极薄壁管。各种钢管的规格按直径与壁厚组合也非常多，其外径最小可达 0.1mm，大至 4000mm；壁厚薄达 0.01mm，厚至 100mm。随着科学技术的不断发展，新的钢管品种还在不断增多。

钢管用途也很广，其中高级的无缝钢管主要用途是高压用管、化工用管、油井用管、炮管、枪管，也用于航空、机电、仪器仪表元件等。一般的焊接钢管可用于煤气管、水道用管、自行车和汽车用管等。

钢管的产量一般约占钢材总产量的 8%～16%。

用轧制方法生产钢材，生产效率高，产品质量好，金属消耗少，生产成本低。随着轧制钢材产量的不断提高，钢材品种规格必将日益扩大。

第二节 轧 钢 机

一、轧钢机的基本组成

轧制钢材的设备称为轧钢机（见图 6-4）。轧钢机由轧辊、组装轧辊用的机架、使上下轧辊旋转的齿轮座、电动机等部分组成，此外还有连接用的中间接轴和联轴节等部件。通常称为工作机座、原动机、传动机械三大组成部分（见图 6-5）。

（一）轧辊

在轧制加工中轧辊是压缩成型的最重要部件，它直接与被加工的金属接触使其产生塑性变形。轧辊如图 6-6 所示，它是由辊身、辊颈和辊头三部分组成。

辊身是轧制轧件的部位。根据轧制产品的断面形状，板材用圆柱形的平辊轧制，型材用带有轧槽组成孔型的型辊轧制。辊颈位于辊身两侧，是轧辊的支承部位，用它将轧辊支承在轴承上。辊头是轧辊与联接轴相接，用以传递扭转力矩使轧辊旋转的部分。

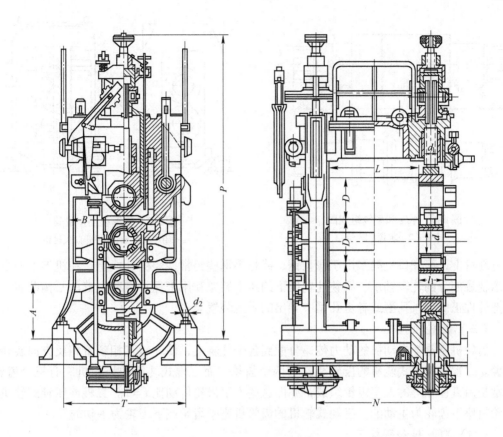

图 6-4　三辊式轧钢机工作机座

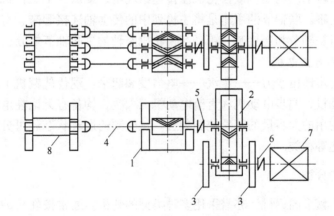

图 6-5　三辊式轧钢机主机列简图

1—齿轮座；2—减速箱；3—飞轮；4—万向接轴；5—主联轴节；

6—电动机联轴节；7—主电动机；8—工作机座

（二）机架

机架是由组装轧辊用的两个铸铁或铸钢的牌坊组成。它承受金属作用在轧辊上的全部压力，因此在强度和刚度上都对其有较高的要求。

机架有闭口式和开口式两种（见图6-7）。闭口式机架主要用在轧制负荷大的初轧机和

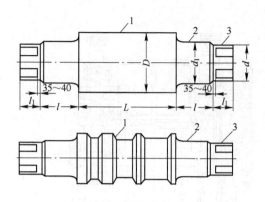

图 6-6　平辊和型辊组成图
1—辊身；2—辊颈；3—辊头

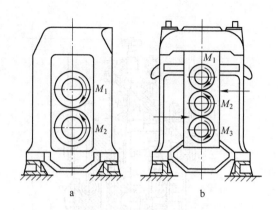

图 6-7　轧钢机工作机架
a—闭口式机架；b—开口式机架

板材轧机上，而开口机架多用于像型钢、线材等那些经常换辊的轧机上。在机架上安装有支承辊颈部分的轧辊轴承、调整轧辊压下的压下装置和用来保持空载辊缝的平衡装置，以及把轧件正确导入孔型或者从孔型中导出的导卫装置等。

（三）齿轮机座

齿轮机座是把电动机的动力传递分配到各个轧辊上，使轧辊互相朝着相反方向旋转的装置。二辊或四辊式轧机的齿轮机座有两个齿轮，而三辊式轧机的齿轮机座有三个齿轮。通常是由直径相等的人字齿轮组成，亦即这些人字齿轮传动比 $i=1$。二辊或四辊式轧机的齿轮机座下齿轮为主动的，三辊式轧机的齿轮机座中齿轮或下齿轮为主动的。

（四）联接轴和联轴节

联接轴用于将转动从电动机或齿轮机座传递给轧辊，或从一个工作机座的轧辊传递给另一工作机座的轧辊。联轴节的用途是将主机列中的传动轴连接起来，有连接电动机轴与减速箱轴的电动机联轴节和连接减速箱轴与齿轮机座轴的主联轴节之分。

（五）轧钢机用主电机

轧钢机动力逐步地由水力——蒸汽——电力发展起来。现代轧钢机上所使用的电动机一般分为感应电动机、同步电动机和直流电动机三大类，均备有无论在电动控制上还是机械控制上都完全耐用的大容量的特殊控制装置。从轧制的运转状态还可分为不变速、变速可逆和变速不可逆等种类。

二、轧钢机的分类

为了轧制种类繁多的钢材，亦需采用多种类型的轧机。通常按轧机的用途、轧辊的装配形式、轧机的排列方式三种情况来分类。

（一）按轧钢机的用途分类

按轧钢机的用途分类（见表 6-1）。

表 6-1　轧钢机按用途分类表

轧钢机名称	轧辊尺寸/mm	轧　钢　机　用　途
初轧机	直径 1000～1400	将 3～15t 钢锭轧成 150～370mm 方、圆、矩形大钢坯
扁坯初轧机	直径 1100～1200	将 12～30t 钢锭轧成 300mm×1900mm 以下的扁钢坯

续表 6-1

轧钢机名称	轧辊尺寸/mm	轧 钢 机 用 途
钢坯轧机	直径 450~750	将大钢坯轧成 40mm×40mm~150mm×150mm 的钢坯
钢轨、钢梁轧机	直径 750~900	轧制标准钢轨，与高度 240~600mm 的钢梁
大型轧钢机	直径 650~750	轧制大型钢材：80~150mm 的方、圆钢，高度 120~240mm 的工字钢与槽钢等
中型轧钢机	直径 350~650	轧制中型钢材：38~80mm 的方、圆钢，高度至 120mm 的工字钢与槽钢，50mm×50mm~100mm×100mm 的角钢等
小型轧钢机	直径 250~350	轧制小型钢材：8~30mm 的方、圆钢，20mm×20mm~50mm×50mm 的角钢等
线材轧机	直径 250~300	轧制 $\phi 5 \sim 9mm$ 的线材
厚钢板、中钢板轧机	辊身长 2000~5000	轧制厚度 4mm 以上的中、厚钢板
带钢轧机	辊身长 500~2500	轧制 400~2300mm 宽带钢
薄钢板轧机	辊身长 800~2000	热轧厚度 0.2~4mm 的薄钢板
冷轧带钢机	辊身长 300~2800	冷轧厚度 0.008~4mm 的薄钢板与带钢
钢管轧机		轧制钢管
车轮、轮箍轧机		轧制铁路车轮与轮箍
特殊用途轧机		轧制各种特殊产品

（1）初轧机。将钢锭轧成半成品的轧机，即轧成方坯、扁坯或板坯等。初轧机以轧辊直径大小命名，例如 1150 初轧机，表示初轧机的轧辊直径为 1150mm。

（2）型钢轧机。用于轧制型钢。型钢轧机一般用轧辊直径或齿轮机座中的人字齿轮的节圆直径来表示。

（3）板带钢轧机。用于轧制板带钢。板带钢轧机以轧辊的辊身长度来表示，辊身长度决定了在该轧机上所轧板带钢的最大宽度。例如 1200 板带钢轧机，表示该轧机轧辊的辊身长度是 1200mm，能轧最宽约为 1000mm 的板带钢。

（4）钢管轧机。用于轧制钢管。钢管轧机以能轧钢管的最大外径来表示，例如 140 轧管机组，表示能生产钢管的最大外径为 140mm。

（5）特种轧机。轧制车轮、轮箍、钢球、齿轮、轴承环等。

（二）按轧辊的装配形式分类

按轧辊的装配形式分类（见表 6-2）。

表 6-2 按轧辊的装配形式分类

轧辊装配示意图	轧机名称	用 途	轧辊装配示意图	轧机名称	用 途
	二辊轧机	（1）轧制初轧坯及型钢； （2）生产薄板（周期式叠板轧机）； （3）冷轧钢板及带钢		八辊轧机	冷轧薄带钢

轧辊装配示意图	轧机名称	用　途	轧辊装配示意图	轧机名称	用　途
	三辊轧机	轧制钢坯及型钢		十二辊轧机	冷轧薄带钢
	三辊劳特式轧机	轧制中厚板		十四辊轧机	冷轧薄带钢
	四辊轧机	轧制中厚板 冷轧及热轧钢板和带钢		十六辊轧机	冷轧薄带钢
	二十辊轧机	冷轧薄和极薄带钢		四辊万能轧机	轧制宽边工字钢
	行星轧机	热轧带钢		四辊万能轧机	轧制厚板
	立辊轧机	轧制板坯或厚板的侧面		二辊穿孔机	管坯穿孔
				三辊轧管机	轧制钢管，管坯穿孔
	二辊万能轧机	轧制板坯及厚板		钢球轧机	轧制钢球

（1）水平式轧机。指轧辊水平放置的轧机。这类轧机又以轧辊数目和装配方式分为二辊轧机、三辊轧机、四辊轧机、八辊轧机、十二辊轧机、十四辊轧机、十六辊轧机、二十辊轧机、行星轧机等。

（2）立式轧机。指轧辊垂直放置的轧机。

（3）万能轧机。在工作机座中既布置有水平辊又布置有立辊的轧机。

（4）斜辊轧机。轧辊倾斜放置的轧机。

（三）按轧机的排列方式分类

按轧机的排列方式分类（见图6-8）。

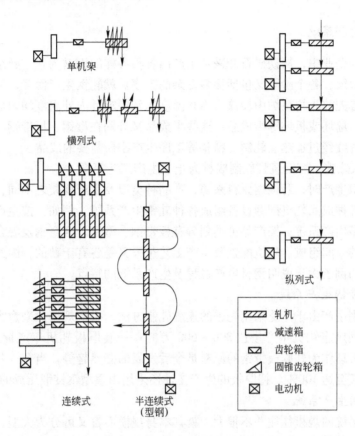

图6-8　轧机排列方式示意图

（1）单机架轧机。轧件在仅有的一个机架中完成轧制。

（2）横列式轧机。数个机架横向排列的轧机。该轧机往往由一个电机驱动，轧件依次在各个机架中轧制一道或多道。

（3）纵列式轧机。数个机架按轧制方向顺序排列，轧件依次在各个机架中只轧制一道。

（4）连续式轧机。数个机架按轧制方向顺序排列，轧件同时在各个机架中轧制且使轧件在每一机架的秒流量体积维持不变。

（5）半连续式轧机。一般是指横列式和连续式的组合，但对半连续板带钢轧机则是纵列式和连续式的组合。

最后还应指出，广义的轧钢机不只是一个工作机座或一个轧钢机主机列，它还包括加热、输送、剪切、矫直、卷绕、收集包装等设备。一般说来，把使轧件在旋转的轧辊间变形的轧钢机主机列称为主要设备；把用以完成其他辅助工序的设备均称为辅助设备。后者将有机会在生产工艺过程中结合实际加以了解，这里就不再多叙。

第三节　轧钢生产系统及工艺流程

一、轧钢生产系统

在钢铁联合企业中，从铁矿石开采到生产出各种各样的钢材为止，必须经过炼铁、炼钢和轧钢三个阶段，各个阶段又包括很多复杂的工序。就轧钢生产而言，从钢锭浇注车间送来的钢锭，首先放入均热炉中加热，当其温度达到要求且内外温度均匀后，再送到初轧机上轧出方坯、扁坯或板坯等半成品；这些半成品又分别在型钢、板带钢、钢管等各种钢材轧制车间，继续经过加热、轧制、精整等工序生产出所需要的成品。

图6-9为从炼铁、炼钢直到轧制成材为止的生产工艺简图。

一般在组织生产时，乃根据原料来源、产品种类以及生产规模之不同，将初轧机或连续铸锭装置与各种成品轧机配套设备组成各种轧钢生产系统。例如：按生产规模划分有大型、中型及小型生产系统；按产品种类划分有板带钢、型钢、合金钢及混合生产系统。每一种生产系统的车间组成、轧机配置及生产工艺过程又是各有千秋的，因此，这里只能举几种较为典型的例子大致说明钢材生产过程及生产系统的特点。

（一）板带钢生产系统

近代板带钢生产由于广泛采用先进的连续轧制方法，生产规模愈来愈大。例如，一套现代化的宽带钢热连轧机年产量达300~600万吨；一套厚板轧机年产量约100~200万吨。采用连铸板坯作为轧制板带钢的原料是今后发展的必然趋势，当今一些厂连铸坯已占50%，个别厂甚至达100%。特厚板的生产往往还采用由重型钢锭锻压成的坯料。

（二）型钢生产系统

型钢生产系统的规模往往并不很大，就其本身规模而言又可分为大型、中型和小型三种生产系统。一般年产100万吨以上的可称为大型生产系统；年产30~100万吨的称为中型生产系统；年产30万吨以下的称为小型生产系统。

（三）混合生产系统

在一个钢铁企业中可同时生产板带钢、型钢或钢管时，称为混合系统。无论在大型、中型或小型的企业中，混合系统都比较多，其优点是可以满足多品种的需要，但对产量和质量的提高上不如单一的生产系统。

（四）合金钢生产系统

由于合金钢的用途、钢种特性及生产工艺都比较特殊，材料也比较稀贵，产量不大而产品种类繁多，故它常属中型或小型的型钢生产系统或混合生产系统。由于有些合金钢塑性较低，故开坯设备除用轧钢机外，有时还采用锻压设备。

各种轧钢生产系统组成示例见表6-3。

现代化的轧钢生产系统向着大型化、连续化、自动化的方向发展，原料断面及重量日益增加，生产规模日益扩大。但应指出，近年来大型化的趋向亦有消退，而投资少、收效快、生产灵活且经济效益好的中型厂在一些国家（如美国及许多发展中国家）却有了较快的发展。

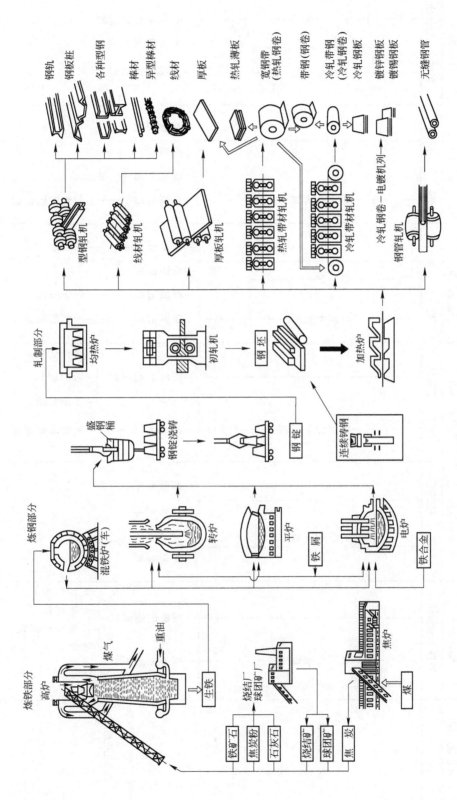

图 6-9　从冶炼直到轧制轧制成材为止的生产简图

表 6-3　各种轧钢生产系统组成示例

生产系统	板带钢	型钢	混合	合金钢	中型混合	小型混合
年产量/万吨	300~800	150~300	300~600	20~30	30~100	10~30
原料	铸锭　连铸坯	铸锭　连铸坯	铸锭　连铸坯	铸锭　连铸坯	铸锭　连铸坯	铸锭　连铸坯
开坯、初轧机	水压机　板坯初轧机	方坯初轧机　钢坯连轧机	方板坯初轧机	初轧开坯机　锻锤	初轧开坯机	三辊开坯机
成品轧机组成	宽厚板轧机　宽带热连轧机（热轧产品、冷连轧机、可逆式冷轧机）　焊管机	小型轧机　线材轧机　中型轧机　轨梁轧机	无缝钢管轧机　轨梁轧机　宽带热连轧机（热轧产品、焊管机、冷连轧机）	中型轧机　无缝钢管轧机　带钢轧机　冷带轧机　小型轧机　线材轧机　拉丝机	中型轧机　无缝钢管轧机　叠轧薄板或带钢轧机　小型轧机　中板轧机	76 无缝钢管轧机　窄带钢轧机　小型及线材轧机

二、轧钢生产工艺过程

由钢锭或钢坯轧制成具有一定规格和性能的钢材的一系列加工工序的组合，称为轧钢生产工艺过程。

组织轧钢生产过程的首要任务，是为了获得合格的即合乎质量要求或技术要求的产品；也就是说，保证产品质量是轧钢生产工作中的一个主要奋斗目标。

组织轧钢生产过程的另一任务，是在保证产品质量的基础上努力提高产量。这一任务的完成不仅取决于生产工艺过程的合理性，而且取决于时间和设备的充分利用程度。

此外，在提高质量和产量的同时，还应该力求降低成本。因此，如何能够优质、高产、低成本地生产出合乎技术条件的钢材，乃是制定轧钢生产工艺过程的总任务和总依据。

由于各种轧制产品技术条件要求、工艺性能以及各生产厂的具体情况的不同，而决定了生产工艺过程是各种各样的。从轧钢生产过程的各个阶段来看，可有轧制前的准备、加热、轧制、精整及热处理等工序。

碳素钢和合金钢的基本的典型生产工艺过程，如图 6-10 及图 6-11 所示。

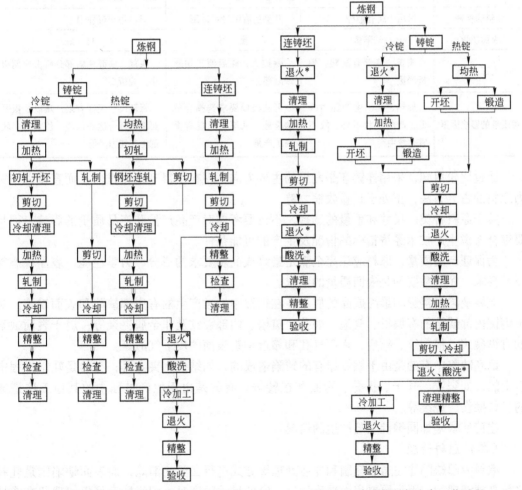

图 6-10 碳素钢和低合金钢的一般生产工艺过程
（带＊号的工序有时可略去）

图 6-11 合金钢一般生产工艺过程
（带＊号的工序视需要而定，可不经过）

第四节　原料准备及加热

一、原料的准备

(一) 原料及其缺陷

轧钢生产常用的原料为钢锭、钢坯及连铸坯三种，其优劣比较如表6-4所示。

表6-4　轧钢生产常用原料比较表

项　目	种　类		
	钢　锭	初轧坯	连铸坯
成材率	低	较　低	最　高
设备费	不要特别设备	需要初轧厂	需要连铸设备
原料规格形状	受铸型种类限制，形状也不良	厚度、长度可自由控制，宽度也可调整	厚度、宽度受结晶器限制，长度自由、形状最好
原料的钢种	适用于所有钢种	几乎所有钢种可适用	只适用于镇静钢
表面质量	缺陷多	良　好	良　好
内部质量	头部、底部有缺陷，偏析严重	钢锭大，轧后便于切除缺陷部分	头部、底部缺陷部分所占比例很小，偏析少
对质量的影响因素	加热、轧制生产能力降低，产品形状不好，故不宜大量生产	可从板厚要求选择合适的板坯，从厚板角度看提高了产量	板坯尺寸规格有限，难以按板厚要求选择合适的板坯，使加热、轧制生产能力降低

通过比较可知，采用连铸坯是发展的主要方向，现在正得到迅速推广；而直接以钢锭为原料的古老方法，正处于日益收缩之势。

关于原料种类、尺寸和重量的选择，不仅要考虑对产品产量和产品质量的影响，而且要综合考虑生产技术经济指标的情况及生产的可能条件。

为保证产品质量，原料应该完全满足最终成品所要求的成分、力学性能、表面状态等技术要求，尤其重要的是表面质量的要求。

原料缺陷直接影响最终成品的质量。在钢锭中经常产生的有内部缺陷和表面缺陷。属于钢锭内部缺陷的有偏析、气泡、缩孔、疏松、内部裂纹及非金属夹杂等；属于表面缺陷的有纵裂纹、横裂纹、结疤、表面气孔和靠近钢锭表面的皮下气泡等。

钢坯缺陷中有的是由于钢锭原有的缺陷造成的，如结疤、夹杂等；有的是轧制过程中产生的，如裂纹、耳子、折叠、弯曲和扭转等；有的是由于生产过程中的其他工序造成的，如擦伤、烧裂等。

连铸坯缺陷如同钢锭缺陷产生的情况。

(二) 原料清理

原料内部缺陷往往通过轧制和轧后处理等方式进行必要的消除，而表面缺陷则是轧制之前必须清理的。因为原料表面缺陷超过一定的尺寸限度时，则经轧后将仍然残留在成品钢材的表面上而使成品钢材变为次品或废品。为了提高产品质量，节约金属消耗，提高成材率，降低生产成本，则在轧制之前都必须对原料表面进行清理。

常用的表面清理方法有火焰清理、电弧清理、风铲清理和砂轮研磨清理等。

二、原料的加热

（一）原料加热的意义

绝大多数的钢材均采用热轧方法，轧制之前必须进行加热。加热的目的乃使原料具有足够的塑性，减小变形抗力，改善金属内部组织，以便于轧制。这是因为：（1）把金属加热到单相奥氏体的温度范围内进行轧制，此时既无组织应力又有良好塑性的面心晶格，而对变形特别有利；（2）在高于再结晶温度时轧制而不存在加工硬化现象，故变形抗力减小，能量消耗亦降低；（3）原料加热尤其是钢锭的加热，可使不均匀的组织借助于扩散而得到改善，有时甚至完全纠正铸锭的缺陷；（4）原料良好的加热能减少轧辊和其他设备零件的磨损，从而提高零件寿命，并能采用较大的压下量，减少轧制道次，增加轧机生产率；（5）正确地加热，也有助于获得几何形状与尺寸精确的成品。

综上所述，金属加热的好坏，无论对钢材的质量、产量和操作，还是对技术经济指标都有很大的影响，对轧钢生产也有着极其重要的意义。

（二）热轧的温度范围

热轧温度要根据有关塑性、变形抗力和钢种特性来确定，必须使金属在某一温度下内部组织状态最适宜于压力加工。由于各种钢的化学成分和组织的不同，因而热轧的温度范围也不同。

热轧温度范围的确定，主要是指开轧温度到终轧温度范围的确定。最高的开轧温度取决于金属的最高允许加热温度，终轧温度取决于变形抗力的大小和对金属内部组织的要求。

各种钢材的热轧温度范围乃根据其金属相图确定，现就碳素结构钢的铁-碳平衡图（见图 6-12）分别叙述亚共析钢和过共析钢的热轧温度范围。

1. 开轧温度

一般说来，从防止加热的过热、过烧、脱碳等缺陷产生的可能性考虑，对于碳素钢加热最高温度常低于固相线 NJE 50～100℃；开轧温度往往低于固相线 NJE 100～150℃。这是由于考虑输送距离造成的温降，则比加热温度还要低一些。

2. 终轧温度

对亚共析钢（$w(C) < 0.8\%$）来说，终轧温度不得低于 GS 线，即略高于 GS 线 50～100℃，以便在终轧之后迅速冷却到相变温度，获得细致、均匀的晶粒组织。否则会使金属内部纤维组织更加严重，导致钢材的物理和力学性能产生不均匀或方向性。对过共析钢（$w(C) = 0.8\% \sim 1.7\%$）

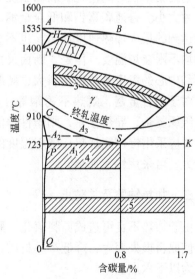

图 6-12 铁-碳平衡图

1—加热高温区；2—轧前加热温度区；3—开轧温度区；4—临界点下的热加工温度区；5—蓝脆性温度区（弥散硬化温度区）

终轧温度要求不得低于 *SK* 线，一般略高于 *SK* 线 100~150℃。这是因为过共析钢热轧温度范围窄，即奥氏体区较窄，完全在单相状态下轧制是不可能的。选用上面的终轧温度，则可以防止加工硬化和金属内部显微间隙增加后有较多的石墨析出而呈现黑色断口。一般还要低于 *SE* 线，以防止在晶粒边界析出的网状碳化物不被破碎，致使钢材的机械性能严重恶化。

3. 加热制度

一般采取低温预热阶段、高温加热阶段，以及在高温下停留一段时间的均热阶段。对金属塑性较好的低碳钢或断面很小和入炉前温度较高的原料，则可采用二段式或一段（室状）式加热制度。

按铁-碳平衡图确定的加热温度的上限和终轧温度，也基本上适用于低合金钢。但要做全面分析，在各种影响因素中，找出主要矛盾，有针对性地加以控制。

（三）加热时间和加热速度

1. 加热时间

它是指坯料从装炉时的温度加热到所要求的温度时在炉内停留的总时间。加热时间的长短不仅影响到加热设备的生产能力，同时也影响到钢材的质量。加热时间取决于坯料装炉前的温度、钢种、加热炉的加热条件及加热速度等。

在保证钢材质量的前提下，希望加热时间愈短愈好，这样可以提高加热炉能力，减少钢材的烧损和脱碳，防止过热、过烧和粘钢。

加热时间用理论公式进行精确计算是比较困难的，因为它受多种因素影响尚无精确的理论公式。目前大都采用根据实际数据整理而得的经验公式来进行大致估算。

2. 加热速度

它是指单位时间内坯料表面温度变化的大小。加热速度主要取决于钢的性质和坯料断面尺寸大小。普通碳素钢和低合金钢，由于它们的塑性较好，导热性能也好，即使用工厂所能达到的最大加热速度加热，也不会产生任何不良后果。因此，无论是钢锭，还是钢坯一般均不限装炉温度。但是，断面尺寸的大小影响着加热速度，考虑在同一时间内厚料的表面和中心的温度差总比薄料大，则厚料就应比薄料的加热速度慢一些。

对于高合金钢、耐热不锈钢等，由于这些钢的铸态组织中柱状晶发达，枝晶偏析严重，组织复杂，导热性差，则塑性偏低。为了避免残余应力与温度应力叠加使钢破裂，在低温时应采用慢速度加热；随着温度的升高，塑性提高，导热性转好，为提高加热炉的生产能力，可采用快速加热。

三、加热缺陷及其防止

由于加热不良可造成原料氧化、脱碳、过热、过烧、加热不均、熔化等缺陷。这些缺陷会使原料损失变大，降低产品材质，严重时造成钢材报废。就其主要缺陷及其防止方法简介为以下六点。

（1）氧化铁皮。在加热过程中，坯料表面层生成的氧化膜称为氧化铁皮。其后果将造成金属损失、钢材表层产生发裂、轧制时打滑、残存在表面上的质量恶化等。防止方法乃应在加热条件允许的情况下，尽量采用快速加热，并尽量减少炉内的过剩空气量，避免吸入冷空气而造成氧化性气氛。

（2）脱碳。原料表面层所含的碳被氧化而减少或失去的现象称为脱碳。脱碳对普碳钢的力学性能影响并不显著，但某些合金钢（如滚珠轴承钢）则会因脱碳而使抗压与耐磨性能减低。主要的防止措施是避免加热温度过高和加热时间过长。

（3）过热。由于加热温度过高或在高温阶段保温时间太长，致使原料内部奥氏体晶粒过度增大，从而引起晶粒之间的结合力减弱、钢材力学性能变坏，这种缺陷称为过热。过热原料在轧制时会产生裂纹，使成品钢材的力学性能变坏而塑性降低。防止过热的办法是在加热时适当控制炉温和减少炉内的过剩空气量，待轧时注意降低加热炉内的温度。

（4）过烧。加热温度过高或在高温下原料在炉内停留时间过长，则金属晶粒除增大外，在晶粒间的低熔点组成物被氧化或部分熔化，破坏了晶粒之间的结合力，这种缺陷称为过烧。过烧的后果是轧制时使金属破裂，严重时甚至裂成碎块。过烧在实质上就是过热的进一步发展，因此能防止过热的措施即可防止过烧。

（5）加热不均。原料在断面各处或沿全长各处温度不同称为加热不均。原料加热不均，会使其热加工塑性不均，轧制时易扭弯并易形成内裂。为了防止加热不均，应对冷原料进行一定时间的预热和加热后有足够的均热时间。

（6）熔化。加热温度过高或时间过长而在原料表面产生熔化。熔化会使原料黏结在一起，俗称黏钢。产生黏钢则会使加热炉出料困难，原料的皮下气孔容易暴露。其防止方法主要是控制加热温度与加热时间。

以上是热轧原料准备，对于冷轧原料准备的酸洗、退火等工序，将在后面冷轧生产工艺中叙述。

第五节　轧制制度的确定

在轧制过程中要完成金属精确成型和改善金属性能两个方面的任务，则必须有一个正确的轧制制度或轧制规程。

在精确成型方面，要求形状正确、尺寸精确、表面光洁。对满足这些要求起决定性的影响因素是压下制度（或压下规程）、轧辊孔型设计（指型钢轧制）或轧辊辊型设计（指板带钢）、轧机调整等。另外，由于变形温度影响变形抗力，而变形抗力又影响轧辊磨损和弹跳值等，故变形温度也是影响精确成型的重要因素。

在改善性能方面，主要是改善钢材的力学性能（强度、塑性、韧性等），工艺性能（弯曲、冲压、焊接性能等），以及特殊的物理化学性能（磁性、抗腐蚀性能等）。在这里起决定性的影响因素是变形温度，变形程度，而变形程度又体现在压下制度和轧辊孔型（或辊型）设计中。

总而言之，轧制制度的主要内容应包括变形温度、变形程度和变形速度等。

一、变形温度的确定

这个问题已在原料准备及加热一节中谈到，需要强调的是从开轧温度到终轧温度区间温度范围的选择。最低的开轧温度应是终轧温度加上轧制过程中总温降数值；最高的开轧温度乃取决于原料的最高允许加热温度。终轧温度因钢种不同而不同，它取决于对产品内部组织和性能的要求，亦取决于在较低的温度下金属塑性的大小、变形抗力的高低和设备强度等。

二、变形程度的确定

确定变形程度的实质就是制定压下制度和进行轧辊孔型（或辊型）设计。例如用平辊轧制板带钢时，要在轧辊上合理地分配各道次的压下量，这个按一定的轧制程序分配道次压下量的结果，就是压下制度制定的结果；用型辊轧制型钢时，其压下制度就体现在轧辊孔型设计中。

一般地说，变形量包括总变形量和道次变形量。总变形量是根据所轧金属的特点及技术要求确定的。总变形量的大小对金属的组织和性能影响很大，所以对不同成分的金属应按其技术要求选择不同的总变形量；当已知所要求的成品尺寸时，根据所选定的总变形量可计算出坯料断面的大小。确定道次变形量时应考虑金属的塑性、金属被咬入的条件、电机能力和设备强度、金属组织性能、成品尺寸的精确程度等。往往在轧制时考虑钢锭的铸造组织和咬入条件的限制，开始道次变形量取小点；当破坏了铸造组织以后和咬入条件不再是限制变形量的主要因素时，应尽量利用高温塑性好的条件加大压下量，以利于生产效率的提高；最后的道次考虑避开使晶粒粗大的临界变形量范围以获得均匀细小的晶粒组织和尺寸精确的成品，则变形量不能太大。总之，在确定变形程度时，一定要全面考虑多种因素，对于不同道次要找出主要因素，从而正确地制定出合理的变形制度。

三、变形速度的确定

变形速度或轧制速度主要影响到轧机的产量，因此在电机能力、轧机等设备强度、操作水平、咬入条件和坯料规格等一系列设备、工艺条件允许的情况下，尽量提高变形速度或轧制速度。现代轧机提高生产率的主要途径之一，就是提高轧制速度。另外，变形速度或轧制速度通过对加工硬化和再结晶的影响，致使钢材性能、质量也产生一定的影响。再者，由于轧制速度变化通过对摩擦系数的影响，还经常影响到钢材尺寸精度等质量指标。

────── **本 章 小 结** ──────

生产工艺过程对保证产品的质量、产量和降低成本具有重要意义。轧钢生产工艺过程是相当复杂的，但总的来说是由坯料准备、坯料加热、轧制、精整或称轧后处理等几个基本工序组成的。

确定生产工艺过程的依据，除产品的技术条件为首要依据外，还要考虑钢种的加工工艺特性、生产规模大小、产品成本、环保条件等。确定生产工艺过程和各项依据是相互影响、相互联系的，对各方面皆应加以重视。

课后思考与习题

1. 在轧制的型钢、板带钢、钢管产品中，各选出三个规格的成品，并写出它们的标示。
2. 轧钢机是由哪些部分组成的，其组成部分的功能及其技术要求有哪些？
3. 何谓轧钢生产工艺过程，制定轧钢生产工艺过程的主要依据是什么？
4. 何谓轧制制度，其中包括哪些主要内容，是怎样加以确定的？

第七章　钢坯和型、线材生产

钢坯、型钢、线材乃是同一类型的产品，只是在产品断面上有一定的差异。钢坯断面多为方形和矩形；型钢断面复杂多样；线材可称为型钢里断面最细小的一种，多为圆形。

钢坯断面形状的确定与轧制产品的断面形状有密切关系。当用奇数道次轧制方钢、圆钢或断面形状与其相近的产品时，用矩形坯料比选用方形坯料更为合适，这样则有利于延伸系数均匀分配和减少轧制道次；若用偶数道次轧制上述同类产品时，则选用方形坯料为宜。

型钢轧制生产中，为了达到要求的产品断面形状和尺寸，钢坯需在一系列由上下轧辊组成的环形孔中变形。通常把轧辊车出的环形沟槽，由上下轧辊的两个轧槽所组成的环形孔称为孔型。孔型设计是型钢轧制生产中最重要的技术保证，其任务是使型钢经过若干轧制道次获得所需要的断面形状、尺寸和满足一定的产品性能；孔型设计内容应包括：产品断面孔型设计、轧辊孔型设计、轧辊导卫装置设计等。

线材轧制因其产品断面非常小，与其他钢材轧制相比，轧机台数多，布置也比较复杂。可通过减小温降和增加变形热来促使轧件首尾温度趋于平衡，但这必须采取高速度轧制来实现，就增加了技术难度。我们要更加关注、重视的是坯料规格选择要精细、加热制度要严格以保证产品质量。

第一节　钢坯生产

钢坯是生产型钢、板带钢和钢管等成品轧材的半成品。钢坯生产在炼钢和成品轧材生产中，具有承上启下的作用，因此在钢铁工业中占有特殊重要的地位。目前钢坯的生产方法主要有三种，即轧制法、锻压法和连铸法。第一种方法是在初轧（或开坯）机上把钢锭轧成各种断面形状的钢坯，这是钢坯生产中最早采用的一种方法。第二种方法是用锻锤（或水压机）把钢锭锻制成各种钢坯，这种方法多用于合金钢开坯上。第三种方法是20世纪60年代以后新发展起来的一种生产钢坯的方法，它是采用连续铸造法直接把钢水浇铸成各种断面形状和尺寸规格的钢坯。由于采用连铸法生产钢坯不仅可以省掉模铸钢锭的许多工序、可以取代复杂的初轧设备，而且在节能、提高金属收得率、节省劳动力、降低生产成本和改善劳动条件上具有显著的效果。因此，世界各国都已普遍采用这种新技术，并且有较快的进展。

尽管连铸方法是生产钢坯的先进方法并具有取代初轧机的趋势，但在提高铸造速度、扩大生产品种和生产的灵活性上还存在一系列工艺和设备结构的问题。因此，世界各国在发展连铸方法的同时，仍在继续新建和改建大型初轧机，以扩大开坯能力、适应钢材生产不断增长的需要。

现代最常用的钢坯轧机有初轧机、三辊开坯机和钢坯连轧机。

一、初轧机的产品类型和生产工艺

初轧车间生产的半成品有板坯、大方坯、小方坯、圆坯和异形坯等，一般把这些半成品统称为钢坯。主要钢坯的种类、形状、尺寸和用途如表 7-1 所示。

表 7-1　主要钢坯的种类、形状、尺寸和用途

钢坯名称	形　状	断面尺寸/mm	用　途
板　坯		$a > 45$　$b/a > 2$	轧制板材
大方坯		a、$b > 130$ 或 $a \times b > 16900$	轧制大、中型型钢
小方坯		a、$b \leqslant 130$ 或 $a \times b \leqslant 16900$	轧制小型型钢和线材
异形坯			轧制大型异形型钢
圆管坯			生产管材

初轧机是专门轧制钢坯用的轧机，按其结构和所轧制的钢坯品种，大致可以分为方坯初轧机、方坯-板坯初轧机和万能板坯初轧机三种类型。初轧机的生产能力大小，随轧辊公称直径的大小不同而不同。公称直径越大，所能轧制的钢锭重量也越大，轧机的生产能力也就越高。为适应中、小型钢铁企业的生产，在我国曾建造了一批 650、750 和 850 小型初轧机。在国外还建造了一种板坯-钢板联合初轧机，这种初轧机既可轧制板坯，又可轧制钢板。各种初轧机的性能和产品范围如表 7-2 所示。

表 7-2　初轧机性能和产品范围

类　型	轧辊直径/mm		电机功率/kW		水平辊电机转速 /$r \cdot min^{-1}$	锭重/t	坯料尺寸/mm	年产量 /万吨
	水平辊	立辊	水平辊	立辊				
方　坯 初轧机	750		2800×1		0—62—120	$2 \sim 2.4$	$120 \times 120 \sim 220 \times 220$	40
	850		4600×1		0—70—120	$2.1 \sim 5.0$	$150 \times 180 \sim 235 \times 235$	90
	1100		2600×2		0—40—80	$5.7 \sim 7.1$	$210 \times 210 \sim 300 \times 300$	260
	1250		6000×2		0—50—100	~ 13	$> 300 \times 300$	450

续表 7-2

类　型	轧辊直径/mm		电机功率/kW		水平辊电机转速 /r·min⁻¹	锭重/t	坯料尺寸/mm	年产量 /万吨
	水平辊	立辊	水平辊	立辊				
方板坯 初轧机	1000		4416×1		0—50—100	4.7~7.5	150×150~250×250 (120~200)×(600~1000)	100
	1150		4560×2		0—50—120	7.1~15	300×300 (120~280)×(800~1550)	400
	1220		6000×2		0—40—80	~45	400×400;280×1880	410
	1345		6780×2			10	350×350 300×220	500
万能板坯 初轧机	1200	950	2300×4	1500×2	0—40—80	~27	(120~250)×(800~1600)	200~400
	1225	965	4500×2	3000×1	0—40—80	~30	265×1925	540
	1300	1040	6700×2	3750×1	0—40—80	~40	360×2250	510
	1370	1040	6720×2	3700×1	0—40—80	~40	500×2300	600

　　初轧生产大体上包括钢锭均热、初轧、剪切和钢坯精整等工序。根据所轧钢坯的形状不同,初轧可分为大、小方坯初轧和板坯初轧。在一般情况下,采用如图 7-1 所示的生产工序。

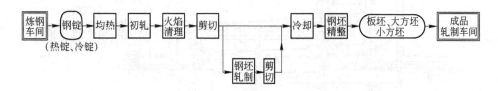

图 7-1　初轧车间生产工序

　　由炼钢厂送来的钢锭,首先放入均热炉内加热。当钢锭温度达到轧制温度后,送至初轧机上轧制成大型初轧坯——板坯和大方坯。钢坯从初轧机轧出后,首先送到火焰清理机上进行表面清理,然后送到剪切机上切去头尾不合格部位并按定尺要求进行剪切。在以板坯和大方坯为最终产品的初轧车间(见图 7-2)内,钢坯剪切后直接送至精整工段进行冷却和精整。在以小方坯、圆钢等小型钢坯为最终产品的初轧车间内,则把初轧机轧出的大方坯送到钢坯连轧机上轧成所要求的形状和尺寸,剪切成定尺长度后再进行冷却和精整。对钢坯上残存的缺陷进行检查和清理后,择优送至成品轧制车间。

　　生产板坯和大方坯时,广泛采用二辊可逆式初轧机。二辊可逆式初轧机的结构如图 7-3 所示。

　　二辊可逆式初轧机生产工艺简述如下。

　　初轧所用原料为钢锭。成品钢材的性能基本上取决于钢锭的质量,因此所用钢锭必须满足最终成品所要求的成分、力学性能和表面状态等技术条件。初轧车间的任务,除稍许改善铸态金属的内部质量和表面状态外,主要是向成品车间提供轧制缺陷和其他缺陷较少的优质钢坯。

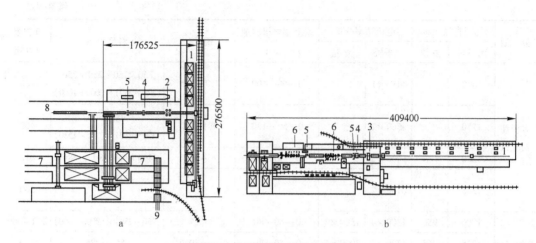

图 7-2   初轧车间平面布置图

a—板坯初轧车间；b—方坯初轧车间

1—均热炉；2—初轧机；3—第一钢坯连轧机；4—热火焰清理机；5—剪切机；

6—第二钢坯连轧机；7—精整跨；8—热轧生产线；9—通向厚板车间

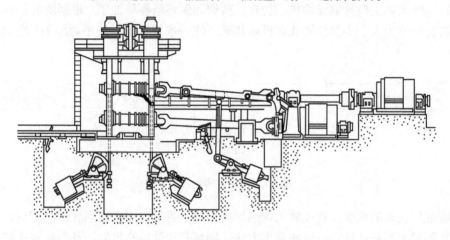

图 7-3   二辊可逆式初轧机的结构

在钢锭中经常出现的缺陷有内部缺陷和表面缺陷。钢锭内部缺陷有偏析、气泡、缩孔、内部裂纹和夹杂物等（见图 7-4）。钢水往钢锭模内浇注时，由于采用的脱氧方法不同，所生产的沸腾钢、镇静钢和半镇静钢等内部性质也各有不同。因此，必须根据钢材的不同性能要求选择合适的脱氧方法。钢锭表面缺陷有皮下气泡、龟裂和其他裂纹等。

初轧常用的钢锭质量是：用于轧制小方坯的为 2 ~ 10t；轧制大方坯的为 5 ~ 10t；轧制异形坯的为 5 ~ 20t；轧制板坯的为 10 ~ 40t。

钢锭均热在均热炉内进行。均热炉的种类很多，图 7-5 所示为典型的上部单向换热式均热炉。这种形式的

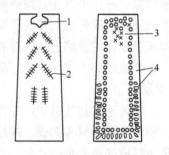

图 7-4   钢锭内部缺陷

1—缩孔；2—偏析；3—非金属
夹杂；4—气泡

均热炉，由单侧装设的烧嘴进行燃烧。燃烧气流从烧嘴一侧的炉壁下方进入烟道。炽热的废气通过换热器后，由烟囱排出。

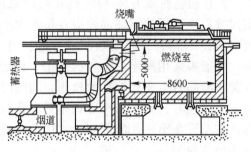

图 7-5　上部单向换热式均热炉

均热时，装炉方式有两种：一种是冷锭装炉；一种是热锭装炉。一般采用锭温为650℃以上的热装法。热锭装炉后，通入最大的煤气量进行加热，当钢锭表面达到要求的加热温度（接近 1300℃）时，煤气供给量逐渐减少，直至减少到只需弥补炉子散热所需的最低煤气量。钢锭经过一段时间均热后，再从炉内取出送至初轧机轧制。

为了保证均热质量，必须注意以下事项：

（1）钢锭脱模后到送至均热炉均热前这段时间对钢锭的质量影响较大，时间过长或过短都不好。如果时间过长，则钢锭变冷，炉温和钢锭之间温差增大，会导致裂纹的产生和均热时间与燃料消耗的增加。如果时间过短，由于钢锭内部未凝固部分较多，在均热过程中反而会助长偏析，以至引起轧后起泡或报废。

（2）要使钢锭和炉温温差尽量减小。加热时间过长、加热温度过高，会造成烧裂、脱碳和氧化铁皮增加，同时燃料消耗也将增多。加热低碳钢时的炉温一般为 1300℃ 左右。

（3）要保证适宜的加热时间和均热时间，过长和过短都不好。时间过长会导致烧损和燃料消耗增加，并且会使金属收得率下降。时间过短，会导致钢锭内部温度不均及由此引起的一些缺陷。一般热锭加热时间为 2~3h，冷锭为 5~7h。

钢锭经过适当地均热后，送至初轧机轧制。轧制方式如图 7-6 所示。按一定的轧制程序，每轧一次，断面就减小一次，直到最后达到板坯和大方坯所要求的尺寸。图 7-7 为由钢锭轧成大方坯的变形过程实例。

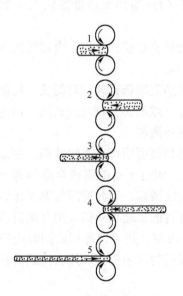

图 7-6　轧制板坯的方式

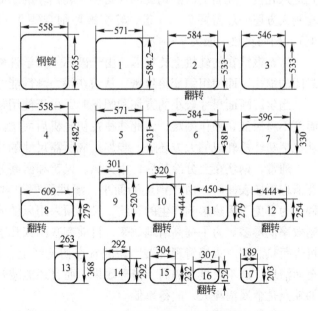

图 7-7　轧制大方坯的变形过程

方坯初轧机或方坯-板坯初轧机均采用箱形孔型。孔型在轧辊上的布置方式和孔型尺寸取决于所轧钢坯的种类及尺寸大小。孔型在轧辊上的布置方式大体上有两种类型（见图7-8）：一种是顺序式布置；另一种是对称式布置。当初轧机主要生产方坯时，一般多采用顺序式布置的孔型，因为这样布置的孔型有利于压下和推床的操作，在翻钢的同时可完成移孔的操作，间隙时间短，生产能力高。当初轧机生产板坯的比例大于方坯时，多采用对称式布置的孔型，因为宽而浅的轧槽布置在辊身中间，而立轧孔槽布置在第一孔的两侧，这样可以减少板坯立轧道次的横移时间，使轧辊两端的牌坊负荷均匀。

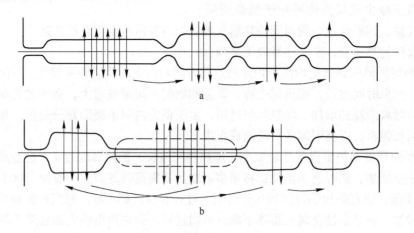

图 7-8　初轧机的孔型布置图

a—顺序式；b—对称式

初轧机的开轧温度为 1250 ~ 1280℃。为了改善咬入条件，最初轧制时应使钢锭的小头先进入轧机。轧制道次随钢锭的规格和所轧钢坯的断面尺寸不同而有所不同。在初轧机上轧制大方坯一般需要 9 ~ 13 道，轧制板坯则需要 9 ~ 15 道（15t 重的大钢锭需轧 21 ~ 25道），翻钢次数一般为 2 ~ 4 次。

铸态钢锭在初轧机上轧制后，由于破坏了力学性能差的铸态组织，压实了内部气泡和封闭的缩孔，而使组织变得致密，从而获得力学性能好的钢坯。

当生产断面尺寸较小的方坯和圆坯时，由于使用初轧机的效率低且轧制时间长，轧制温度不易保证，操作困难，因此往往在初轧机后面增设一套（或两套）钢坯连轧机。用连轧机把初轧机轧成的大方坯进一步加工成所需尺寸的小方坯和圆坯。

通常，钢坯在充分冷却后，用火焰、风铲和研磨方法进行表面清理以去除缺陷。在冷态清理钢坯表面时，由于钢坯断面小，清理面积相对增大；而对于高碳钢或合金钢等品种，为了免于因热影响产生的裂纹，又必须采用风铲或研磨法清理，因此清理效率要比轧制效率低得多。为了提高清理效率，目前有些国家几乎在所有的初轧车间都采用火焰清理机进行热清理。火焰清理机被串联配置在初轧线上，用氧-丙烷火焰对钢坯四面同时进行全面清理。这不仅显著提高了清理效果，而且还能减轻冷却后的清理负担。热态火焰清理的缺点是金属消耗大，收得率低。

钢坯剪切操作包括两项内容：切除轧制钢坯头尾的缩孔、偏析等不合格部分；按定尺长度切断钢坯。钢坯的不合格部分切除过少，轧出成品时，其不良影响不能完全消除；切得太多又会使收得率下降。因此，切除量必须适宜。

剪切钢坯所用的剪切机必须能够迅速剪切而不影响轧制效率，并且要保证剪切时钢坯不发生形状变化和弯曲。

剪切过的钢坯，冷却到一定温度后，送至精整工段精整。

钢坯的冷却方法大致可分为浸水冷却、喷水冷却、空冷和缓冷等四种方法。视钢坯的钢种、尺寸和形状不同，设有不同的冷却设备。冷却时，冷却速度必须适宜。冷却速度过快，钢坯内部和表面间会产生冷却速度差，会因表面硬化而产生裂纹和弯曲。一般认为，低碳钢适于空冷后再进行水冷；高碳钢和合金钢则需进行缓冷。

钢坯的质量直接关系到成品质量的好坏。为了保证成品质量，在冷却后必须对钢坯进行严格的质量检查和精整，以保证向成品轧制车间提供质量优良、尺寸公差合格的钢坯。

缺陷的检查，除用肉眼检查外，还用探伤仪（如磁力探伤和超声波探伤等）进行无损检验。当使用磁力探伤仪检查时，为了便于发现缺陷，应用研磨、酸洗或喷丸法清除钢坯表面的氧化铁皮。缺陷的检查要按成品车间的要求进行。钢坯常见的表面和内部缺陷的特征及其产生原因如表7-3和表7-4所示。

表7-3　钢坯的表面缺陷

分类	缺陷种类	形状特征	产生原因
钢锭带来的缺陷	纵向裂纹	沿轧制方向出现很深的线状缺陷	钢锭纵裂纹或热应力
	横向裂纹	垂直轧制方向的X状或Y状裂纹	钢锭横裂纹、加热不均、成分不良
	发裂	沿轧向连续出现的较浅的裂纹	钢锭表面或表层有气泡
	鳞状龟裂	表面上出现分散的鳞状物	钢锭表面结疤、过热及脱氧不良
	重皮	较易剥落的重叠状缺陷	钢锭表面有溅疤或结疤
	缩孔	缩孔在轧制后没被压合，有炉渣混入	钢锭凝固时的收缩孔，含有脱氧前的氧化物时有炉渣混入
	夹渣（夹砂）	存在于钢坯内部和表面的耐火材料等	钢锭的内部和表面有耐火材料碎屑、泥沙等混入
	结疤	呈笋皮状，一端深入内部	钢锭的二次结疤或低温轧制
	边角裂纹	在侧边或尖角部产生的裂纹	钢锭质量不佳或过热
轧制缺陷	折叠	沿轧制方向出现的重叠缺陷	轧辊调整不当、孔型不当或轧制方法不当
	皱纹	在轧制方向出现的皱纹缺陷	初轧机辊面粗糙或轧制方法不当
	麻面（氧化皮缺陷）	制品表面粗糙呈凸凹不平状缺陷	辊面粗糙、磨损或氧化皮剥落
	划伤（轧辊缺陷）	表面划有沟状痕迹	导卫装置不适、磨损、黏结等
	轧入	表面轧入异物	轧制时环境不清洁、有异物压入
	耳子	沿轧制方向出现的连续凸筋	孔型过充满、辅助设施安装不当
	毛刺	在轧制方向沿钢坯全长出现重叠毛刺	火焰清理不彻底或局部有凹陷
	辊印	表面缺陷呈周期性出现	孔型损坏、粘有异物或孔型不良

表7-4　钢坯内部缺陷

缺陷名称	缺陷状态及产生原因	危　害
成分偏析	多发生在钢锭中心上部，主要是碳、硅、锰含量偏高	力学性能不均，延展性和冷加工性能不好
非金属夹杂	脱氧生成物、耐火材料细粒残存于钢锭内	经轧制加工后，越是不易碎化的夹杂物，危害越大，使疲劳强度和冷加工性能下降
白　点	由于氢气存在，在高碳钢和合金钢内部出现裂纹	有裂纹发生的制品不能使用
缩　孔	钢锭缩孔过深，剪切没切净	不能使用

　　检查后，凡对下道工序产品有危害的缺陷，均应按清理标准予以清除。清理的方法有人工火焰清理、磨削和风铲铲除等。

　　一般来说，特殊钢和高碳钢宜使用磨削清理法；中、低碳钢宜用火焰清理法；其他钢种均适宜采用风铲清理法。

二、三辊开坯机的生产工艺

　　三辊开坯机一般是把断面为300mm以下的钢锭或钢坯轧成各种断面较小的钢坯供精轧机组轧制成材。因为断面尺寸大于300mm的大钢锭都是由二辊可逆式初轧机承担开坯任务的，所以三辊开坯机也被称作中小型开坯机。三辊开坯机可能是单机架的，也可能是两架或三架横列式不可逆轧机，轧辊直径一般为400~850mm，其轧制方式如图7-9所示。

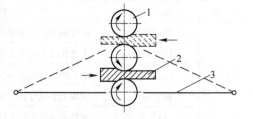

图7-9　三辊开坯机的轧制方式
1—轧辊；2—轧件；3—升降台

　　φ650中型三辊开坯机在我国各中小型钢厂得到广泛应用，它承担着为φ76无缝钢管、φ650中型型钢、φ500/300小型型钢、φ400/300线材及窄带钢轧机等提供钢坯的任务。图7-10为650开坯车间平面布置简图。φ650开坯机所用原料为270mm×270mm×1400mm的镇静钢或沸腾钢锭，单重为250kg，有时也采用断面为120mm×120mm~200mm×200mm的钢坯。产品种类有（9~18）mm×250mm的薄板坯，65mm×65mm~135mm×135mm的方坯，同时还可以生产一部分45~90mm的方钢和圆钢，不仅能轧制碳素钢，也能轧制合金钢。

　　650开坯车间的生产工艺过程是：由炼钢车间运来的钢锭，经检查后在连续式加热炉中加热到1200~1250℃，出炉后经辊道把钢锭运向轧机，必要时可在回转台上把钢锭小头转向轧机；钢锭在轧机上经9~15道轧制，轧成方坯或板坯；轧后根据具体情况及产品要求锯切或剪切成定尺长度，并且经过堆放冷却后进行检查和清理。

　　三辊开坯机所用的孔型如图7-11所示，每个孔型仅轧一道。为了充分利用辊身长度，以少数机架完成较多的轧制道次，三辊开坯机多采用共辊孔型。这种孔型的特点是上、下两个孔型共用中辊的轧槽。往往采用上工作辊径大于下工作辊径的所谓"上压力"轧制，其值必须均匀分配，以免个别孔型中"压力"值过大而造成断辊和破坏辊

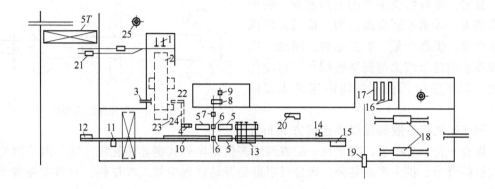

图 7-10　三辊开坯车间的平面布置图

1—推钢机；2—加热炉；3—出钢机；4—回转台；5—升降台；6—650 轧机；7—人字齿轮机架；8—减速机；
9—电动机；10—工作辊道；11—剪切机；12—钢坯收集筐；13—移钢机；14—热锯；15—钢坯
收集筐；16—酸洗池；17—清洗池；18—热处理炉；19—运输小车；20—轧辊车床；
21—送料车；22—出炉辊道；23—拖运机；24—受料辊道；25—烟囱

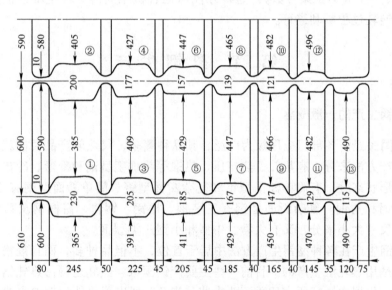

图 7-11　三辊开坯机所用的孔型

套等事故。

　　三辊开坯机与二辊可逆式初轧机相比，其缺点是：所能轧制的钢锭小，还必须设置笨重的升降台。其优点是：主传动可采用交流电机，大大减少了电气设备；传动系统可以装设飞轮，有利于减小电机容量，适于中、小型钢铁厂使用。

三、钢坯连轧机

　　连续式钢坯轧机（见图 7-12）由纵向排列的若干个二辊式机架组成。在有些钢坯的连轧机上，除了轧制方坯外，还能轧制薄板坯。因此，除了有水平辊机座外，还设有立辊机座。现代化的钢坯连轧机，一般由两个机组组成。

当前，随着钢铁生产的不断发展，锭型不断增大、单重不断提高。为了提高开坯机的生产率，提高产量、扩大品种，增加一次轧成钢坯的总压缩比与提高机械化、自动化程度，钢坯生产正在不断地向连续化方向发展。

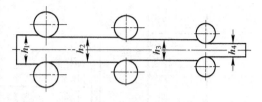

图 7-12　钢坯连轧机简图

钢坯连轧机一般都是以半连续方式布置的，即在一台初轧机后，布置有一组或两组多机架串列式钢坯连轧机。这不但可以挖掘初轧机的潜力、扩大产品品种，而且可以避免开坯过程中的二次加热，对节省能源十分有利。

在轧制过程中，轧件依次进入各机架，并同时在几个机架上轧制，轧件在每个机架上只轧一次。钢坯连轧机列的工艺布置都是直线式的，每组有 4～6 架轧机。

在连轧机上轧制钢坯时，因为轧件同时在若干个机架上通过，所以必须保证各机架金属的秒流量相等，即 $v_1F_1 = v_2F_2 = \cdots = v_nF_n$（$v$ 为轧件出口速度；F 为轧件出口的断面尺寸；1、2、…、n 为机架号数）。这样才能保证各机架间既不产生堆钢也不产生拉钢现象，以使连轧过程顺利进行。

第二节　型 钢 生 产

一、型钢生产的一般概念

型钢在国民经济各部门应用极为广泛，其品种繁多，仅热轧产品目前就已超过万种以上。按生产方法来分，有热轧、热挤压、热锻等热加工型钢和冷弯、冷拔等冷加工型钢。按断面形状来分，有简单断面型钢和复杂断面型钢。简单断面型钢有圆钢、方钢、扁钢、六角钢和角钢。复杂断面型钢有工字钢、槽钢、钢轨、窗框钢及其他异型钢材等。按断面尺寸大小来分，又有大型、中型和小型三类型钢。

热轧型钢生产在各种型钢生产方法中居于首位，不但品种多，而且规格也多，绝大多数型钢都是用热轧法生产的。目前一些主要产钢国家，热轧型钢占热轧钢材总产量的 23%～44%，发展中国家所占比重还要大些。表 7-5 列出了热轧型钢的主要品种、尺寸范围和用途。

表 7-5　型钢的主要种类、尺寸范围及用途

品种	断面形状	尺寸/mm			用途
		大　型	中　型	小　型	
圆钢	直径	6～335			机械、车辆、造船、建筑及交通部门用零件、构件和材料
		$a > 100$	$100 \geqslant a \geqslant 50$	$a < 50$（也有盘条）	
方钢	对边矩离	8～170			机械、车辆、造船、建筑及交通部门用零件、构件和材料
		$a > 100$	$100 \geqslant a \geqslant 50$	$a < 50$	

品 种	断面形状	尺寸/mm			用 途
		大 型	中 型	小 型	
六角钢	对边矩离	一般 11~81			机械、车辆、造船、建筑及交通部门用零件、构件和材料
		$a > 100$	$100 \geqslant a \geqslant 50$	$a < 50$（也有盘条）	
扁钢	宽	厚 3.2~100　宽 25~500			机械、车辆、造船、建筑及交通部门用零件、构件和材料
		$a > 130$	$130 \geqslant a \geqslant 65$	$a \leqslant 65$	
等边角钢		$A \times B \times t$ $100 \times 100 \times 7 \sim$ $200 \times 200 \times 29$	$50 \times 50 \times 4 \sim$ $100 \times 100 \times 7$	$20 \times 20 \times 3 \sim$ $50 \times 50 \times 4$	结构物和加固件的主要和辅助材料
不等边角钢		$A \times B \times t$ $125 \times 75 \times 7 \sim$ $175 \times 90 \times 15$			结构物的加固件
不等边不等厚角钢		$A \times B \times t_1 \times t_2$ $200 \times 90 \times 9 \times 14 \sim$ $400 \times 100 \times 13 \times 18$			造船材料
工字钢		$A \times B \times t$ $125 \times 75 \times 16 \sim$ $600 \times 190 \times 55$	$75 \times 75 \times 5$ $100 \times 75 \times 5$		建筑、桥梁、车辆等结构件和临时构件
槽钢		$A \times B \times t$ $125 \times 65 \times 6 \sim$ $380 \times 100 \times 13$	$75 \times 75 \times 5$ $100 \times 75 \times 5$		建筑、桥梁、车辆等结构件和临时构件
H型钢		$H \times B$ $100 \times 100 \sim 900 \times 300$			结构用柱材和梁材
钢板桩		$W \times H$ $400 \times 75 \sim 420 \times 175$			土木工程
钢轨		$22 \sim 50 kg/m$	$10 \sim 24 kg/m$	$< 6 kg/m$	铁道用
球扁钢		$A \times t$ $150 \times 8 \sim 250 \times 12$			造船，主要用作船体加固件

目前，随着国民经济各部门对型钢需求的日益增长，以及轧钢技术水平的不断提高，热轧型钢生产正在向品种多样化、尺寸精密化、表面无疵化和性能高级化的方向发展。

冷弯型钢也是型钢的主要生产方法之一。它是直接以带钢为原料或按要求宽度经纵切后，于冷状态下用轧辊把带料弯曲成型来制取型钢的。

以下我们将对热轧型钢生产和冷弯型钢生产的工艺和特点分别作介绍。

二、热轧型钢生产

一般来说，型钢车间分为大型、中型和小型三种类型，但它们之间并没有严格界限，在中型车间也能轧制大型和小型钢材，在大型和小型车间也可轧制中型钢材。

（一）生产工艺流程与车间平面布置

型钢的品种规格非常多，产品定尺长度各有不同，因此生产方法也是多种多样的。生产型钢的主要工艺流程如图 7-13 所示。

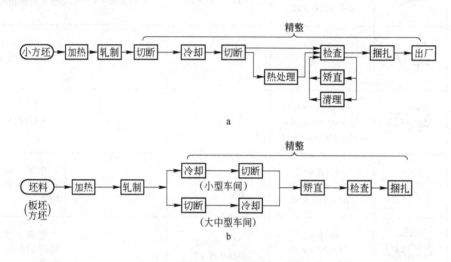

图 7-13　型钢生产的工艺流程

a—简单断面型材；b—复杂断面型材

型钢车间所用的坯料是用初轧机、开坯机或连铸法生产的大钢坯和小方坯，按照成品品种不同进行不同的检查和清理后，送至型钢轧制车间装入加热炉加热。

根据所加热坯料的材质不同加热到最佳轧制温度（950～1200℃）后，送至轧机轧制。利用轧辊上刻制的与成品尺寸、形状相对应的一些孔型，把坯料断面积逐渐减少并成型，最后获得所需的尺寸和形状。为了防止轧制过程中损坏孔型和导卫装置卡钢，必须把轧件前后两端的不良部分切除。轧制大规格型钢时，为了保证成品表面的质量，要用高压水除去钢坯表面的鳞皮。

轧后的型材送到精整工段精整。轧制的钢材，用设在精轧机后面的热锯锯断。对工字钢、槽钢、钢板桩等大断面、复杂断面的制品，按照规定的定尺长度切断后，送至冷床冷却到常温。圆钢、方钢等小断面和简单断面制品，一般经过冷床冷却后在冷剪机上切断。非对称断面型钢，冷却时易发生弯曲和扭曲，因而经冷床冷却后需要在矫直机上矫直。然后，在检查台上对型钢的断面形状、缺陷、弯曲、长度等进行检查，检查后取样进行力学性能等检查，合格者为成品型钢，最后经打印捆扎包装出厂。对某些特殊要求的制品，在出厂前，为了防止生锈还要经过喷丸、涂油等工序。

图7-14 和图7-15 为典型的型钢轧制车间平面布置图。

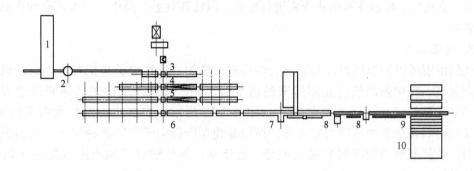

图7-14　中型型钢车间典型平面布置

1—加热炉；2—转盘；3—粗轧机；4—第一中间轧机；5—第二中间轧机；
6—精轧机；7—热剪机；8—热锯；9—冷床；10—缓冷坑

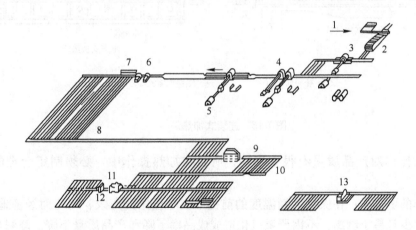

图7-15　大型型钢车间平面布置

1—钢坯；2—加热炉；3—粗轧机；4—中间轧机；5—万能精轧机；6—热锯；7—定尺机；8—冷床；
9—辊式矫直机；10—检查台；11—卧式压力矫直机；12—立式压力矫直机；13—冷锯

（二）型钢生产工艺

1. 坯料及轧前准备

型钢轧制大都采用初轧和连铸法生产的钢坯。按断面形状不同，用于轧制型钢的钢坯有大方坯、小方坯、板坯和异型钢坯，其中也有从钢锭不经中间加热直接轧成成品的。

小方坯用于生产小断面型材，大方坯用于轧制大型和中型型材，板坯一般用来轧制大断面的槽钢和钢板桩等，异型钢坯一般用于轧制 H 型钢和钢板桩等。

坯料的质量对成品的质量和成品率有直接的影响，所以应根据加工率的大小和产品表面质量的要求，在不影响尺寸精度的情况下清除表面缺陷。内部缺陷严重的坯料，会把缺陷残存于制品中，所以必须在制坯阶段清除缺陷。为了保证坯料的形状和尺寸准确，对断面尺寸、直角度、弯曲度和扭曲等要进行检查，以防其对生产操作、设备安全和产品质量产生影响。

2. 钢坯加热

轧制型钢所用的加热炉，几乎都是连续式加热炉。这种炉子是把装入炉内的钢坯依次往前送进，在炉内加热到轧制所需的温度后出炉。按连续加热炉的坯料送进方式不同，可分为推料式和步进式两种炉子，如图 7-16 所示。步进式加热炉具有操作容易、坯料移动时划伤少和加热均匀等优点，所以新建车间倾向于采用这种炉子。加热炉的加热能力，随轧制品种的不同有很大差异，近年来，国外建成了加热能力高达 250t/h 以上的加热炉。

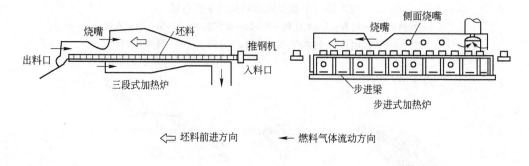

图 7-16　连续式加热炉

加热炉的操作对产品质量有很大影响，所以在加热操作中，必须制定合理的操作规程。

加热操作的要点是：在保证轧制温度的前提下，尽量做到高效、均匀而经济地加热；生成的氧化皮少且易于剥离，不因严重氧化造成成品率下降和产品质量下降。坯料出炉温度，随材质不同而异，一般为 1100～1300℃。加热温度过高，会引起过热、过烧及增加烧损和脱碳，从而造成成品率下降。在炉内停留时间过长，易使晶粒粗大，氧化铁皮量增多，也会出现类似温度过高的弊病。如果加热不均，轧制时就可能出现断裂和形状不良等缺陷。

由于燃料燃烧过程中产生的二氧化碳、水蒸气和过剩的氧气等废气成分对氧化铁皮生成量和易剥离程度有很大影响。因此，必须在炉内压力和空气过剩系数适宜的条件下操作，以免吸入空气及燃烧空气量不足或过剩现象出现。

3. 型钢轧制

A　轧制设备及其配置

型材轧制车间有大、中、小型车间和专门的轨梁车间、简单断面型材车间之分。型钢轧机的类型及用途，如表 7-6 所示。

表7-6 型钢轧机的类型及用途

轧机名称	轧辊直径/mm	轧 机 用 途
轨梁轧机	750～900	轧制重轨和高度为240～600mm的大钢梁
大型轧机	≥650	轧制80～200mm方钢、圆钢及12～24号工、槽钢及重轨
中型轧机	350～650	轧制40～80mm方、圆钢；小于12号工、槽钢及50mm×50mm～100mm×100mm角钢
小型轧机	250～350	轧制6～40mm方、圆钢及20mm×20mm～50mm×50mm角钢

按轧机的布置不同，可把轧机分成如图7-17所示的各种形式：

（1）仅用一台轧机的叫做单机架式；

（2）轧机呈横列（一列、二列或多列）布置的叫做横列式；

（3）轧机呈二列布置，各机架相互错开，两个机列的轧辊转向相反并交错轧制的叫做棋盘式；

（4）轧件由一台轧机轧出后再进入下一台轧机、各机架呈纵列排列在两个到三个纵列中，在每个机架上只轧一道、用移钢机把轧件从一个纵列送到另一个纵列上的叫做越野式；

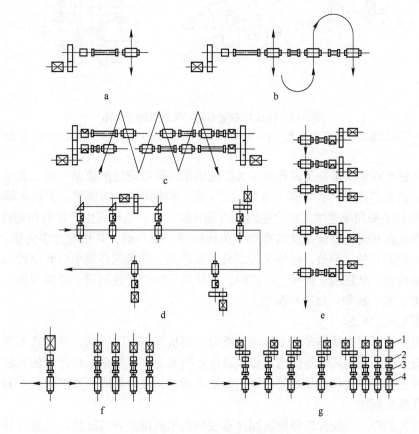

图7-17 型钢轧机的布置

a—单机座；b—横列式；c—棋盘式；d—越野式；e—顺列式；f—半连续式；g—连续式

1—电机；2—减速机；3—齿轮座；4—轧机

（5）轧机各机架顺序布置在一个到两个平行的纵列中，每架轧机只轧一道而不进行连轧的叫做顺列式（跟踪式）；

（6）轧机均按纵向排列，初轧机架是可逆式的、精轧机架是连续式的叫做半连续式；

（7）若干台轧机均按纵向呈纵列布置，每台轧机只轧一道，轧件在各机架上能受到同时轧制的叫做连续式。

另外，根据轧辊的组装形式不同，可把轧机分成普通二辊和三辊式的、复二重式的、水平-垂直式的和万能式的轧机（见图7-18）。

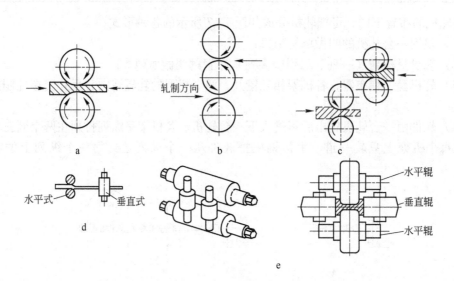

图 7-18　按轧辊布置不同对轧钢机的分类图
a—普通二辊式（或二辊可逆式）；b—普通三辊式；c—复二重式；d—水平-垂直式；e—万能式

大型轧钢车间轧制设备及其布置：大型轧钢车间轧机配置多数是一列二辊可逆式或三辊式的，主要生产普通大型型钢（角钢、工字钢、槽钢等）、钢板桩、钢轨和圆钢等。但是生产 H 型钢主要用半连续式或全连续式万能轧机，最近也用它生产槽钢和钢轨。

中小型轧钢车间轧制设备及其布置：传统的中小型车间，轧机配置多为横列式（一、二列式或多列式）的。但是，近年来用了轧制效率高、轧辊调整简单的轧制设备，其中有越野式、棋盘式、全连续式和半连续式的，主要用于生产普通型钢、特殊型钢、轻轨及简单断面（方、圆、扁和六角等）型钢。

B　型钢的轧制法

由于型钢的断面形状是多种多样的，所以与钢板轧制不同，其变形方式不单纯是厚向压下。一般来说，型钢轧制是使钢坯依次通过各机架上刻有复杂形状孔型的轧辊来进行轧制的。轧件在孔型中边产生复杂的变形，边缩小断面，最后轧成所要求的尺寸和形状。这就是所谓孔型轧制法。

在型钢轧制中，不能像轧制钢板那样通过切边来获得整齐的轧件，其最大特点是必须全部通过轧制来达到断面尺寸和形状的要求。

此外，在各种型钢生产中，H 型钢主要用万能轧机来轧制，这是和孔型轧制完全不同的一种轧制方式，关于它的特点，以后加以说明。

下面分别介绍一下各种具有代表性的型钢的主要轧制方法。

（1）简单断面型钢轧制。由钢坯轧成方、圆、扁和六角等简单断面型钢是按图7-19所示的孔型系统依次轧制的。一般来说，所采用的粗轧延伸孔型系统有椭圆-方、菱-方、箱-箱、菱-菱和椭圆-圆等五种孔型系统。根据轧制尺寸范围、所轧钢种和产品质量要求不同来选用适宜的孔型系统。这五种孔型系统既可以单独使用，也可以联合起来使用。用延伸孔型系统轧出成品前的方断面以后，再按成品要求的断面形状，采用相应的精轧孔型系统轧成成品。

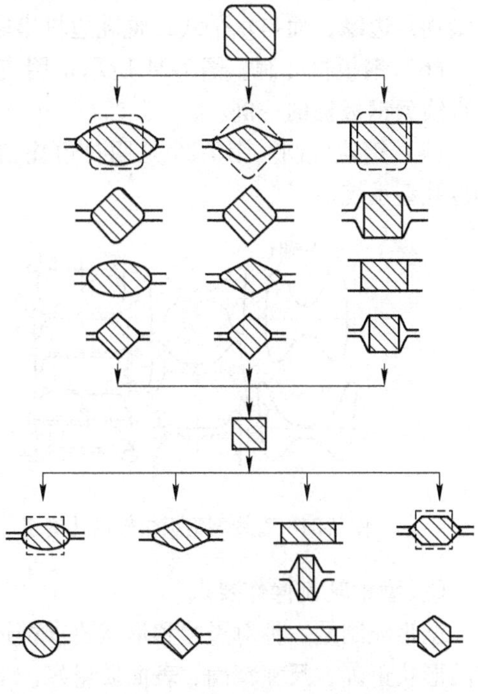

（2）角钢轧制。由钢坯轧成角钢是按图7-20所示方式依次轧制的。蝶式孔型在轧制的同时控制两边的夹角，扁平孔型则是先用扁平孔型轧腿，最后轧成角钢。

（3）槽钢轧制。槽钢轧制如图7-21所示，蝶式孔型使轧件两腿部部分依次出现，直线式孔型在轧件中间部分进行压下的同时，把拐角部分完全轧出。

图7-19　简单断面型钢的孔型系统

（4）工字钢轧制。工字钢轧制如图7-22所示，直线式孔型是从中间部位压下的方式，而倾斜式孔型是腿和腰都从倾斜的方向压下的一种方法。

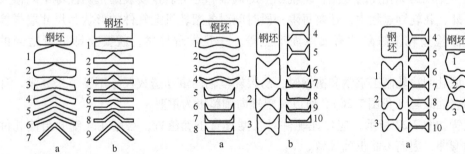

图7-20　角钢轧制孔型系统
a—蝶式孔型；b—扁平式孔型

图7-21　槽钢轧制孔型系统
a—蝶式孔型；b—直线式孔型

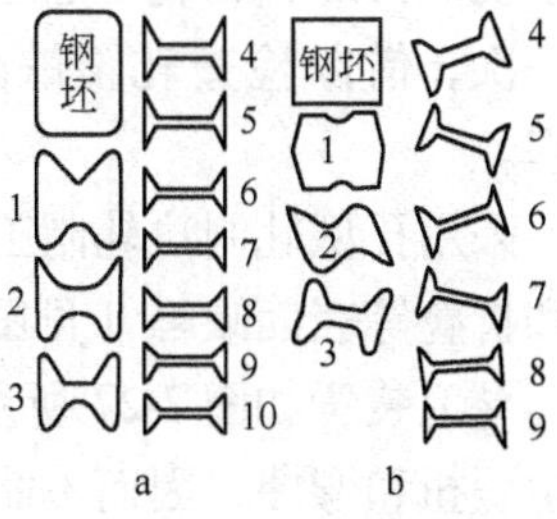

图7-22　工字钢轧制孔型系统
a—直线式孔型；b—倾斜式孔型

（5）H型钢的轧制。H型钢轧制如图7-23所示，采用万能轧机轧制。其特点是：在

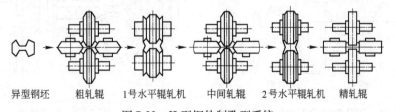

异型钢坯　　粗轧辊　　1号水平辊轧机　　中间轧辊　　2号水平辊轧机　　精轧辊

图7-23　H型钢轧制孔型系统

98

两个主动水平辊之间装有两个随动的垂直辊，能够同时在上下、左右方向予以压下；为了成型拐角边缘，而与水平式二辊轧边机串联配置。

（6）钢板桩轧制。图7-24所示是用直线式孔型轧制直线型钢板桩的一例。

（7）钢轨轧制。图7-25是用对角孔型轧制轻轨的典型孔型系统。

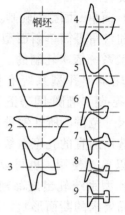

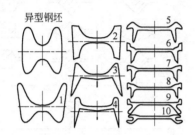

图 7-24　直线型钢板桩轧制孔型系

图 7-25　轻轨轧制孔型系

C　型钢轧制操作要点

型钢轧制是一种对尺寸和形状要求都远比钢板轧制复杂得多的变形过程，并且还要求产品形状正确、尺寸精确、表面质量好。上述各种轧制法所用的轧辊孔型虽然是考虑了各种轧制条件而设计的，但在轧制过程中也还会有各种因素对轧件的质量产生不良影响，因此在轧制操作中必须认真，以防止出现质量问题。

型钢轧制操作要点是从质量要求出发，在实际轧制操作中力求获得尺寸和形状正确，而且表面缺陷少的制品。因此在型材轧制车间，要对坯料的加热状况，加热炉状态，加热和轧制过程中生成的氧化皮的去除，轧辊压下的调整和导卫装置安装的正确性等予以极大的重视。另外，在轧制过程中，还要每隔一段时间对各架轧机上轧件的形状和尺寸取样检查一次，借以检查轧辊缺陷和有无麻面产生等。一旦发现异常，就要立即进行适当的处理。

采用孔型轧制法轧制工字钢和槽钢时，易因轧辊轴向窜动造成尺寸不良、未充满、耳子和折叠等表面缺陷（见图7-26），所以轧辊轴向调整极为重要。

导卫装置如图7-27所示，应保证轧件对孔型具有正确位置，否则在轧制中会使轧件产生歪扭和弯曲，因而不能正确成型。

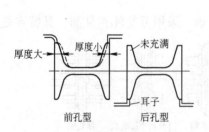

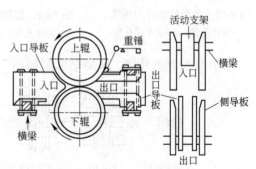

图 7-26　因轧辊窜动引起的缺陷

图 7-27　导卫装置

轧制温度也是影响轧材质量的重要因素之一。如果在同孔型设计时所设定的温度有很大差别的情况下进行轧制时，将造成腿部宽度不足或过于肥大，使产品断面形状劣化，因此要严格控制轧制温度。为了获得表面质量良好的制品，应注意清除加热和轧制中产生的氧化铁皮。氧化铁皮的清除方法，除了用轧辊破碎之外，尚可用高压空气和高压水除鳞。

D　轧制操作的自动化

型钢轧制从前是靠人力手工操作。近年来，为了适应型钢产量的增加和用户对产品质量要求日趋严格的形势以及节能的需要，随着电气控制设备的发展、辅助设备精度的提高和检测技术的进步，型钢生产的自动化也得到很大发展。由于自动化的发展、轧机的串联布置和围盘的应用，推动了连续轧制的发展。因此，型钢生产效率和产品质量显著提高。在中小型型钢生产中，通过采用远距离监测和远距离操作的方法，可以在特定的操纵室内集中控制设备的运转。目前，端头剪切机和旋转式飞剪业已实现自动化，并且正在研究轧件活套控制、轧机前后输送辊道和翻钢机控制的自动化问题，正向着自动检测、自动处理和用计算机进行生产管理的方向发展。

大型型钢轧制操作，只有使用万能轧机轧制 H 型钢才是连续化的。在连续化生产中，也只不过是轧制过程采用了计算机控制。

4. 型钢的精整

在冷却过程中必须注意防止产品产生弯曲和扭曲；必须注意满足剪切长度的允许公差和杜绝端面变形和裂纹等缺陷的产生。当弯曲度超出技术条件要求时，要在矫直机上矫直。圆钢矫直时，采用有代表性的二辊斜辊矫直机，其他型钢采用一般辊式矫直机，若用上述两种方法难以矫直两端弯曲的钢材时，可用压力矫直机矫直。

为了消除产品表面缺陷，轻度的要用砂轮修整，或按需要进行焊接修补等。

三、冷弯型钢生产简介

型钢生产法大致可分为热加工和冷加工两大类。冷弯型钢是用冷加工法生产型钢的一种主要的生产方法。这里所说的冷弯型钢，是指在冷弯成型机上成型，使带钢连续通过顺序排列的 3 ~ 20 架冷轧机，依次进行成型加工，最后精轧到所要求的形状的生产方法。

冷弯型钢与热轧型钢相比，具有质量轻、用料省、表面光洁、壁厚小和强度高等优点。用冷弯法生产型钢，可以加工出用热轧无法生产的特殊形状制品。因此，近年来冷弯型钢生产得到了迅速发展。

冷弯型钢的主要品种，按形状分类列入表7-7。总的说来可分为对称的和不对称的两大类。其产品断面展开度可为 20 ~ 2000mm，厚度为 0.1 ~ 20mm。

表 7-7　冷弯型钢的主要产品品种

品　种	断面形状	品　种	断面形状
冷弯槽钢		带缘槽钢	
冷弯 Z 形钢		带缘 Z 形钢	
冷弯角钢		帽形钢	

续表7-7

品　种	断面形状	品　种	断面形状
瓦垄钢板		护栏钢板	
波纹钢板		简易钢板桩	

冷弯型钢的用途也很广泛，一般多用于建筑、铁路车辆、汽车和船舶等生产部门制作结构件和辅助件等。

（一）冷弯型钢的生产方式及工艺过程

冷弯型钢的生产方式有冷拔弯曲成型、压力机弯曲成型和辊式连续弯曲成型三种方式。在上述三种成型方法中，以第三种成型方法应用最广，其优点是：生产率高；表面质量好；轧件长度不受限制，可生产前两种方法得不到的复杂断面产品。冷弯型钢生产的工艺过程如图7-28所示。有时还使冷弯成型和高频感应焊接机组相结合来生产封闭型钢。焊接后，还须定径、矫直和清理焊缝等工序。为了保证成品表面质量，不但要求成型工具表面光洁，有时还要采用轻机油或乳化剂进行润滑。

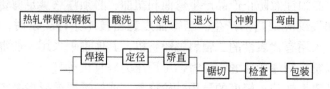

图7-28　冷弯型钢生产工艺过程

（二）冷弯型钢成型过程

冷弯型钢和热轧型钢不同，它是在冷状态下和断面积不减小的情况下弯曲成型的。辊式连续冷弯成型机成型过程如图7-29所示。即使带钢依次通过孔型形状逐渐接近成品断面形状的各个成型机架，最后轧出成品。图7-30示出各种断面冷弯型钢的成型方法。这里除过滤成型法外，还有顺序成型法。

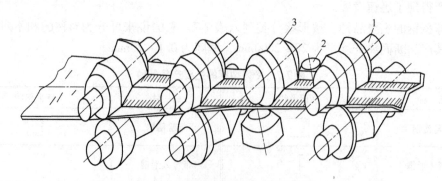

图7-29　辊式冷弯成型机成型过程示意图
1—主成型辊；2—侧辅助辊；3—上辅助辊

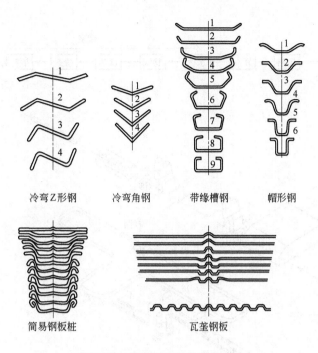

冷弯Z形钢　　冷弯角钢　　带缘槽钢　　帽形钢

简易钢板桩　　　　瓦垄钢板

图7-30　各种冷弯型钢的成型法

第三节　线材生产

线材是热轧型材中断面最小的一种，一般把直径 5.5~22mm 细而长的热轧圆钢叫做线材。由于大都是成盘卷交货，故又俗称盘条。

线材和成卷供应的小型钢材的界限很难明确区分，其生产方法亦有许多共同点。但是，因为线材的断面更小，长度更长，并且对产品质量要求也较高，所以在生产方法上又具有许多特点。因此，对线材生产的特点有必要专门加以介绍。

一、线材的品种及其发展

线材按用途分，有热轧状态直接使用的和需经二次加工的两种。前者多用于建筑和包装等，后者用于拔丝、制钉等金属制品生产上。按钢种分，可分为普通钢线材和特殊钢线材。过去的线材只限于螺纹钢和圆断面等少数几个品种，规格一般为 $\phi5.5~9mm$、盘重 80~90kg。随着生产的发展，目前已有方、六角、扇形和异形断面的线材，规格也已扩大至 $\phi4.6~38mm$（最大达 $\phi50mm$），盘重增大至 2000~3000kg 以上。由于盘重的增大和线径的减小，不仅减少了二次加工工序、降低了成本、提高了产量和作业率，而且使线材车间生产能力增大、金属收得率提高，除此之外，还减少了咬入时因冲击造成的事故，有助于轧机的自动化。

二、线材的生产工序和车间布置

线材生产工序随生产车间的产品品种和设备的不同而不尽相同，其典型的生产工序如图7-31所示。

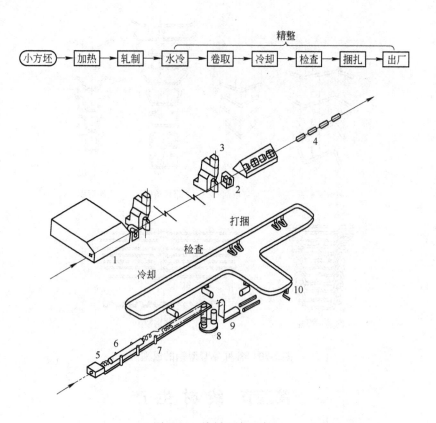

图 7-31　线材生产工序

1—加热炉；2—粗轧机；3—高速连续精轧机；4—水冷装置；5—卷线装置；6—冷却装置；
7—链式运输机；8—线卷收集装置；9—线卷放倒装置；10—钩式运输机

由于线材断面小，长度又很大，所以其生产车间的设备与平面布置与小型型钢车间亦有所不同。传统的横列线材轧制车间和现代化带有热处理装置的线材轧制车间设备布置见图 7-32 和图 7-33。

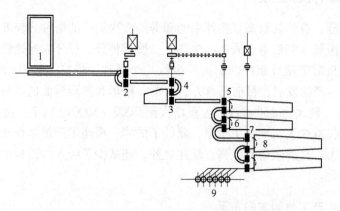

图 7-32　传统的横列式线材轧制车间平面布置

1—加热炉；2—粗轧机组；3—第一中轧机组；4—围盘；5—第二中轧机组；
6—夹钳操作部位；7—精轧机组；8—活套坑；9—卷线机

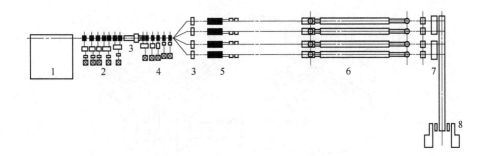

图 7-33 带有直接热处理装置的线材轧制车间设备布置简图
1—加热炉；2—粗轧机列；3—切头机；4—中轧机列；5—精轧机列；
6—直接热处理装置；7—钩式运输带；8—打捆装置

三、线材生产特点

由于线材断面小，长度大，并且要求的尺寸精确和表面质量较高，从而决定了线材生产工艺具有一系列特点。

（一）坯料的特点

线材坯料主要有初轧坯和连铸坯两种。为了保证终轧温度、适应小线径及大盘重的需要，在供坯允许的条件下，其断面应尽可能小，以减少轧制道次、防止温降过大，因此坯料一般较长。目前坯料最大断面为 $150mm^2$，最大长度为 22m，有的还采用连铸连轧和焊接钢坯等"无头轧制法"将坯料无限延长。由于线材成盘卷供应，不便于轧后探伤和清理，故对坯料表面质量要求较严。目前所用的探伤方法主要有磁粉法、涡流法、漏磁法和录磁法等。

（二）加热的特点

对线材坯料加热的要求是：在保证加热质量的前提下，加热温度应尽量高；各部分加热温度均匀，但尾部温度应稍高些，以减小轧后轧件的首尾温差；氧化铁皮生成要少，以减少烧损和提高轧件表面质量；为了减小温降，加热炉应尽量靠近轧机。加热炉常采用端进侧出或侧进侧出式的。目前在一些国家，步进式加热炉得到了广泛应用。为了快速加热和减少氧化，目前还采用了电感加热、电阻加热、高强度红外线加热和无氧化加热等新的加热方法。有的还采用预热炉和速热炉双炉联合加热来加快加热速度，以减少氧化和脱碳。

（三）线材轧制的特点

1. 线材轧机种类和布置特点

线材轧机种类很多，按轧辊的组装形式来分，除了二辊式、三辊式、复二重式、水平-垂直式的以外，还有 Y 型轧机（见图 7-34）和 45°轧机（见图 7-35）。

高速无扭转 45°轧机一般为 8～10 架所组成，每对轧辊均与地平面成 45°角，前后两对轧辊轴线互成 90°布置，由一台或两台直流电机带动。Y 型轧机一般是由 7～13 架组成连轧机组，每架轧机均由三个互成 120°布置的盘状轧辊组成，因相邻倒置 180°布置，故轧制时无须扭转翻钢。高速无扭转 45°轧机和线材控制冷却技术的出现，为线材生产技术的

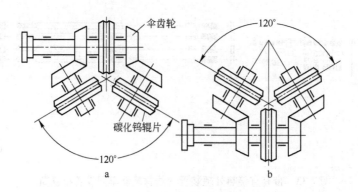

图 7-34　Y 型轧机示意图
a—前架轧机；b—后架轧机

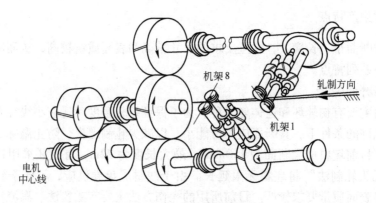

图 7-35　45°轧机传动示意简图

发展开创了新局面。

　　线材轧制因产品断面最小，与其他钢材轧制相比，轧机台数多、布置也比较复杂。一般由粗轧（开坯）机组、中轧机组和精轧机组组成。粗轧机组轧机的配置形式，目前有横列式、顺列式和单机架大压下等四种形式。中轧机组的配置有横列式、复二重式和连续式等形式。连轧机组又分为直连轧和套轧两种类型，除直连轧外，一般均形成一次以上的活套，以利于调整。精轧机组的配置形式亦有复二重、套连轧和直连轧等形式。直连轧又可分为水平式、水平-垂直式、Y 型轧机和 45°轧机等形式。归纳起来，线材轧机布置约有如图 7-36 所示的六种型式。

　　2. 线材的轧制特点

　　（1）小辊径高转速。为了解决小线径、大盘重和线材质量要求之间的矛盾，必须尽量增大轧制速度。目前线材轧机成品出口速度已接近 100m/s，并正向着更高的速度发展。线材轧机的高速度是通过小辊径高转速获得的。目前新式线材精轧机的轧辊直径仅为 $\phi152mm$，而转速却高达 9000r/min 以上。高速轧制，可通过减小温降和增加变形热来促使终轧轧件首尾温度趋于平衡。各种布置的线材轧机、轧制速度与盘重的关系如图 7-36 所示。

　　（2）机架多、分工细。线材车间产品比较单一，轧机专业化程度较高，一般用套连轧

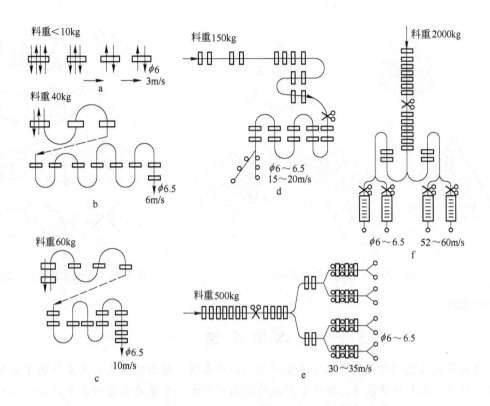

图 7-36　各种线材轧机的布置及轧制速度与盘重的关系

a—横列式人工操作；b—二列式围盘操作；c—半连续式围盘操作；d—半连续复二重式；
e—连续式平-立粗轧机组；f—连续式 45°无扭精轧机组

✂—飞剪

或直连轧方式生产。由于从坯料到成品总延伸较大，每架只轧一道，因此现代化线材轧机机架多（一般为 21～28 架，多数为 25 架）并分粗、中、精轧三种机组，有时中轧还分为两组。为平衡各机组的生产能力和保证产品精度，粗轧多采用大延伸、低转速和多槽轧制法；精轧机组则采用小延伸、高速度和单槽多线轧制法，即设置数列精轧机组，每个机组只能同时轧制一根线材。

（3）高速无扭转轧机具有特殊的孔型系统。Y 型轧机的多辊孔型系统如图 7-37 所示，一般为三角-弧边三角-圆孔型系统。对某些合金钢，可采用弧边三角-弧边三角-圆孔型系统。45°轧机的孔型系统如图 7-38 所示，有椭-椭-圆；弧菱-弧菱-圆；椭-圆-椭-圆及平-平-椭-圆等孔型系统。其中最后一种孔型系统的特点是：在前几个机架上采用无槽轧制，交替轧制各道矩形的长轴方向以形成新的较小的矩形。其优点为轧辊磨损均匀、使用寿命长、轧辊加工容易；一套轧辊可轧多种规格的产品；轧件表面氧化铁皮容易脱落，并且不产生耳子、折叠等缺陷。但导卫装置安装要求严格，各道轧件长短轴比应控制在一定的范围内。

（四）线材精整的特点

线材冷却，一般采用成卷冷却和散卷冷却两种方式。前者采用卷线机、钩式冷却运输机和收集打捆装置。后者采用水冷带，线卷形成器（吐线机）、散卷冷却带、集卷装置和

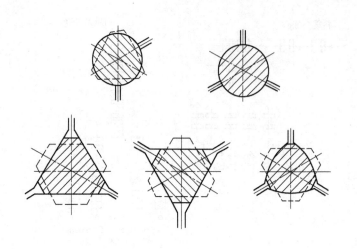
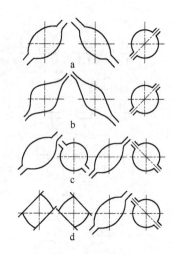

图 7-37　Y 型轧机孔型系统　　　　　　图 7-38　45°线材轧机孔型系统

自动打捆机。

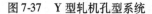
本 章 小 结

　　绝大多数的型钢都是用热轧方法生产的，以此来满足断面实体又大又复杂的型钢轧制条件。型钢的品种规格很多，按各个产品的断面形状和尺寸等要求进行各个产品的孔型设计，也是工作量大而复杂的关键技术。

　　产品断面孔型设计，是根据坯料和成品断面形状、尺寸及产品性能要求，确定出轧件连续变形所需要的轧制道次和道次变形量，以及完成此变形过程所需要的各个孔型的形状和尺寸；

　　轧辊孔型设计是根据设计出的断面孔型，确定孔型在各个轧机上的分配。轧辊具有足够的强度并且轧制时间最短等优点；

　　轧辊导卫装置的设计可保证轧件顺利入、出孔型的工艺配件要求。

课后思考与习题

1. 试指出钢坯的表面缺陷和钢坯的内部缺陷，粗略分析其缺陷状态和产生原因。
2. 型钢品种大致是怎样区分的？试按型钢断面规格举出实例。
3. 画出典型的热轧型钢生产工艺过程示意图，并对其组成的各个工序有哪些工艺要求进行概括说明。
4. 冷弯型钢生产方式有哪些，冷弯型钢与热轧型钢的不同点是什么？

第八章　板带钢生产

板带钢产品是成片、成卷出厂供应的，"片"为板、"带"成卷，产品断面是实心的，形状较单一。板带钢的生产特点是产量多、用途广、规模大、品种全，对其技术要求是"尺寸精确板形好，表面光洁性能高"。不难看出板带钢轧制时，其轧制压力特别大而且容易因温度、速度等条件的变化引起波动，影响到厚度和板形的波动。通过加热、保温，减小工作辊直径以至轧制时加润滑或加张力等措施尽量降低轧制压力；再通过增大支持辊直径和轧机牌坊立柱断面面积等措施来提高轧机的刚性，以减小对板带钢厚度和板形波动的影响。

厚板是热轧生产的，就是通过加热在高温下进行的轧制。高温快轧，轧时快冷，除控制轧制工艺条件外，还采用热处理手段满足钢板的技术要求。

薄板带钢大多数是冷轧生产的，一般说法是其加工温度低于钢的再结晶温度，习惯上是指坯料事先不经过加热的常温轧制过程。冷轧中的工艺冷却和工艺润滑，以及冷轧中的张力轧制等工艺要素颇有技术含量。

为了保证产品平直、厚度均匀，需要预先将轧辊辊身磨成具有一定凹凸度的轮廓曲线，以补偿轧制时辊缝形状的变化，使轧辊在不均匀膨胀和轧制压力等条件的作用下仍然保持平直和均匀的辊缝，获得断面厚度均匀的产品，这种轧辊形状称为辊型。辊型设计要考虑的是：轧辊的弹性变形弯曲、轧辊辊身温度不均匀引起的轧辊不均匀膨胀、轧辊不均匀磨损等影响因素。

第一节　板带钢生产的一般概念

板带钢是一种宽度与厚度的比值很大的扁平断面钢材。宽厚比值(B/H)不单是板带钢几何外形特征的主要标志，而且还直接关系到板带钢生产技术的困难程度：B/H值越大，则越难保证良好的板形和较窄的公差范围。一般说来，板带钢的 B/H 值可达 5000 以上，少数达到 10000。

所谓板材，通常是对那种剪切成定尺长度的产品而言，而成卷生产供应的则称为带钢或板卷（其中宽度大于 600mm 者称为宽带材，小于 600mm 者称为窄带材）。板材的主要尺寸是厚度 H、宽度 B 与长度 L；带钢或板卷一般只标出厚度 H 与宽度 B，再附以卷重 G，其实际长度即暗含在卷重之中了。

现代工业发达国家的板带钢产量在钢材中所占的比重一般皆在 45% ~ 65%，甚至达2/3 以上。由此可见，板带钢是国民经济各部门地位突出、使用广泛的钢材。

一、板带钢生产在国民经济中的地位

（一）板带钢轧制技术的发展

板带钢具有使用上的万能性：它可随意剪裁与组合（如切割、焊接、铆接及咬接等）；

便于弯曲和冲压加工；具备很大的分割、包容和盖护的能力。板带钢断面形状简单，可用先进连轧等技术进行大规模生产。

板带钢轧制技术的发展，一方面是由于一些重要工业部门的迅速发展对原材料品种与数量的要求有了巨大的增长；另一方面是由于在现代化的技术条件下有可能大量供应品种繁多、价廉、质优的板带钢。这就使各工业部门中愈来愈多地使用板带钢产品，反过来又进一步促进了板带钢轧制技术的发展。

（二）板带钢生产在国民经济中的地位

随着国民经济建设的不断发展，各部门对板带钢的需求量是不断增长的。例如，各种轮船舰艇、桥梁建筑、锅炉、压力容器、油管及天然气管线等的建造需要大量的优质中厚板；汽车、火车、拖拉机和各种农业机械等的制造需要数以百万吨计的薄板和中板。一辆普通的解放牌汽车即需要半吨左右的冷轧薄板；电力工业离不开硅钢片，食品工业离不开镀锡板，大量应用的焊接钢管、焊接构件、弯曲型钢等都需要板带钢作为原料；其他如机械制造、石油化工、日用轻工、国防和原子能工业等，无一不需要大量的板带钢。随着科学技术的进步，对板带钢规格和质量的要求也日益增高。目前新的品种规格不断增多，低合金高强度钢等新钢种也不断得到发展。

综上所述，板带钢具有产量多、用途广、规模大、品种全的生产特点，在国民经济中占据着异常重要的地位，对促进生产的发展起着十分重大的作用。

二、板带钢的分类

（1）板带钢按规格一般可分为厚板（包括中板及特厚板）、薄板（包括带钢）和极薄带材（箔材）三大类，其厚度及宽度范围大致如表 8-1 所示。厚板定尺长度一般为 4 ~ 12m，最大可达 18m。薄板可剪成定尺长度，也以成卷供应。

表 8-1　板带钢厚度及宽度范围

分　类		厚度范围/mm	宽度范围/mm	备　注
厚　板	中　板	4 ~ 20	600 ~ 3000	齐边钢板厚为 4 ~ 60mm，宽为 200 ~ 1500mm
	厚　板	20 ~ 60	600 ~ 3000	
	特厚板	60 ~ 160	1200 ~ 3800	最厚达 500mm 以上，最宽达 5000mm 以上
薄板（包括带钢）		0.2 ~ 4	600 ~ 2500	最宽可达 2800mm
极薄带材		0.001 ~ 0.2	20 ~ 600	

（2）板带钢按用途可分为造船板、锅炉板、桥梁板、压力容器板、汽车板、镀层板（镀锡、镀锌板等）、电工钢板、屋面板、深冲板、焊管坯、航空结构钢板、复合板及不锈、耐酸、耐热等特殊用途钢板。名目繁多，举不胜举。有关规格范围可参看表 8-2 所示。

表 8-2　板带钢常用规格范围

钢板种类	常用规格范围
热　轧　厚　板	
造船钢板	(4 ~ 60)mm × (1500 ~ 2000)mm，4 ~ 32mm 者使用最多
锅炉钢板（包括火箱板）	(8 ~ 46)mm × (1500 ~ 2000)mm，8 ~ 32mm 者使用最多

续表 8-2

钢 板 种 类	常 用 规 格 范 围
桥梁钢板	(8~60)mm×(1500~2000)mm,8~20mm 者使用最多
运输工具骨架钢板	(8~40)mm×(1500~2000)mm,8~25mm 者使用最多
焊管坯	(4~36)mm×(600~1300)mm,定尺坯长 5600~7500mm,钢卷长 50~300m,钢卷重 200~1400kg
装甲板	按订货规定
容器钢板	(4~60)mm×(1500~2000)mm,4~25mm 者使用最多
特殊用途钢板	按订货规定
热轧及冷轧薄板(包括薄带钢)	
汽车钢板	(0.9~4)mm×(600~1500)mm×(1200~2800)mm 成卷供应
镀锡板(马口铁)	(0.22~0.55)mm×(356~512)mm×(513~712)mm
硅钢片	(0.1~0.5)mm×(600~1000)mm×(1200~2000)mm
酸洗板	(0.25~2.0)mm×(510~1000)mm×(710~2000)mm
屋面板	(0.4~1.5)mm×(710~1000)mm×(1420~2000)mm
一般用途薄板	(1~3)mm×(600~1000)mm×(1200~2000)mm
焊管坯	(0.15~4)mm×(30~600)mm,定尺坯长 5600~7500mm,卷重 200~1400kg
其他用途板材	按订货规定

（3）按轧制方法不同，钢板又分为剪边钢板与齐边钢板。剪边钢板的最后宽度经剪切决定，而齐边钢板则由带立辊的钢板轧机轧出，轧后不剪切纵边。

三、板带钢产品的技术要求

由于板带钢有共同的外形特点、相似的使用要求和相似的生产条件。它们的技术要求亦有共同的地方。概括起来就是要求"尺寸精确板形好，表面光洁性能高"。

（1）尺寸要求精确。尺寸包括长度、宽度和厚度，其中以厚度为最主要。厚度一经轧成就不能像长度、宽度那样有剪修余地。此外，厚度的微小变化势必引起其使用性能和金属消耗的巨大波动。这是由于板带钢的 B/H 值很大，厚度一般都很小的缘故，在板带钢生产中一般都要力争高精度轧制。

（2）板形要求良好。板形要平坦，无浪形和瓢曲，这样才好使用。一般要求普通中厚板每米长度上的瓢曲度不得大于 15mm；优质板不得大于 10mm；普通薄板不得大于 20mm。由于板带钢既宽又薄，对不均匀变形的敏感性特别大。板形的败坏来源于变形的不均，而变形不均又往往导致厚度的不均，因此板形的好坏往往与厚度精确度的高低也有着直接的关系。

（3）表面要求光洁。板带钢是单位体积的表面积最大的一种钢材，又多用作包容和盖护的外围构件，故必须保证表面的质量。表面不得有气泡、结疤、拉裂、刮伤、折叠、裂缝、夹杂和压入氧化铁皮，因为这些缺陷不仅损害板件的外观，而且往往败坏性能或成为产生破裂和锈蚀的策源地，成为应力集中的薄弱环节。例如，硅钢片表面的氧化铁皮和表面的粗糙度就直接败坏磁性，深冲钢板表面的氧化铁皮会使冲压件表面粗糙甚至开裂，并使冲压工具迅速磨损。至于不锈钢板等特殊用途的板带钢，还可提出特殊的技术要求。

(4) 性能要求较高。板带钢的性能要求主要包括力学性能、工艺性能和某些钢板的特殊物理和化学性能。一般结构钢板只要求具备较好的工艺性能，如冷弯和焊接性能等，而对力学性能的要求不很严格。对甲类钢钢板，则要保证力学性能，要求一定的强度和塑性。对于重要用途的结构钢板在性能上则要有较好的综合性能，即除了有良好的工艺性能，甚至除了一定的强度和塑性以外，还要求保证一定的化学成分，保证良好的焊接性能，常温或低温冲击韧性，一定的冲压性能，一定的晶粒组织及各方面组织均匀性等。诸如造船板、桥梁板、锅炉板、高压容器板、汽车板、低合金结构板以及优质碳素钢板等都属于这一类，它们的综合性能要求是严格的。一般锅炉钢板，除要求具有一定的强度、塑性和冲击韧性外，还要求具有均匀的化学成分和均匀细小的结晶组织。为了避免锅炉钢板在工作中发生时效陈化现象，还必须进行时效敏感性的试验，并为此而极力降低氧和氮的含量以减少时效陈化的危害。造船和桥梁钢板，除了必须具备良好的工艺性能和常温力学性能以外，还要求有一定的 -40℃ 的低温冲击韧性。各种特殊用途的钢板，例如高温合金板、不锈钢板、硅钢片、复合板等，它们有的要求高温性能、低温性能、耐酸、耐碱、耐腐蚀性能，有的要求一定的物理性能，如电磁性能等。

板带钢的外形特点和主要技术要求决定着它们的生产特点。首先是它们轧制时压力特别大而且容易因温度、速度等条件变化而引起波动，从而影响到厚度和板形的波动。为了降低压力并减小其波动的影响，一方面通过加热、保温，减小工作辊直径乃至轧制时加润滑剂或加张力等措施努力降低轧制压力；另一方面通过增大支持辊直径和牌坊立柱断面积等以提高轧机的刚性。由此可见，减小轧制压力及其波动的影响实质是板带钢生产技术发展和板带轧机发展的核心关键，或者说要使板带钢容易变形和轧机不易变形实为板带钢生产技术发展的主要矛盾。板带钢生产的另一个特点是由于其宽厚比值很大而带来的对不均匀变形的敏感性很强，因此在轧制中对板形和辊型的控制较为重要。此外，由于板带钢表面积很大，对表面的要求较高，故无论热轧或冷轧时对表面氧化铁皮的清除也都是很关键的。又由于对板带钢性能要求高，故在板带钢生产中，为了控制板带钢的性能，除注意控制轧制工艺条件以外，还经常要采用热处理手段，亦即热处理是板带钢生产中必不可缺的环节。这些都是各类板带钢生产共同的主要特点，它们在很大程度上决定了板带钢生产技术发展的主要内容和方向。

第二节 热轧厚板带钢(中厚板)生产

热轧板带钢生产工艺的主要特点就是通过加热进行高温轧制。

在热轧板带钢生产中，按照产品类别、生产工艺及设备特点又可分为热轧厚板带钢生产和热轧薄板带钢生产。前者通常是生产定尺长度的板片状产品，后者产品既有板片又有带卷，因此往往把热轧厚板带钢生产统称为中厚板生产。

一、中厚板轧机的型式及其布置

中厚板轧机的型式不一，从机架结构来看有二辊可逆式、三辊劳特式、四辊可逆式和万能式之分，就机架布置而言又有单机架、顺列或并列双机架及多机架连续或半连续式轧机之别。

（一）中厚板轧机的结构形式

二辊可逆式轧机是一种旧式轧机，轧辊直径一般在 $\phi800\sim1300mm$，辊身长度达 $3000\sim5500mm$，轧辊转速约为 $30\sim60(100)$ r/min。这种轧机的主要优点是可以变速可逆运转，采用低速咬入高速轧制以增大压下量而提高产量，并可选择适当的轧制速度以充分发挥电机的潜力。由于它具有初轧机功能，故对原料种类和尺寸的适应性也较大；但这种轧机辊系刚性较差，而且不便于通过换辊来补偿辊型的剧烈磨损，故轧制精度不高。由于四辊轧机的发展，目前二辊可逆式轧机已不再单独兴建，而只是有时作为粗轧机或开坯机之用。

三辊劳特式轧机是由二辊轧机发展而来的，其上下轧辊直径较大，中辊直径较小且为惰辊。这种轧机的主要优点：（1）采用交流感应电机传动实现往复轧制，不用大型直流电机，而且采用飞轮使电机容量减小，大大降低了建设投资；（2）中辊直径小，可以显著降低轧制压力和能耗，并使钢板更容易延伸；（3）由于中辊易于更换，便于采用不同凸度的中辊来补偿大辊的磨损，以提高产品精度及延长大辊使用寿命。但这种轧机由于不能变速，中辊直径小且为惰辊，使其咬入能力减弱，前后升降台等机械设备也较笨重复杂，而且辊系刚性也不够大。所以这种轧机不适用于轧制厚而宽的产品。过去常用以生产厚度为 $4\sim20mm$ 的中板，现在由于四辊轧机的兴起，这种轧机一般已不再兴建。然而由于其投资少、建厂快，对于发展中国家仍然不得不采用。例如，在我国地方中小型企业中，目前仍广泛采用这种轧机。

四辊可逆式轧机是现代应用最为广泛的中厚板轧机。它集中了二辊和三辊劳特轧机的优点，并且由于支持辊和工作辊完全分工，既降低了轧制压力，又大大增强了轧机刚性。因此这种轧机适合于轧制各种尺寸规格的中厚板，尤其是宽度较大，精度和板形要求较严的中厚板，更是几乎离不开它。但这种轧机造价较高，故我国有些工厂只作精轧机，以节省投资。

万能轧机就是在一侧或两侧具有一对或两对立辊的四辊可逆式、二辊可逆式或三辊式轧机。这种轧机的原来意图是要生产齐边钢板，不再剪边，以降低金属消耗，提高成材率，但理论和实践都表明：立辊轧边只对轧件宽厚比（B/H）值小于 $60\sim70$ 时，例如热连轧带钢粗轧阶段的轧制情况，才能产生作用；而对于可逆式中厚板轧机，尤其是宽厚板轧机，则由于轧件宽厚比值大于 $60\sim70$，立辊轧边时钢板很容易产生横向弯曲，不仅起不到轧边的作用，反而使操作复杂，容易造成事故，并且立辊与水平辊又难以实现同步运行，要同步又必然增加电气设备的复杂性和操作上的困难。一句话，就是"投资大，效果小，麻烦多"。因此，1965 年以前的轧机虽多安设了立辊，但实际是设而不用，或只起喂料导辊的作用。而到 1965 年以后，以板坯为原料的新建轧机已不采用立辊机架，只在以钢锭为原料及要求提高不锈钢板边质量时，才考虑采用。

由上可见，现代的中厚板轧机主要为四辊可逆式。新的厚板轧机的特点是：轧辊直径大，轧出钢板宽，压力近万吨，轧机刚性强，电机容量大，轧制速度高等。

（二）中厚板轧机的布置

早期的中厚板轧机均为单机架式，其后乃发展为双机架、多机架式布置。

1. 单机架轧机

单机架轧机在当前中厚板生产中仍然占着重要的地位。它可以为二辊式、三辊式、四辊式或万能式轧机。现代四辊可逆式轧机用得最多。二辊可逆式已趋淘汰，三辊劳特式亦逐渐落后。至今，虽然发展中国家仍有建造，但工业发达国家已很少制造此种轧机。若要制造单机架轧机，也大都采用四辊可逆式，多用于生产宽厚板。

2. 双机架轧机

它是现代中厚板轧机的主要形式。双机架是由单机架进一步发展而来的，它把粗轧和精轧两个阶段的不同任务和要求劈分到两个机架上去完成。其主要优点是：不仅轧机产量高，而且无论是表面质量、尺寸精度或板形也都比较好；延长了轧辊的使用寿命，缩减了换辊次数等。双机架轧机的布置有并列式和顺列式两种。并列式轧机的优点是两个机架或互相配合工作或独立进行轧制，但操作不便，金属流程也比较复杂，故现在很少采用。顺列式双机架轧机则应用较为普遍，其优点是操作方便，轧件不用横移，生产能力强，车间跨度可以小些。双机架轧机的粗轧机可采用二辊可逆式，三辊劳特式或四辊可逆式，而精轧机则一般皆采用四辊可逆式，其组合形式如表 8-3 所示。我国目前还是以二辊粗轧加四辊精轧的形式较普遍，个别厂采用二辊加三辊及三辊加四辊的形式。在国外，美国、加拿大多用二辊加四辊式；现在欧洲和日本则多采用四辊粗轧加四辊精轧的形式。其优点是：粗、精轧分配较合理，产量高；精轧的来料断面比较均匀，质量好；还可以使粗轧独立生产，较灵活。但采用四辊粗轧机，为保证咬入须加大工作辊直径，轧机结构笨重而复杂，使投资增大。故究竟何者合适，须看具体情况而定。日本自 1967 年以后兴建及改建的六个厚板厂皆为四辊粗轧加四辊精轧形式。

表 8-3　轧机的组合形式

粗轧机架	2 辊	2 辊	3 辊	3 辊	4 辊	精轧机架	3 辊	4 辊	3 辊	4 辊	4 辊

很多中厚板轧机，在粗轧机之前还设立立辊轧机，用以破碎氧化铁皮及辗轧板坯边部。若把这种立辊轧机计算在内，则轧机的台数就不是双机架，而是多机架了。故有人又称此种轧机为三机架轧机。旧式轧机上为破除氧化铁皮有采用二辊破鳞机的，实践表明其效果不大，故已极少采用。

3. 半连续式或连续式轧机

半连续式或连续式轧机是生产宽带钢的高效率轧机。现在可以经连轧机组成卷生产的带钢厚度已增至 19mm，这就是几乎所有的中板，或者说几乎三分之二的中厚板都可以在连轧机上成卷生产。但是用连轧机生产中厚板一般宽度不能太大，而且使用可以轧制更薄产品的轧机来生产较厚的中板，这在技术上和经济上都不太合理。轧制薄板时常出现温度降落太快、终轧温度过低的问题，而轧厚板时则常出现温降太慢、终轧温度过高的问题。为了适应不同产品的工艺要求，轧机生产最好采用产品分工专业化，而对于较厚的中板，轧制中用不着抢温保温，在一般单、双机架可逆式轧机上已可满足一般的产量和质量要求，就不必专门采用昂贵的连轧机来进行生产。这也是中厚板连轧机很少发展的主要原因。

图 8-1 为我国地方工业用的 2300 中板车间平面布置（通用设计），该车间可用钢锭或板坯作原料，设有两台连续式加热炉（先建一台，另一台待投产后再建），以混合煤气或重油为燃料。炉子的有效尺寸为 $25.52 \times 3.596 m^2$，小时产量 30 ~ 35t。轧机为 800/550 × 2300 劳特式轧机。最大轧制压力 15000kN，最大轧制力矩 1200kN·m，交流主电机容量 2000kW，轧制速度 2.62m/s。钢板轧制后经十一辊矫直机矫直，然后到一个大冷床上进行冷

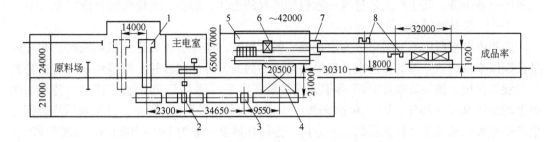

图 8-1 2300 中板车间平面布置图（通用设计）
1—加热炉；2—轧钢机；3—十一辊矫直机；4—冷床；5—翻板机；
6—划线小车；7—横切铡刀剪；8—纵切铡刀剪

却。当冷却至 100～200℃后进行翻板检查。再进行划线及在三台铡刀式剪断机上进行切边和切头尾。该车间在用一座加热炉生产时，年产量为 12 万吨，用两座加热炉时可达 20 万吨。

图 8-2 为 2800 厚板轧机（双机架）车间平面布置。该车间有连续加热炉三座并预留有第四座加热炉的位置。板坯或扁锭出炉后先经大立辊轧机（$\phi 1000 \times 600$）压力破鳞，同时用高压水除鳞，然后进入粗轧机中轧制。粗轧机为二辊可逆式轧机，轧辊直径 1150mm，辊身长 2800mm，电机功率 $2 \times 5000kW$，转速 0～30～60r/min。经粗轧机轧至所需要的厚度后再进入四辊万能式精轧机中轧制，精轧机工作辊直径 800mm，支持辊直径 1400mm，辊身长皆为 2800mm，传动功率 10000kW，转速为 0～60～120r/min。钢板经精轧后即进入热矫直机及冷床进行矫直和冷却。第一台矫直机可矫直 4～20mm 厚的钢板，第二台矫直 15～50mm 厚的钢板。矫直机前后有喷水冷却装置。然后钢板分几路流程进行检查、划线和剪切堆垛。厚 4～25mm 的钢板经圆盘剪剪边，厚 25～50mm 的钢板则经铡刀剪切边。该车间主要生产厚 4～50mm，宽 1500～2300mm，长至 12m 的碳钢及合金钢中厚板，年产量约 60 万吨。为生产合金钢及优质钢板，车间建设有常化炉等热处理设备。

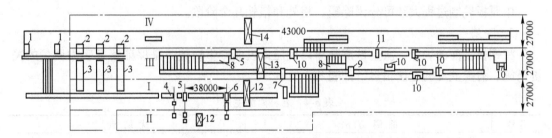

图 8-2 双机架 2800 轧机设备布置图
Ⅰ—主要设备跨；Ⅱ—主电室；Ⅲ—精整设备跨；Ⅳ—成品跨；
1—上料装置；2—推钢机；3—加热炉；4—立辊机架；5—二辊可逆粗轧机；
6—四辊万能精轧机；7—矫直机；8—翻板机；9—划线机；10—斜刃剪；
11—圆盘剪；12—75/15t 吊车；13—20/5t 吊车；14—15t 吊车

二、中厚板生产工艺过程

中厚板生产工艺制度主要取决于产品的钢种特性和技术要求，原料的种类和规格以及轧机的设备条件。其生产工艺过程一般包括原料的选择、加热、钢板轧制及精整等工序。

（一）原料的选择

轧制中厚板所用的原料可分为扁钢锭、初轧板坯、连铸板坯和压铸板坯四种。初轧坯是长期以来占统治地位的，但现在已受到连铸坯的强力挑战和威胁。近些年来板坯连铸技术发展得很快，例如日本自1967年引入连铸设备以来，到1973年钢板厂使用连铸坯的比率平均即达30%～35%，1975年达50%，个别如大分厂等则达100%，可见采用连铸钢坯生产中厚板和板卷是今后发展的主要方向。连铸坯厚度一般为180～300mm，宽度为800～2200mm，长度取决于加热炉宽度和需要的重量，目前板坯宽度已可达2500mm，重达45t。

（二）加热

中厚板用的加热炉按其构造分为连续式加热炉、室状加热炉和均热炉三种。近年兴建的厚板连续式加热炉多为热滑轨式或步进式，采用由上下预热、加热、均热组成的多段式加热炉，其出料皆由抽出机来执行，以代替过去利用斜坡滑架和缓冲器进行出料的方式，可减少板坯表面的损伤和辊道的冲击事故。热滑轨式加热炉虽然和步进式炉一样能大大减少水冷黑印，提高加热的均匀性，但它仍属推钢式加热炉。其主要缺点是板坯表面易擦伤和易于翻炉，这样使板坯尺寸和炉子长度（亦即炉子产量）受到限制，而且排空困难，劳动条件差。采用步进式可免除这些缺点，但其投资较大，维修较难，且由于支梁妨碍辐射，使板坯上下面往往仍有一些温度差（热滑轨式没有这些缺点）。因此，近代新建的连续式加热炉多为这两种形式，其加热能力可高达150～300t/h，室状炉加热能力为10～20t/h。板坯加热温度一般为1150～1300℃，依钢种不同而异。

加热是钢板生产中十分重要的工序。加热质量的好坏直接影响到钢板的质量、产量及操作和设备事故。例如，板坯加热温度不均匀不仅会败坏板形和尺寸精度，而且会撞坏牌坊、轧辊或导板，引起事故。对于表面质量要求高的板带而言，为了消除氧化铁皮和麻点的缺陷，烧好钢是重要的一环。

（三）轧制

中厚板轧制过程大致可分为除鳞、粗轧和精轧几个阶段。

1. 除鳞

将钢板表面的炉尘、次生铁皮除净以免压入表面产生缺陷，是保证钢板表面质量的关键措施。清除铁皮的方法很多，如表8-4所示。

表8-4　各种除鳞主法

序号	除鳞方法	优缺点
1	往钢板表面投掷笤箒、竹枝、食盐等物以爆破清除铁皮	简单有效，但不易除净，劳动条件差，环境脏
2	采用机械破碎机（如齿式辊压机、钢丝刷等）及压缩空气或蒸汽吹扫	对碳钢有效，但不易清除净
3	粗轧机轧辊上刻槽穴（约1～5mm深）借凹穴中的水产生高压蒸汽以破除铁皮	有效，但只能用于双机架之粗轧机，且使轧机负荷增加，轧辊加工难
4	采用一台二辊式机架加高水破鳞	投资大、效果不显著，现很少用之
5	采用一台大立辊机架轧边并用高压水除鳞	可调板坯宽度及加工侧边，对钢锭原料适用，但投资大
6	只用高压水除鳞箱（水压对普碳钢＞12MPa，合金钢＞17MPa）及轧机前后设高压水喷头以破除铁皮	投资小、效果好，可完全满足除鳞要求，新建轧机现广泛采用

2. 粗轧

粗轧阶段的主要任务是将板坯或扁锭展宽到所需要的宽度和进行大压缩延伸，为此而有多种轧制操作方法，主要有：

（1）全纵轧法。所谓纵轧即是钢板延伸方向与原料（锭、坯）纵轴方向相重合的轧制。当板坯宽度大于或等于钢板宽度时，即可不用展宽而直接纵轧成成品，这可称之为全纵轧操作方式。此种操作方法实际用得不多。

（2）横轧-纵轧法或综合轧制法。所谓横轧即是钢板延伸方向与原料纵轴方向相垂直的轧制；而横轧-纵轧法即是先进行横轧将板坯展宽至所需宽度以后再转90°进行纵轧直至完成。这种操作方法又可称为综合轧制法，是生产中厚板最常用的方法。其优点是：板坯宽度与钢板宽度可以灵活配合且可以提高横向性能，减少钢板的各向异性，因而它更适合于以连铸坯为原料的钢板生产；但它使轧机产量有所降低，并易使钢板成桶形，增加切边损失，降低成材率（如图8-3所示）。

（3）角轧-纵轧法。所谓角轧即是轧件的纵轴与轧辊轴线呈一定角度送入轧辊进行轧制的方法（如图8-4所示）。其送入角δ一般在15°～45°范围内，依具体情况而定。每一对角线轧制1～2道后，就更换另一对角线进行轧制，其主要原则是要使轧件能够迅速展至所需要的宽度而其形状又不致发生歪斜。只有在轧机的强度及咬入能力较弱时（例如三辊劳特轧机）或板坯较窄时，才采用角轧展宽。在现代强大的可逆式轧机上，一般不用角轧，而用横轧展宽。

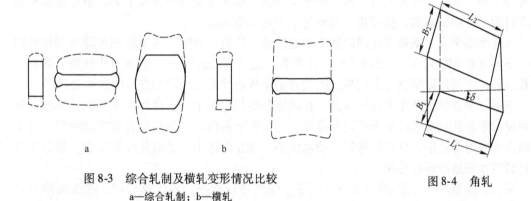

图8-3 综合轧制及横轧变形情况比较
a—综合轧制；b—横轧

图8-4 角轧

（4）全横轧法。即将板坯进行横轧直至轧成成品。显然，这只有板坯长度大于或等于钢板宽度时才能采用。若以连铸坯为原料，则全横轧法比纵轧法具有很多优点：首先是横轧大大减轻了钢板组织和性能的各向异性，显著提高了横向的塑性和冲击韧性，因而提高了钢板综合性能的合格率；横轧法的另一个优点是比综合轧制可以得到更齐整的边部，没有端部收缩，钢板不成桶形，因而可减少切边提高成材率。此外，横轧法比综合轧制道次负荷更为均匀，并减少一次转钢时间，使产量也有所提高。可见，对于以初轧坯为原料的钢板生产，横轧是一种较先进的轧制方法，现在已广泛应用于中厚板生产。

以上是粗轧阶段几种基本的操作方案。实际上为了调整原料形状，开始往往还要纵轧1～2道次，这可称之为形状调整道次，对钢锭是碾平锥度，对板坯是先使端部呈扇形展宽以减少横轧的桶形，并碾平剪断时引起的端部压扁或表面清理带来的"缺肉"以端正板形，从而提高成材率。这样，实际上操作方案就可以很多了。

3. 精轧

粗轧和精轧的划分并没有明显的界限，通常在双机架轧机上把第一台称为粗轧机，第二台称为精轧机。此时两个机架道次的分配应该使其负荷相近，比较均匀。至于在单机架轧机上则前期道次为粗轧阶段，后期道次为精轧阶段，中间无一定界限。如果说粗轧阶段的主要任务是展宽（或宽度控制）和延伸，那么精轧阶段的主要任务便是延伸和质量控制，这主要包括板形控制、厚度控制、性能控制及表面质量控制等。前三者及其有关的控制工艺和技术在此暂不讨论，至于表面质量控制，则除取决于原料的表面清理和轧前的除鳞以外，还取决于精轧轧辊的表面质量。这就要求精轧辊表面必须有足够的硬度和粗糙度，并且操作中注意辊面质量的维护。

中厚板轧制的这三个阶段只是大致的划分，并无明显的界限。实际上这三个阶段的不同任务和要求对于包括热轧，甚至冷轧在内的所有各类板带钢的轧制都是相同和相似的，只是中厚板轧制的展宽任务和操作方法等有其独有的特点。此外，在金属变形特点上，厚板尤其是特厚板类似于初轧的高轧件轧制。初期轧制单位压力由于锤击效果而有所增高，同时产生表面变形，往往使钢板侧边呈凹形折叠。当原料厚度不大时，则与一般板带轧制一样，侧边呈凸形。

（四）精整及热处理

厚板精整包括矫直、冷却、划线、剪切、检查及清理缺陷，必要时还需进行热处理及酸洗等工序。现代化厚板轧机上所有精整工序多是布置在金属流程线上的，由辊道及移送机进行钢板的纵横运送，机械化、自动化水平正日益提高。

为使板形平直，钢板在轧制以后必须趁热进行矫直，热矫直温度依钢板厚板和终轧温度的不同可在 650～1000℃ 之间选择。冷矫直一般是离线进行的，它除用作热矫后的补充矫直以外，主要用以矫直合金钢板，因为合金钢板往往轧后须即刻进行缓冷等处理。

钢板经矫直后送至冷床进行冷却，在运输和冷却过程中要求冷却均匀并防止刮伤。近代新建的厚板轧机多采用步进式运载冷床，它可免于刮伤并且具有良好的冷却条件。为了提高冷床的冷却效果，轧制后增强了喷水设备，并在冷床中设置雾化冷却装置。最近还考虑设置喷水强迫冷却的冷床。

钢板经矫直后冷却至 200～150℃ 以下，便可进行检查、划线及剪切。除表面检查以外，现在还采用钢板的在线超声波探伤以检查内部缺陷。由于高温作业劳动条件差，故这些操作正向着机械化、自动化方面发展。钢板厚度到 50mm 的切边，从前都采用错开布置的铡刀剪，现已被双边剪所取代。横切剪型式由从前的铡刀剪和摇摆剪改进为滚切剪。有的工厂还设置了由双边剪和横切剪复合组成的联合剪切机组。厚至 50mm 以上的钢板可以采用在线的连续气割方法或采用刨床进行切断。在剪切线的布置上可采用圆盘与圆盘剖分剪近接布置，或滚切双边剪与滚切剖分剪（或定尺剪）近接布置，都有大胆的革新。今后随着轧钢技术的发展，钢板剪切线还会向着高速化、自动化和连续化方向发展。

如果对钢板的力学性能提出特别的要求，则还需要将钢板进行热处理。厚板热处理的主要方式是常化与淬火-回火，有时也用回火及退火。此外在轧制一些优质和合金钢厚板时，为了提高塑性及防止白点往往还采用缓冷措施，对某些单重很大的特殊厚板还可采用特殊的热处理。作为中厚板厂最常用的热处理设备的常化炉或淬火炉，已由直接加热的辊底式炉改进为保护气体辐射管辊底式炉，现在又进一步出现了步进梁式炉。美、日还打算采用感应加热的炉子。所采用淬火机也由压力淬火机进步到辊式淬火机。钢板经热处理后可能产生瓢曲变形，故须再经热矫直或冷矫直精整才能符合要求。

第三节 热轧薄板带钢生产

这里主要介绍热连轧带钢生产与热轧薄板带钢生产的其他方法，它们通常生产薄规格的产品。热连轧适合于大批量、品种少的大规模生产；对于批量小、规格多、钢种复杂的产品，则用热轧薄板带钢生产的其他方法，即中小型企业生产板带钢的方法。

一、热连轧带钢生产

热连轧带钢生产，不仅能够高产，而且可以达到优质和低成本的要求，因而在当前轧钢生产方法中占据了主流和统治地位。其生产工艺过程主要包括：原料选择与加热、粗轧、精轧、冷却及卷取等工序。

（一）原料选择与加热

热连轧带钢所用的原料主要是初轧板坯和连铸板坯。由于连铸坯的前述优点，加之物理、化学均匀性比初轧坯好，且便于增大坯重，故对热带连轧时更为合适，其所占比重亦日趋增大，个别厂连铸坯达 100%。热带连轧机所用板坯厚度一般为 150～250mm，多数为 200～250mm，最厚达 300～350mm。近代连轧机完全取消了宽展工序，以便加大板坯长度，采用全纵轧法轧制，故板坯宽度约比成品宽度大 50mm，而且长度则主要取决于加热炉的宽度和所需坯重。板坯重量增大可以提高产量和成材率，但也受到设备条件、轧件终轧温度与前后允许温度差以及卷取机所能容许的板卷最大外径的限制。目前板卷单位宽度的重量不断提高，达到 15～25kg/mm。并准备提高到 33～36kg/mm。

关于板坯加热工艺及其所采用的连续加热炉型式，基本上与中厚板相类似，但由于板坯较长，故炉子宽度一般比中厚板要大得多，其炉膛内宽达 9.6～15.6m。为了适应热连轧机产量增大的需要，现代连续式加热炉无论是热滑轨式或步进式都是一方面采用多段（6～8 段以上）供热方式，以便延长炉子高温区，实现强化操作快速烧钢，提高炉底单位面积的产量；另一方面尽可能加大炉宽和炉长，扩大炉子容量。为了增加炉长，最好采用步进式炉，它是现代热连轧机加热炉的主流。

（二）粗轧

连轧热带钢的轧制和中厚板的轧制一样也可分为除鳞、粗轧和精轧几个阶段，各阶段的主要任务也基本相似，只是在粗轧阶段的宽度控制任务不但不用展宽，反而是采用立辊对宽度方向压缩的方法来完成，并且在除鳞的过程中除采用高压水之外，同时还采用大立辊轧边，对板坯侧面施以 50～90mm 的压下量，以调节板坯宽度和提高破鳞的效果。

板坯除鳞以后，接着进入二辊轧机轧制。此时板坯厚度大、温度高、塑性好、抗力小，故选用二辊轧机即可满足工艺要求。随着板坯厚度的减薄和温度的下降，变形抗力增大，而板形及厚度精度要求也逐渐提高，故须采用强大的四辊轧机进行压下，才能保证足够的压下量和较好的板形。为了使钢板的侧边平整和宽度控制精确，在以后的每架四辊粗轧机前面，一般皆设置有小立辊进行轧边。

各种热带连轧机的精轧机组是由6~8(9)架轧机组成的，并没有什么区别，但其粗轧机组的组成和布置却各不相同，这正是各种形式热连轧机的主要特征。图8-5为几种典型轧机的粗轧机组布置形式示意图。由图可知，热带连轧机主要区分为全连续式，半连续式和3/4连续式三大类。不管是哪类，实际上，其粗轧机组都不是同时在几个机架上对板坯进行连续轧制，因为粗轧阶段轧件较短，厚度较大，温降较慢，难以实现连轧，也不必进行连轧。

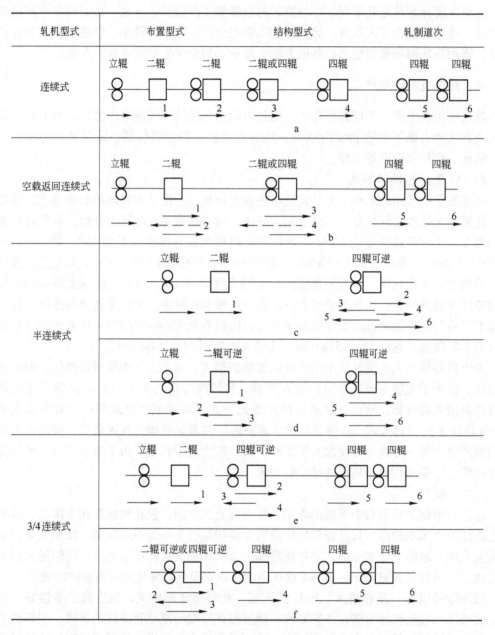

图 8-5　粗轧机组轧制六道时典型布置形式

半连续式轧机有两种形式：图8-5c 中粗轧机组由一架不可逆式的二辊破鳞机架和一

架可逆式四辊机架组成，主要用于生产成卷带钢。由于二辊轧机破鳞效果差，故现在已很少采用。图8-5d中粗轧机组是由两架可逆式轧机组成，主要用于复合半连续轧机，设有中厚板加工线设备，既生产板卷，又生产中厚板。这种半连续式轧机粗轧阶段道次可灵活调整，设备和投资都较少，故适用于产量要求不高，品种范围又广的情况。

为了大幅度提高产量，则广泛采用全连续式轧机。所谓全连续就是指轧件自始至终没有逆流轧制的道次，而半连续则是指粗轧机组各机架主要甚至全部为可逆式而言。如图8-5a所示，全连续式轧机粗轧机组由5~6个机架组成，每架轧制一道，全部为不可逆式，大都采用交流电机传动。这种轧机产量可高达300~600万吨/年，适合于大批量单一品种生产。空载返回连续式轧机（如图8-5b所示），只是当其他粗轧机架发生故障或损坏时才采用。

全连续式轧机粗轧机组每架只轧一道，所费轧制时间往往要比精轧机组的轧制时间少得多，亦即粗轧机的利用率并不很高，或者说粗轧机生产能力与精轧机不相平衡。近年来，为了充分利用粗轧机，使粗轧和精轧能力平衡，也为了减少设备和厂房面积，节约投资，而广泛发展一种3/4连续式的新布置形式（见图8-5f），它是在粗轧机组内设置1~2架可逆式轧机，把粗轧机由六架缩减为4架。根据某厂进行计算比较的资料可知，在一定生产条件下，当轧制1.5mm及12.7mm厚的产品时，粗轧机组轧制周期约为35s，而精轧机组轧制周期分别约为130s和40s。所轧制的板带，薄弱环节已不在轧机而在加热炉。可见，对绝大多数产品，轧机的薄弱环节不在粗轧机组，对于年产300万吨左右规模的带钢厂，3/4连轧机一般较为适宜。

粗轧机组各机架都采用万能式，即其前面都带小立辊，目的主要是用以控制板卷的宽度，同时也起对准轧制中心线的作用。各水平辊机架和立辊机架的压下规程或轧辊开口度由计算机通过数学模型进行设定，速度规程也按一定程序进行控制。由于立辊与水平辊形成连轧关系，为了补偿水平辊辊径变化及适应水平辊压下量的变化，立辊必须能够进行调速。

随着板卷重量和板坯厚度的增大，要求增加每道的压下量，为此便要求增大电机功率和轧辊直径以提高咬入能力和辊的扭转和弯曲强度。

（三）精轧

由粗轧机组轧出的带钢坯，经上百米长的中间辊道输送到精轧机组进行精轧。精轧机组的布置比较简单，如图8-6所示。带坯在进入精轧机之前，首先要进行测温、测厚并接着用飞剪切去头部和尾部。切头的目的是为了除去温度过低的头部以免损伤辊面，并防止"舌头"、"鱼尾"卡在机架间的导卫装置中或辊道缝隙和卷取机缝隙中。有时还要把轧件的后端切去，以防后端的"鱼尾"或"舌头"给卷取及其后的精整工序带来困难。

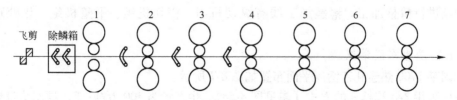

图8-6　精轧机组布置简图

带钢钢坯切头以后，即进行除鳞。现代轧机已取消精轧水平破鳞机，只在飞剪与第一架精轧机之间设置高压水除鳞箱以及在精轧机前几架之前设高压水喷嘴，利用压力约15MPa的高压水破除次生氧化铁皮即可满足要求。

除鳞后，带坯便进入精轧机轧制。精轧机组一般由6~7架组成连轧，有的还留出第八架、第九架的位置。增加精轧架数可使粗轧来料加厚，提高产量和轧制速度，并可轧制更薄的产品。因为粗轧机的来料厚度增加和轧制速度提高必然会减少温度降，使精轧温度得以提高，减少头尾温度差，从而为轧制更薄的带钢创造条件。

为适应高速度轧制，必须相应地有速度快、准确性高的压下系统和必要的自动控制系统。这样，才能保证轧制过程中及时而迅速、准确地调整各项参数的变化和波动，得出高质量的钢板。

近年发展的液压压下装置在热带连轧机中也已开始采用，它的调节速度快，灵敏度高，惯性小，效果好，其响应速度比电动压下的快七倍以上。但其维护比较困难，在热轧条件下维修更不容易，并且控制范围还受到液压缸的活塞杆限制。因此，有的轧机把它与电动压下结合起来使用，以电动压下作为粗调，以液压压下作为精调。

为了灵活控制辊型和板形，现代热带连轧机上皆设有液压弯工作辊装置，以便根据情况实行正弯辊或负弯辊。

为测量轧件温度，在精轧入口和出口处都设有温度测量装置，为测量带钢宽度和厚度，精轧后设有测宽仪和X射线测厚仪。测厚仪和精轧机架上的测压仪、活套支持器、速度调节器及厚度计式厚度自动调节装置组成厚度自动控制系统以控制带钢的厚度精度。

（四）轧后冷却及卷取

精轧机以高速轧出的带钢经过输出辊道，要在数秒钟之内急速冷却到600℃左右，然后入卷取机卷成板卷，再将板卷送去精整加工。

经过冷却后的带钢即送往2~3台地下卷取机卷成板卷。卷取机的数量一般是三台，交替进行工作。

带钢出精轧末架以后和在被卷取机咬入以前，为了在输出辊道上运行时能够"拉直"，辊道速度应比轧制速度高，即超前于轧机的速度，超前率约为10%~20%。当卷取机咬入带钢以后，辊道速度应与带钢速度亦即与轧制和卷取速度同步进行加速，以防止产生滑动擦伤。加速段开始用较高加速度以提高产量，然后用适当的加速度来控制带钢温度使其均匀。当带钢尾部离开轧机以后，辊道速度应比卷取速度低，亦即滞后于带钢速度，其滞后率为20%~40%，与带钢厚度成反比。这样可以使带钢尾部"拉直"。卷取咬入速度一般为8~12m/s，咬入后即与轧机等同步加速。考虑到下一块带钢将紧接着轧出，故输出辊道各段在带钢一离开后即自动恢复到超前于穿带的速度以迎接下一块钢带。

卷取后的板卷经卸卷小车、翻卷机和运输链运往仓库，作为冷轧原料或作为热轧成品，继续进行精整加工。精整加工线有纵切机组、横切机组、平整机组、热处理炉等设备。

（五）典型车间举例

我国某1700热连轧带钢厂平面布置如图8-7所示。

该厂采用3/4连续式的方式（参见图8-5e），生产量为300万吨/年。原料为连铸坯和初轧坯，生产的钢种有碳素结构钢、低合金钢及硅钢等。板坯厚度为150~250mm，宽度

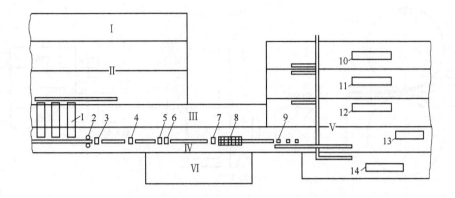

图 8-7　某 1700 热带连轧机车间平面布置简图

Ⅰ—板坯修磨间；Ⅱ—板坯存放场；Ⅲ—主电室；Ⅳ—轧钢车间；Ⅴ—精整车间；Ⅵ—轧辊磨床；

1—加热炉；2—大立辊机架；3—R_1，二辊不可逆；4—R_2，四辊可逆；5—R_3，四辊交流；

6—R_4，四辊直流；7—飞剪；8—$F_1 \sim F_7$，精轧机组；9—卷取机；

10 ~ 12—横剪机组；13—平整机组；14—纵剪机组

为 500 ~ 1600mm，长度为 400 ~ 10000mm，最大重量为 30t。热轧板卷厚度 1.2 ~ 12.7mm，宽度 500 ~ 1550mm，内径 760mm，外径 1000 ~ 2000mm，最大单位重量 19.6kg/mm。

车间由轧制线、精整线、板坯及成品库等组成。带钢生产工艺流程为：

连铸板坯（或初轧板坯）→板坯清理→加热→粗轧除鳞→粗轧→剪切头尾→精轧除鳞→精轧→层流

冷却→卷取→打捆并称重—┌→冷轧

　　　　　　　　　　　　└→精整 → 包装 → 入库（待出厂）

二、热轧薄板带钢生产的其他方法

（一）叠轧薄板生产

叠轧薄板是最古老的热轧薄板生产方式。顾名思义，叠轧薄板就是把数张钢板叠放在一起送进轧辊进行轧制（见图 8-8）。它的优点是设备简单，投资较少，生产灵活性大，能生产厚度规格范围在 0.28 ~ 1.2mm 之间的薄板。目前除冷轧外，一般再无其他轧制方式可以代替叠轧提供这一厚度范围的板材。我国目前还存在着相当数量的叠轧板车间。叠轧薄板的缺点是产量、质量与成材率均很低，且劳动强度大，产品的成本也高。因此在薄板生产的发展中，现已让位于现代的冷轧薄板生产。

叠轧薄板所用的轧制设备为单辊驱动的二辊不可逆式轧机（见图 8-9）。其特点是设备简易：只传动下轧辊，而上轧辊则靠摩擦带动，因此不需要配备造价高而维护要求较严的齿轮机架与上轧辊的平衡装置。所用的动力设备是带飞轮的交流电动机，既简单又经济。

轧制工艺特点之一，就是采用"叠轧"。叠轧之所以必要，是因为产品所要求的厚度往往小于轧机反映在辊缝上的弹性变形的数值（弹跳值）。二辊不可逆式叠轧薄板轧机的弹跳值一般在 2.0 ~ 2.5mm 左右。所以轧制厚度小于 2.0 ~ 2.5mm 的产品就必须多片叠起来轧制，否则是轧不出来的。现多采用 2 ~ 8 片叠轧，还有用 12 片叠轧。具体的叠轧片数方案如表 8-5 所示。

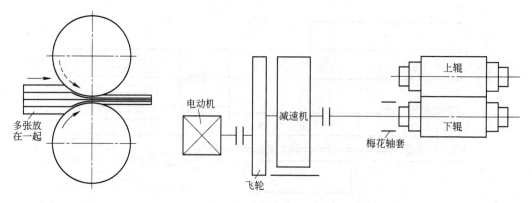

图 8-8　叠板轧制示意图　　　　　　图 8-9　叠轧薄板轧机示意图

表 8-5　叠轧片数方案

成品厚度/mm	叠轧片数	成品厚度/mm	叠轧片数	成品厚度/mm	叠轧片数
3.0~3.5	1	1.0~1.25	2~4	0.35~0.50	6
2.0	1~2	0.75	3~4	<0.35	8~12
1.5	2~3	0.50~0.60	4~6		

　　薄板在叠轧过程中的黏结往往会造成大量的废、次品，我国有些工厂采用白泥等涂料以防止黏结，取得一定效果。叠轧剥离工序迄今尚未能完全实现机械化，还主要依靠沉重的体力劳动。叠轧薄板这种生产方法的弱点在这方面也突出地表现出来了。

　　轧制工艺特点之二，是经常需要回炉再加热。由于轧件开轧温度低而单位体积的散热面积又大，使温度下降很快，故产品在一般情况下难以一火轧成。但对于如电工硅钢片等产品我国也成功地创造了一火轧成的经验。

　　轧制工艺特点之三，是采用热辊轧制。为了防止轧件冷却过快，轧辊不用水冷。辊身中部温度高达 400~500℃，由此带来的后果之一便是辊颈的滑滑必须采用熔点及闪点均较高的润滑油，常用的是经过特制的石油沥青。

　　图 8-10 中所示，即为叠轧薄板车间的几种典型产品的工艺流程。

（二）炉卷轧制法

　　人们考虑到成卷热轧薄板的一个主要矛盾是如何解决钢板温度降落太快的问题，因此为了在轧制过程中抢温、保温，便很自然地提出将板卷置于加热炉内一边加热保温，一边轧制的办法，这就是所谓钢在炉内卷取的轧制方法，简称炉卷

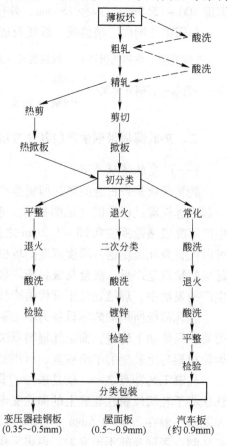

图 8-10　叠轧典型产品的工艺流程

轧制法。这种轧机也简称炉卷轧机（见图8-11）。

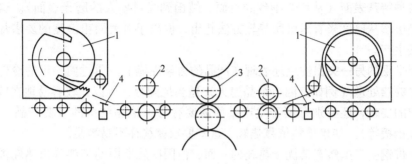

图 8-11　炉卷轧机轧制过程
1—卷取机；2—拉辊；3—工作轧辊；4—升降导板

炉卷轧机机组是可逆式的，往返 3~7 道次即可轧成所需的板卷。

炉卷轧机的主要优点是在轧制过程中可大大减少钢板温度的下降，因而可用较灵活的工艺道次和较少的设备投资（与连轧相比）生产出各种热轧板卷，并由于有开坯机可以采用钢锭作原料，它适合于生产批量不大而品种较多的产品，更适合于生产加工温度范围较窄的特殊钢带。但这种轧机的缺点是：（1）产品质量比较差。由于带钢两端轧速慢、散热快，使其厚度公差较大，又由于精轧具有单机轧制的特点，且精轧时间长，二次铁皮多，故表面质量也较差；（2）各项消耗较大，技术经济指标较低，在现有成卷轧制的各种方法中，其单位产量的设备投资最多，比连轧方法或行星轧制要多一倍以上。它还需要大型直流电机和高温卷取设备，这在中小型企业也不容易解决；（3）工艺操作比连轧还要复杂，轧机自动化较难，受操作水平的影响较大；轧辊易磨损，换辊很频繁。由于有这些缺点，限制了它的发展，使它在生产中的表现还不能十分令人满意。在大型企业中它当然赶不上连轧方法，但对中小型企业，在目前缺乏更先进生产方法的情况下，生产实践表明它仍然不失为生产板卷的有效方法之一。

第四节　冷轧板带钢生产

一、冷轧板带钢生产的技术问题

（一）冷轧的含义和它的优点

按照金属学的一般说法，加工温度低于该钢种在特定变形条件下的再结晶温度的压力加工谓之"冷加工"。而工业上的冷轧则习惯上是指坯料事先不经过再加热的常温轧制过程。实际上冷轧变形过程一旦开始，由于变形热和摩擦热的积累，轧件难免出现温升。特别是在高速冷轧的情况下，轧制中的板温有时可达到 200℃ 甚至更高。然而，这一温度仍是远低于钢的再结晶温度，故冷轧在工业上的惯用含义与金属学的科学规定并不相违背。

采用冷轧的生产方式的突出优点是，它不存在热轧板带钢生产中常称"百病之源"的温降与温度不均的弊病，因而可以生产厚度甚小（最小达 0.001mm），尺寸公差要求很严格并且长度很大（从数百米到上万米）的板带钢。冷轧使用的是事先经过酸洗的板卷坯，而且在冷轧过程中轧件表面又不产生氧化铁皮，故产品的表面粗糙度高，并可根据要求赋予板带钢各种特殊表面（从均匀细致的毛面、绒面到光可鉴人的磨光表面）。这一优点使得某些产品虽然从厚度来看尚可用热轧方法轧出，但出于对表面粗糙度的要求却宁可采用冷轧的方法生产。

冷轧板带钢的另一突出优点还表现在产品的力学性能上。通过使一定的冷轧变形程度与比较简单的热处理（例如低温再结晶退火）适当地配合，可以比较容易地在较宽的范围内满足用户的要求，还特别有利于生产某些需要有特殊结晶结构的重要产品（例如深冲板、电工硅钢板等）。如果单独依靠热轧，这些要求就往往不易满足。

冷轧板带钢生产虽然有其优于热轧的一面，但因冷轧所用的坯料是由热轧供给的，故其发展又颇受热轧的影响。亦即，冷轧板带钢生产的发展必须有健全的热轧宽带钢生产系统做其后盾。在规划冷轧生产的发展时，应对冷轧车间的兴建及其原料基地的确定作出统筹的安排。除必须解决冷轧板卷坯的定点、定量供应外，还要始终注意不断提高供冷轧用的热轧板卷的质量水平，包括表面质量、组织性能、厚度公差与板形平直度等。

（二）冷轧的工艺特点

1. 冷轧中的加工硬化

加工硬化带来的后果是：（1）轧制变形抗力增加，使轧制力加大；（2）塑性降低，使钢板发生脆裂的倾向增大。当钢种一定时，加工硬化的剧烈程度与冷轧变形程度有关。加工硬化超过一定程度后，板料将因过分硬脆而不适于继续轧制，或者不能满足用户对性能的要求。因此钢板经冷轧一定的道次（即完成一定的冷轧总压下率）之后，往往有必要插入软化热处理（例如再结晶退火，固溶处理等），使轧件恢复塑性，降低变形抗力，以便继续轧薄。同理，成品冷轧板带钢在出厂以前一般也都需要进行一定的热处理。这种成品热处理的目的不仅在于使金属软化，往往还着眼于全面提高冷轧产品的综合性能。

2. 冷轧中的工艺冷却和润滑(简称"工艺冷润")

冷轧中的工艺冷润有别于一般的设备冷润，前者专指为提高轧制变形效率和满足工艺控制要求而采用的工艺冷却与润滑措施而言。

A　工艺冷却

如前所述，冷轧过程中的变形热与摩擦热构成了使轧件产生温升的热源。单靠轧机的自然冷却条件不可能使此温升保持在允许值以下，必须采用有效的人工冷却。轧制速度越高，冷却问题越重要。如何合理地强化冷却过程的冷却已成为发展现代高速冷轧机的重要研究课题。

实验研究与理论分析表明，冷轧板带钢对所作的变形功约有84%～88%转变为热能，使轧件和轧辊的温度升高。我们所感兴趣的是在单位时间内发生的热量（或称变形发热率），以便采用适当措施及时吸走或控制这部分热量。

水是比较理想的冷轧冷却剂，其比热大，吸热率高且成本低廉。油的冷却能力则比水差得多。表8-6中给出了水与油的一些吸热性能的比较资料。由表可知，水的比热比油大一倍，热传导率为油的3.75倍，挥发潜热大10倍以上。由于水具有如此优越的吸热性能，故大多数生产轧机都倾向于用水或以水为主要组成部分的冷却剂，只有某些结构特殊的冷轧机（例如二十辊式箔材轧机）由于工艺润滑与轧辊轴承润滑共用一种润滑剂，才采用全部油冷（此时为保证冷却效果，需要给油量足够多）。

表8-6　水与油的吸热性能比较

项　目 种　类	比热容/J·(kg·K)⁻¹	热导率/W·(m·K)⁻¹	沸点/℃	挥发潜热/J·kg⁻¹
油	2.093	0.146538	315	209340
水	4.197	0.54847	100	2252498

从实现强化轧制的角度来看，我们所关心的主要是如何提高冷却液的冷却能力，即提高其吸热效果。

实际测温资料表明，即使在采用有效的工艺冷润的条件下，冷轧板卷在卸卷后的温度有时仍达到130～150℃，甚至还要高。由此可见在轧制变形区中的料温一定比这还要高。

辊面温度过高会引起工作辊淬火层硬度的下降，并有可能促使淬火层内发生组织分解（残余奥氏体的分解），使辊面出现附加的组织应力。

另外，从其对冷轧过程本身的影响来看，辊温的反常升高以及辊温分布规律的反常或突然变化均可导致正常辊型条件的破坏，直接危害于板形与轧制精度。同时，辊温过高也会使冷轧工艺润滑剂失效（油膜破裂），使冷轧不能顺利进行。

综上所述，为了保证冷轧的正常生产，对轧辊及轧件采取有效的冷却和控温措施是必不可少的。

B　工艺润滑

在冷轧过程中采用工艺润滑的主要作用是减小金属的变形抗力，这不但有助于保证在已有的设备能力条件下实现更大的压下，而且还可使轧机能够经济可行地生产厚度更小的产品。此外，采用有效的工艺润滑也直接对冷轧过程的发热率以及轧辊的温升发生影响。在轧制某些品种时，采用工艺润滑还可以起到防止金属黏辊的作用。

生产实践与科学试验均表明，采用天然油脂（动物与植物油脂）作为冷轧的工艺润滑剂在润滑效果上优于矿物油，这是由于天然油脂与矿物油脂在分子结构与特性上有质的差别所致。

典型的五机架冷轧机有三套冷润系统。对厚度在0.4mm以上的产品来说，第一套为水系统，第二套为乳化液系统（以矿物油为主），第三套为清净剂系统。由酸洗线送来的原料板卷表面上已涂上一层油，是供连轧机第一架润滑之用，故第一架喷以普通冷却水即可；中间各架采用乳化液系统，末架可喷清洗剂除油，使轧出的成品带钢可不经电解清洗仍可免出现油斑。冷轧厚在0.4mm以下的品种所用冷润剂以动、植物油为主。国外现多用牛油（95%）为基的润滑液（也有用100%棕榈油的）。使用这种润滑剂时，轧后板材必须经过电解清洗。

3. 冷轧中的张力轧制

所谓"张力轧制"，就是轧件在轧辊中的碾压变形是在有一定的前张力或后张力作用下实现的。按照习惯上的规定，力作用方向与轧制方向相同的张力叫做"前张力"；而力作用方向与轧制方向相反的张力叫做"后张力"。在实际应用中，又有所谓"单位张力"与"总张力"之分。单位张力 σ_z 实际上是作用在带钢断面 A 上的平均张应力。

$$\sigma_z = \frac{T}{A} \quad (\text{MPa})$$

式中，T 为总张力。

A 张力的作用

张力的作用主要有以下几方面：（1）防止带钢在轧制过程中跑偏（即保证正确对中轧制）；（2）使所轧带钢保持平直（轧后板形良好）；（3）降低轧件的变形抗力，便于轧制更薄的产品；（4）起适当调整冷轧机主电机负荷的作用；（5）自动调节带钢的延伸，使之均匀化。

B 张力的控制和选择

通过改变卷取机或开卷机的转速，各架轧机主电机的转速以及各架的压下可以使轧制张力在较大范围内发生变化。借助准确可靠的测张仪并使之与自动控制系统结成闭环，可以按要求实现恒张力控制。配备这种张力闭环控制系统是现代冷轧机的起码要求。较完善的设计是用电子计算机负责不同轧制条件下的张力设定与闭环增益的计算。

生产实践中的张力选择，主要是指选择单位张力 σ_z 而言。单位张力 σ_z 似乎应该尽量选高一些，但不应超过带材的屈服极限 σ_s。根据以往的轧制经验，$\sigma_z = (0.1 \sim 0.6)\sigma_s$，变化范围颇大。不同的轧机，不同的轧制道次，不同的品种规格，甚至不同的原料条件，要求 σ_z 与之相适应。当轧钢工人操作技术水平较高，变形比较均匀并且原料比较理想时，可选用高一些的 σ_z 值；当钢板硬脆，边部不理想或者操作不熟练时，可取偏小一些的数值。一般在可逆轧机的中间道次或连轧机的中间机架上，σ_z 可取 $(0.2 \sim 0.4)\sigma_s$（一般不超过 $0.5\sigma_s$）。在轧制低碳钢产品时，有时因考虑到防止退火黏结等原因，成品卷取张力不能太高，往往可予以忽略。

二、冷轧板带钢生产工艺过程

冷轧板带钢的产品花样很多，生产工艺流程亦各有特点。具有代表性的冷轧板带钢产品是：金属镀层薄板（包括镀锡板和镀锌板等），深冲钢板（以汽车板为其典型）以及电工用硅钢板、不锈钢板等。下面首先就其工艺流程与车间布置加以简要叙述，然后再对其重点工序进行重点的说明。

从对国计民生的重大意义及在生产技术上的代表性来看，可以认为冷轧薄板带钢中有四大典型产品——金属镀层板（镀锡板和镀锌板等）、深冲钢板（汽车板等）、电工硅钢板及不锈钢板。其生产工艺流程大致如图 8-12 所示。

图 8-13 为现代化冷轧车间的平面布置图。在冷轧薄板生产中，表面处理工序有：酸洗、清洗、除油、镀层、平整、抛光等，以及热处理工序占有显著地位。事实上在冷轧薄板车间中，占地面积最大，并且种类最为繁多的也正是表面处理与热处理设备。主轧跨间在整个厂房面积中只占不大的一部分。

（一）原料板卷的酸洗

冷轧的坯料——热轧带钢必须在轧前事先去除氧化铁皮。这主要是为了保证钢板表面光洁，以便圆满地实现冷轧及其后部的表面处理。目前在冷轧车间中应用最广的去除氧化铁皮方法便是以酸洗为主的化学处理，个别也有采用喷丸清理的；某些特殊品种则需要进行碱洗或者酸碱混合处理。在实际生产中，用得最普遍的是酸洗处理。

（二）冷轧

在这里只从工艺要求的角度介绍各种冷轧的生产分工与技术发展。因为连轧是现代冷轧

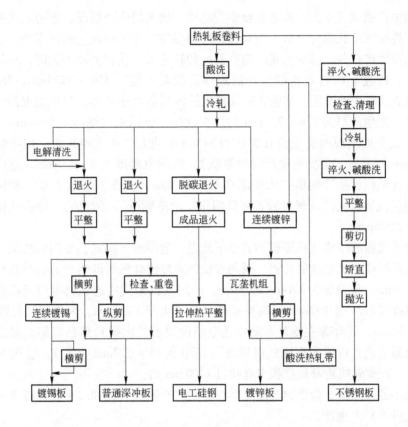

图 8-12　冷轧薄板生产工艺流程

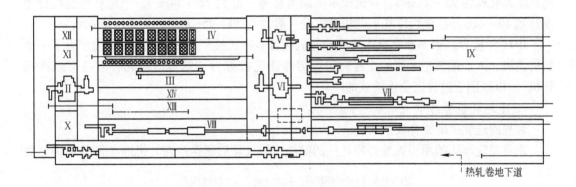

图 8-13　冷轧车间平面布置示例

Ⅰ—连续酸洗机组；Ⅱ—五机架式冷连轧机；Ⅲ—电解清洗机组；Ⅳ—退火工段；Ⅴ—单机式平整机；

Ⅵ—双机平整机；Ⅶ—连续电镀锡机组；Ⅷ—连续镀锌机组；Ⅸ—剪切跨；Ⅹ—油库；

Ⅺ—计算机室；Ⅻ—轧钢主电室；ⅩⅢ—轧辊工段；ⅩⅣ—机修、电修、液修

生产的主体，并且其操作顺序又相似于单机可逆式轧制，故着重对连轧操作进行简要介绍。

1. 冷轧机的生产分工

现代冷轧机按轧辊配置方式的不同，可分为四辊式与多辊式两种类型。按机架排列方式又可分为单机可逆式与多机连续式。前者由于灵活性大，适用于产品品种规格变动频

繁而每批的生产数量又不大，或者合金钢产品比例较大的生产情况。这种轧机的生产能力是不高的。连续式冷轧机生产效率与轧制速度都很高，在工业发达的国家中，它承担着薄板带钢的主要生产任务。相对来说，当产品品种较为单一或者变动不大时，连轧机最能发挥其优越性。冷连轧机目前所能生产的规格范围是：宽自 450～2450mm，厚自 0.076～4mm。根据成品厚度的不同，连续式冷轧机组的机架数目亦各异。早年出现的三机架式冷连轧机主要用来生产厚为 0.6～2.0mm 的汽车钢板，所用原料厚为 2.5～4mm，总压下率达 60%。与之同时出现的是辊身长度达到 1450mm 的五机架式连轧机，用以轧制厚度为 0.15～0.6mm 的产品（主要是生产镀层厚板），所用原料厚 1.5～3.5mm。适应性较强的四机架式冷连轧机，生产规格扩大到厚 0.35～2.7mm，总压下率达 70%～80%，逐渐取代了已有的三机架式轧机（现时后者多只用作二次冷轧机）。四机架式冷连轧机辊身长度约为 1400～2500mm。

轧制较薄规格的冷连轧机逐渐形成以下几点：通用五机架式，专用六机架式及其二次冷轧用的三机架或二机架式的轧机。通用五机架式冷连轧机所能生产的品种规格较广，厚自 0.25～3.5mm，辊身长为 1700～2135mm，专用六机架式冷连轧机专门用以生产镀锡原板，产品厚度可以小到 0.09mm。辊身长度一般不大于 1450mm。为生产特薄镀锡板（厚0.065～0.15mm），近年来在冷轧车间中还专门设置了二机架式到三机架式的二次冷连轧机，由五机架式或六机架式冷连轧机供坯（坯厚 0.15～0.2mm 左右），总压下率不超过40%～50%，此类轧机辊身长度很少有超过 1400mm 的。

厚度较小的特殊钢及合金钢产品经常在多辊式冷轧机（例如二十辊森吉米尔冷轧机及偏八辊冷轧机等）上生产。

轧制速度决定着轧机的生产能力，也标志着连轧的技术水平。现代通用五机架式冷连轧机末架轧速为 25～27m/s，六机架末架最大轧速一般为 36～38m/s，个别轧机的设计速度达到 40～41m/s。现代冷轧机的板卷重量一般约为 30～45t 左右，最大已达 60t。

1971 年世界上第一套完全连续式冷轧机在日本正式投产，冷轧技术从此发展到了一个新的阶段，人们通常把一般的冷连轧过程与冷连轧机称为"常规冷连轧"与"常规冷连轧机"，以区别于这种完全连续式的冷轧。

2. 冷连轧机操作特点

常规冷连轧机的操作特点为：

来自热轧车间的原料板卷经冷轧厂的酸洗工段处理后送至冷连轧机组（见图8-14）的

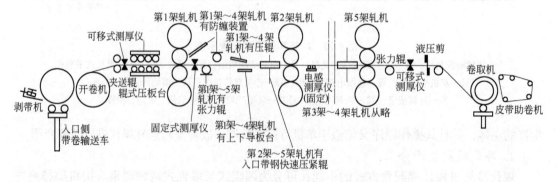

图 8-14　五机架冷连轧机组主要设备配置图

入口段。此入口段一般备有一套入口板卷输送带（现代都是用步进式的），一套板卷准备站，一套板卷横移装置，一套开卷机及其他附属设备。原料板卷在入口段中完成剥带、切头、直头和对正轧制中心线等准备工作。在此过程中，还必须进行卷径及带宽的自动测量，这些准备工作应当在前一板卷轧完之前进行完毕。

接着便开始所谓的"穿带"过程。此即将板卷首端依次喂入机组中的各架轧辊之中，一直到板卷首端业已进入卷取机芯轴并且建立了出口张力为止的整个操作过程。在穿带过程中，轧钢工人必须严密监视由每架轧机出来的轧件的走向（有无跑偏）与板形。一旦发现跑偏或板形不良，必须立即调整轧机予以纠正。在人工监视穿带过程的条件下，穿带轧制速度必须很低，否则发现问题后将来不及纠正，以致造成断带、勒辊等故障；此外，轧钢工人在此阶段中注意力也必须高度集中，任何疏忽大意都可能引起严重的后果。穿带操作自动化虽然是近年来冷连轧重大的研究课题，但至今尚未获圆满解决，经常还离不开人工的干预。

穿带完毕后即开始进行加速轧制，此阶段的任务是使连轧机组以技术上允许的最大加速度迅速地从穿带时的低速加速至轧机的稳定轧制速度，从此往后即进入稳定的轧制阶段。由于供冷轧用的板卷通常都是用两个（或两个以上）的热轧板卷经酸洗后焊并而成的大卷，焊缝处一般硬度较高，厚度亦多少有异于板卷的其他部分，且其边缘状况也不理想。故在冷连轧的稳定轧制阶段中，当焊缝通过机组时，一般都要实行减速轧制（有些新建的冷连轧机由于焊缝质量较好等原因可以实现过焊缝不减速）。

在稳定轧制阶段，轧制操作及过程的控制现已完全实现了自动化、轧钢工人只起到监视作用，很少有必要进行人工干预。

由于板卷的尾端在逐架抛钢时有着与穿带过程相似的特点。故为防止损坏轧机和产生操作故障，亦必须采用低速轧制，这一轧制阶段称为"抛尾"或"甩尾"。甩尾速度一般同穿带速度。这样一来，当快要到达卷尾时，轧机必须及时地从稳轧速度降至甩尾速度，为此必须经过一个与加速阶段相似的减速轧制阶段。

当前从世界范围来看，冷轧板带钢生产的主流是采用连轧，连轧生产的最大特点就是高产。轧钢机组的理论小时产量只取决于末架轧速。近年来由于实现了计算机控制，改变轧制规格的轧机调整也有可能在高速与可靠的基础上实现，冷连轧机所能生产的规格范围也不像开始发展时期那样受到较大的限制了。此外，围绕着轧制速度的不断提高，冷连轧机在机电设备性能的改善以及高效率的 AGC 系统（厚度自动控制系统）和板形控制系统的发明和发展等方面也取得了飞速的进步，同时也促进了各种轧制工艺参数、产品质量的检验与各种机-电参数检测仪表的发展。所有这些给薄板生产解决了很大的问题，基本上满足了国民经济在相当长的一段时期内对薄板带钢在产量上与质量上的要求，常规的冷轧生产于是也就经历了一段相对稳定的发展阶段。

3. 全连续式轧机

常规的冷连轧生产由于并没有改变单卷生产的轧制方式，故虽然就所轧的那一个板卷来说构成了连轧，但对冷轧生产过程的整体来说，还不是真正的连续生产。事实上，在相当长的一段时期内，常规冷连轧机的工时利用率还只有65%或者稍高一些。这就意味着还有35%左右的工作时间轧机是处于停车状态，这与冷连轧机所能达到的高轧速极不相称，也是从充分发挥设备能力方面考虑所不能容忍的。一些年来，通常采用双开卷、双卷取以及发明的快速换辊装置等技术措施，卷与卷间的间隙已经缩减得很多，换辊的工时损失也大为缩减（缩减至原来指标的1/3强）。这就使轧机的时间利用率提高到76%～79%。然而，上述措施并不能消除单卷轧制所固有的诸如穿带、甩尾，加、减速轧制以及焊缝降速等过渡阶段所带来的不利影响。通过采用近年来发展起来的高速 AGC（厚度自动控制）、ASR（监视跟踪）系统，板形控制技术，引入计算机控制，以及发明并采用自动穿带装置与穿带过程自适应控制等新技术，虽亦能在不同程度上克服这些过渡过程所带来的问题，但此类装置或控制系统若非效率不够高，便是使之过于庞杂。例如，实践证明，采用自动穿带装置可以使入口导板的设定和左右压下的平行调整等操作实现自动化，但其工作可靠性仅限于厚度大于0.5mm的产品，而借助计算机控制系统已实现穿带过程中带钢前端的板形与厚度的自动控制。但是为了控制一个过渡阶段是否值得采用如此复杂的控制系统还是一个问题。对于像穿带、甩尾，频繁的加、减速轧制等对生产操作的稳定性以及生产指标影响很大的过渡工序，实在是必欲去之而后快。与其费尽心机，千方百计加以控制或补偿，不如创造条件一举取消。全连续轧制（见图8-15）的相继出现就解决了这个难题，并为冷轧板带钢的高速发展提供了广阔的前景。

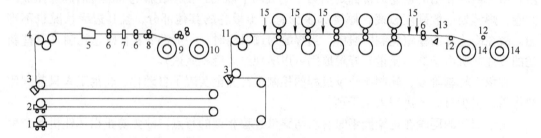

图 8-15 五机架全连续冷轧机组设备组成示意图

1，2—活套小车；3—焊缝检测器；4—活套入口勒导装置；5—焊接机；6—夹送辊；
7—剪断机；8—三辊矫平机；9，10—开卷机；11—机组入口勒导装置；
12—导向辊；13—分切剪断机；14—卷取机；15—X 射线测厚仪

（三）脱脂与退火

冷轧后的清洗工序的目的在于除去板面的油污，这个工序又称"脱脂"。现采用的冷轧带钢脱脂方法有：电解清洗、喷刷清洗、机上洗净与燃烧脱脂等几种。前者所用的清洗剂为碱液（苛性钠、硅酸钠、磷酸钠等）外加旨在适当降低碱液表面张力以改善清洗效果的界面活性剂。通过使碱液发生电解，放出氢气和氧气，起到机械冲击的作用，可以大大加速脱脂过程的进行。带钢经电解槽后还需要进一步经过喷刷与清洗，烘干等处理。一些使用矿物油为主体的乳化液作为工艺冷润液的产品可以不单独分设清洗机组，而改为在连轧机组最末一架（或可逆式轧机的最后一道）上喷以除油清洗剂，这种处理方法叫做"机上洗净法"。

退火是冷轧板带钢生产中的最主要的热处理工序。前面已经讲过，冷轧中间退火的目的主要是使受到高度冷加工硬化的金属重新软化，对大多数钢种来说，这种处理基本是再结晶退火。冷轧板带钢成品的热处理主要也是退火，但根据所生产品种在最终性能方面的不同要求，有的旨在获得良好的深冲压性能的处理；有的则可能是专为脱碳而设的一种化学热处理性质的退火（例如在硅钢板生产中）。

在冷轧板带钢热处理中应用最广的是实行罩式退火，另外一种是连续式退火。

（四）平整

在冷轧板带钢的生产工序中，平整处理占有重要的地位。平整实质上是一种小压下率（1%～5%）的二次冷轧，其功用主要是：

（1）对于冲压加工来说，如果使用退火状态下的板带钢作坯料，那么在冲压变形率不大的场合下，往往会在冲击件的表面形成众所周知的冲压"滑移线"（吕德斯线），从而使冲压件因表面缺陷而报废。若使供冲压用的板带钢事先经过小压下率的平整，则可以在平整后相当长的一段时间内保证不出现吕德斯线（铝脱氧镇静钢板在平整后的保持期更长）。以一定的压下率进行平整后，钢的应力-应变曲线即不会出现"屈服台阶"，而理论与实践研究均证明，出现吕德斯线与屈服台阶有关。

（2）冷轧板带钢在退火后再经平整，可以使板材的平直度（板形）与板面的粗糙度有所改善。

（3）改变平整的压下率，可以使钢板的力学性能（强度、硬度、塑性指标等）在一定的幅度内变化，这可以适应不同用途的镀锡板对硬度与塑性所提出的不同要求。例如在制造罐头顶、底的镀锡板在硬度与强度方面的要求就高于筒壁用材。

（4）经过双机平整或三机平整还可以实现较大的冷轧压下率，以便为生产超薄的镀锡板创造条件。

——————— **本 章 小 结** ———————

板带钢在国民经济的各个部门使用很广泛，其具有产量多、用途广、规模大、品种全的生产特点，对促进工业、农业等生产的发展起着十分重大的作用。

相比之下，板带钢断面形状简单、单一，可用先进的连续轧制等技术进行规模化的生产。连轧是现代冷轧板带钢生产的主体，轧制操作和轧制过程的控制现已完全实现了自动化，轧钢操作人员只起到监督作用，很少进行人工干预。

板带钢产品还有其优越的条件，可深度加工。常见的镀锌钢板、镀锡钢板、镀铝钢板，以及近年来出现的彩涂钢板等深度加工产品，是板带钢生产技术不断发展和创新的结果。

课后思考与习题

1. 板带钢产品是怎样显示在使用上的万能性，常用的板带钢按厚度规格，按实际用途，按轧制方法等是怎样区分的？
2. 热轧板带钢过程的粗轧阶段和精轧阶段各承担什么主要任务，试从技术层面进一步分析。
3. 冷轧板带钢生产是什么样的轧制过程，冷轧的含义是什么？
4. 简述冷轧板带钢的工艺特点。

第九章 钢 管 生 产

无缝钢管与有缝（焊接）钢管相比，无缝钢管的生产工艺更为复杂，技术难度相对更大。无缝钢管生产最重要的工艺环节是穿孔和轧管：穿孔是将实心管坯穿制成空心毛管；轧管是将毛管轧制成钢管。常用的无缝钢管生产方法有热轧法：穿孔多用二辊式斜轧穿孔机，轧管多用自动式轧管机；顶制法：用压力穿孔机穿孔，用顶管机顶制成钢管；挤压法：压力穿孔机穿孔后再有压力穿孔机扩孔，用挤压机挤压成钢管。在这里简要列举了常用的无缝钢管生产方法。

焊管的生产工艺似乎简单得多了，就炉焊钢管和电焊钢管而言，当然被重视的是电焊钢管产品。高频电焊钢管生产依所得断面形状不同，通常分为圆管和异形管。圆管和异形管在高频加热、压力焊合这两点上是完全相同的，成型的区别也只在沿带钢宽度上曲率的改变，然而异形管却以其丰富多彩的断面形状变化适应了更广泛的综合性技术要求。异形管属于轻型薄壁钢材，它可显著降低装备的重量和减少建设结构的臃肿庞大；它具有热轧不可能获得的复杂断面和具有圆管所缺少的装配特性；它比热轧型钢的表面质量好、尺寸精确，比冷拉异形管的生产工序简单，生产速度快、产量高。随着我国全面建设事业的发展，异形管产品正被广泛地应用于各个部门。

第一节 钢管生产的一般概念

钢管是钢铁工业中一项重要产品。钢管生产的产量、品种、质量及技术水平是衡量一个国家工业化先进程度的重要标志之一。世界上一些工业比较发达的国家，都拥有大量现代化钢管生产设备。目前，钢管产量约占钢材总产量的 8% ~ 16%。各种钢管被广泛地应用于国民经济和国防建设的各个部门。开发油田，建设石油化工厂，制造轮船、火车、动力锅炉和液压设备，生产电力和电子工业产品，航空和航天装置，实施工业和民用建筑以及制造汽车、拖拉机、农机具、排灌设施、自行车、钟表、医疗器材及家庭用具等都离不开各种钢管。

钢管，通常被人们称之为工业的"血管"，这是因为大多数钢管被用来输送各种流体，例如：水、各种石油产品、各种气体……，输送很多具有腐蚀性的酸、碱或其他化工产品。用于化工部门中的钢管，要求耐压和抗腐蚀；用于动力工业的钢管，在工作时不仅要求其可承受很高的压力，而且还要求承受很高的温度。

为了节约原材料，提高钢材利用率，钢管还大量用作机械制造业和各种建筑物的构件，例如：农业机械的机架、桥梁构件、自行车车架等；有的钢管还被用来制造滚动轴承的座圈、手表壳等零件。

总之，为了适应各个工业部门的不同使用要求，钢管的规格和品种是多种多样的。从尺寸规格上看，目前其最小外径为 0.1mm，最大外径可达 4000mm；壁厚范围为 0.01 ~ 100mm。从制造方法上看，可以把钢管分成两大类，即焊接钢管和无缝钢管。从钢管材质上看，几乎包括各种钢种的钢管。为了节省金属材料和满足用户的特殊要求，还生产了各种复合金属管。

根据钢管横断面的形状，可以分成圆形和异形断面（见图9-1）两种钢管，大多数异形钢管是用冷拔法和热挤压方法生产的。

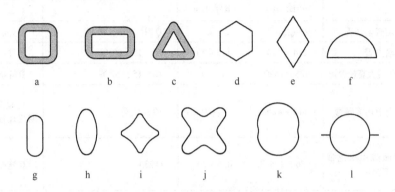

图 9-1　异形钢管断面形状

a—方形；b—矩形；c—三角形；d—六角形；e—菱形；f—半圆形；
g—平椭圆形；h—椭圆形；i~l—其他特殊断面形状

从钢管的纵断面形状来看，除了普通的圆柱形断面（等断面）钢管外，还有各种锥形管和其他周期断面（变断面）的钢管（见图9-2）。这类钢管是用冷拔机或冷轧机生产的。

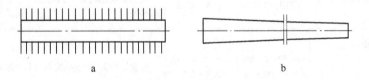

图 9-2　周期断面（变断面）钢管

a—带散热片的钢管；b—锥形钢管

根据使用时所采用的连接方式不同，钢管两端有车丝的和无车丝的，故可以分成光管和车丝管两种类型：

（1）光管钢管两端内、外表面都不加工，只要求端面平直，以便使用时可焊或焊接法兰盘。绝大部分钢管是以光管形式出厂的。

（2）车丝管水、煤气输送用管等低压管路采用普通的圆柱或圆锥螺纹连接，钢管两端均在钢管厂车好外螺纹后交货。石油地质钻探用钢管和一些其他用途的钢管，由于使用上的要求，采用各种特殊螺纹连接方式。因此，管端既有带内螺纹的，也有带外螺纹的，并且采用特殊的锥形螺纹。管端加工特殊螺纹后，对这一段钢管的强度会有一定的影响。为了弥补这一点，通常要进行管端加厚，即在车螺纹前用平锻机镦粗管端来加厚管壁。既可以做成内加厚的，也可以做成外加厚的。另外，车螺纹的管端也可以采用较好的材料制造，然后焊在钢管上。

各种钢管的规格和技术条件在相应的国家标准中有详细的规定，这里不再介绍。常用的几种钢管按用途可归纳成表9-1。

表 9-1　钢管按用途分类表

分　类		常用尺寸范围		钢管材质（钢种或钢号）	常用的生产方法
		外径/mm	壁厚/mm		
管道用钢管	1. 水、煤气输送管	6 ~ 150①	2 ~ 4.5	Q215、08、10 等	炉焊、电焊
	2. 石油输送管	114 ~ 426	4.5 ~ 20	10、15、20 等	热轧、电焊、炉焊
	3. 管道干线大直径焊管	426 ~ 1420	8 ~ 20	10、15、20 等	直缝或螺旋缝电焊
	4. 蒸汽管道用无缝管	114 ~ 426	4 ~ 20	10、20 等	自动轧管机组或周期式轧管机组热轧
	5. 农业灌溉用水龙带管（成卷）	76 ~ 245	0.5 ~ 20	Q 235	双缝电阻焊
热工设备用管	1. 锅炉用无缝钢管　过热蒸汽管　沸水管　机车锅炉用管	22 ~ 42　51 ~ 108　24 ~ 152	2.5 ~ 6　2.5 ~ 10　2.5 ~ 5	优质碳素结构钢　10、20　10 或合金钢	热轧、冷轧、冷拔　热轧、冷轧、冷拔　热轧、冷轧、冷拔
	2. 高压锅炉用管	10 ~ 426	2.0 ~ 60	20、12CrMo、15ACrMoA、12Cr1MoVA	热轧、冷轧、冷拔
	3. 高温蒸汽管和集流管	219 ~ 315	19.5 ~ 52.5	优质碳素结构钢、低合金结构钢	自动轧管机组或周期式轧管机组热轧
机械工业用管	1. 航空结构管　圆管　椭圆管　平椭圆管	4 ~ 150;57 ~ 351　6×3 ~ 90×30　6×3 ~ 90×30	0.5 ~ 5;4 ~ 45　0.5 ~ 2.5　0.8 ~ 2.5	碳素结构钢、合金结构钢	热轧、冷轧、冷拔
	2. 汽车、拖拉机结构用管	5 ~ 133	0.5 ~ 13	碳素结构钢、低合金结构钢	热轧、冷轧、冷拔
	3. 半轴或车轴钢管	76　89	2.1　2.5	碳素结构钢、低合金结构钢	热轧、冷拔或电焊
	4. 轴承管	53.9 ~ 160.6	7.6 ~ 30	GCr15 等	三辊轧管机组或自动轧管机组热轧、冷拔
	5. 制造收割机和农业机械用管　方形无缝管　矩形无缝管	25 ~ 100②　25×40 ~ 50×100	3 ~ 8　3 ~ 6	Q255、20、40	热轧、冷拔

分　类		常用尺寸范围		钢管材质（钢种或钢号）	常用的生产方法
		外径/mm	壁厚/mm		
石油、地质钻探用管	1. 石油钻探管			DZ4、DZ5、DZ6	自动轧管机组热轧、冷拔
	外加厚管	60 ~ 140	5 ~ 11		
	内加厚管	73 ~ 140	5.5 ~ 11		
	2. 石油套管	114 ~ 340	6 ~ 12	D40、D55、D75	热轧或电焊
	3. 石油钻杆			D55、D65、D75、D85、D95	周期式轧管机组热轧、冷拔
	方形	64 ~ 133②	32 ~ 80③		
	六角形	125 ~ 180④			
	4. 泵—压缩机用管	48.3 ~ 114.3	4 ~ 7	DZ	自动轧管机组热轧、冷拔
	5. 地质钻探管	33.5 ~ 89	5 ~ 10	D50、D55、D75、D85、D95	自动轧管机组热轧、冷拔
	6. 地质岩心套管	34.5 ~ 426	3.75 ~ 10	D40、D50、D55、D65、D75	自动轧管机组热轧、冷拔
容器钢管	1. 一般容器钢管	70 ~ 119	2.3 ~ 8	10、20	自动轧管机组、周期轧管机组、顶管机组热轧
	2. 高压气瓶用钢管	70 ~ 465	3.5 ~ 22	碳素钢或合金钢	自动轧管机组、周期轧管机组、顶管机组热轧
化学工业用管	1. 石油裂化管	19 ~ 219	1.5 ~ 25	10、20、10Mn2、Cr5Mo、12CrMo、12CrMoV	热轧、冷拔
	2. 化工设备及管道用管	5 ~ 426	0.5 ~ 20	碳素钢、不锈钢、耐热钢	热轧、冷轧、冷拔
	3. 化肥用高压无缝管	9 ~ 273	2.5 ~ 34	20、15MnV、12MnMoV、10MoVNbTi、Cr17Mn18Mo2N	热轧、冷拔

①公称直径；②方形断面边长；③内孔直径；④内接圆直径。

钢管品种繁多，生产方法也是多种多样的。最常用的钢管生产方法有两种。

一、热加工无缝钢管的生产方法

用热压力加工法生产无缝钢管，可以采用实心的坯料（钢锭、连铸管坯或热轧圆管坯），最近有的国家还试验采用了空心连铸管坯。热加工无缝钢管的生产方法包括热轧法和热挤压法。

（一）热轧法

如在自动轧管机组、周期式（皮尔格）轧管机组、连轧管机组、三辊轧管机组、减径或扩径机组上生产无缝管等。热轧无缝钢管的整个生产过程由两个主要工序组成，即首先把管坯穿制成毛管，然后在不同形式的轧机上轧制成成品管。热轧法主要生产直径 58 ~ 700mm，壁厚为 2.5 ~ 60mm 的钢管。如果配合减径或张力减径机，则可生产最小直径为 15 ~ 17mm，最小壁厚为 2mm 的钢管。

（二）热挤压法

热挤压法主要是用于生产低塑性的高合金钢管、有色金属及难变形的稀有金属管材和一些特殊用途的异形断面管材。

由于无缝钢管无焊缝，所以整个断面上的强度和表面质量都是一致的，因此能够承受较大的压力，输送流体时也能够保证流体流动的均匀一致性。它是工业各部门和国防建设必不可缺的钢材。

二、冷加工无缝钢管的生产方法

用冷压力加工法生产无缝钢管主要有冷轧、冷拔和冷旋压法。其产品规格范围见表 9-2。

表 9-2　目前冷加工钢管的产品规格范围

冷加工方法	产品范围				
	外径 D_c /mm		壁厚 δ_c /mm		D_c/δ_c
	最　大	最　小	最　大	最　小	
冷　轧	450.0	4.0	60.0	0.04	6.0 ~ 250
冷　拔	762.0	0.1	20.0	0.01	2.1 ~ 2000
冷旋压	4500.0	10.0	38.1	0.04	可达 12000 以上

冷轧、冷拔法是以热轧或热挤压法生产的钢管为坯料来生产高精度、高强度，表面较粗糙，尺寸范围广的薄壁管的。冷旋压实质上也是冷轧，主要用于生产薄壁管、特大和异型断面管材及旋转体零件。

三、焊管生产

焊管生产的实质是：将管坯（钢板或带钢）用不同成型方法弯曲成所需要的钢管形状，然后用不同的焊接方法将其焊接成钢管。焊管生产的范围很广：外径 D = 5 ~ 4000mm；壁厚 δ = 0.1 ~ 40mm；D_c/δ_c 可达 100；长度可达数百米。由于成型技术的不断完善和焊接技术的不断发展，焊管的质量也在不断地改善和提高，在许多情况下甚至可以代替无缝钢管使用。焊管生产的设备简单，易于实现机械化和自动化，生产成本低，近年来随着带钢轧制技术的发展，扩大焊管生产已成为多数先进的工业化国家制管业发展的方向。不少国家焊管的产量已接近或超过钢管总产量的 70%。

由表 9-1 得知，自动轧管机组是一种应用最广泛的无缝钢管生产方法，可以生产多种规格、多种用途的钢管。因此，以下各节将着重介绍自动轧管机组的生产工艺和设备，而对其他热轧无缝管的生产方法、冷轧无缝钢管生产及焊管生产等只作简要介绍。

第二节　自动轧管机组的工艺及设备

自动轧管机组在我国热轧无缝钢管生产中占有统治地位，并以 76 ~ 100mm 无缝管车间居多。现以生产管径为 100mm 的自动轧管机组为例，对其生产工艺和设备加以介绍。

100 自动轧管机组的车间平面布置如图 9-3 所示。管坯进入车间后，在剪断机 1 上按工艺要求切成定尺长度。需要冷定心的管坯送到定心车床 2 上加工定心孔。切断的管坯经冷定心后送入斜底式连续加热炉（有的车间已改为环形加热炉）3 加热，需要热定心的管坯出炉后用辊道送到热定心机 4 上加工定心孔。不需要热定心的管坯，出炉后直接用辊道和斜算条送到穿孔机 5 穿孔。经热定心的管坯经另一斜算条送到穿孔机 5 穿孔，穿孔后的毛管还要经过自动轧管机 6、均整机 7、定径机 8 轧成成品管。需要减径的毛管，由于均整后温度降低，必须经再加热炉 9 加热后，才能送到减径机 10 减径。从定径机或减径机轧出的成品管，用辊道送到链式冷床 11 上冷却，冷却后的钢管送至斜辊式矫直机上矫直，然后再进行其他各项精整工序。精整后的成品管，经检查后包装入库。

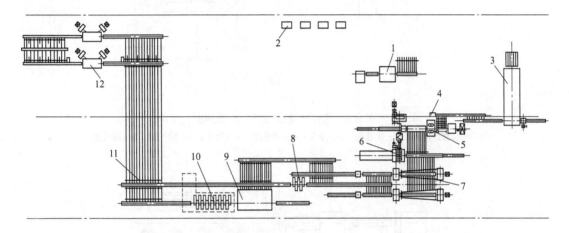

图 9-3　100 自动轧管机组的车间平面布置图

1—剪断机；2—定心车床；3—斜底式连续加热炉；4—热定心机；5—穿孔机；6—自动轧管机；
7—均整机；8—定径机；9—再加热炉；10—减径机；11—链式冷床；12—斜辊式矫直机

100 自动轧管机组的工艺环节。

一、管坯的准备

100 自动轧管机组用的管坯为直径 70~100mm 的热轧圆钢。管坯进入车间后应检查表面质量，如发现裂纹、结疤、折叠等缺陷应用铲、砂轮或铣刀清理，以减少废品的数量。

4~6m 长的管坯用 1000t 左右的剪断机根据工艺要求剪成定尺长度（800~2000mm）。在生产高合金钢时，由于管坯剪切抗力过大，冷剪时管坯端部容易出现裂纹，影响钢管质量。故在这类车间内除装有剪断机剪切一般管坯外，还要设置冷锯或阳极切割圆盘锯，用以锯切高合金钢管坯。

二、管坯的定心

为了改善穿孔机的咬入条件、克服钢管前端壁厚不均现象，除生产直径为 80~90mm、壁厚小于 5mm 的小直径薄壁管时管坯可以不定心外，其余的管坯均需定心。通常根据不同钢种和管坯尺寸确定定心孔的直径和深度。对 100 轧管机组，定心孔直径为 30~35mm，深度为 20～25mm。

定心工序可在加热前进行,也可在加热后、穿孔前进行。前者称为冷定心,后者称为热定心。冷定心就是用钻头在管坯端面钻定心孔,这种方法适用于小直径管坯和合金钢管坯。冷定心采用专门的管坯定心车床,也可用自制的简易设备来完成这一任务。

热定心机有两种:一种为炮弹式热定心机(见图9-4),一次冲成定心孔;另一种为风镐式热定心机(见图9-5),经风镐多次冲击打出定心孔。

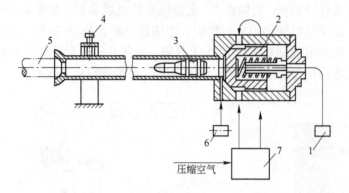

图9-4　炮弹式热定心机工作原理图

1—电磁换向阀;2—快速阀;3—冲头;4—调整架;5—管坯;6—抽气阀;7—储气罐

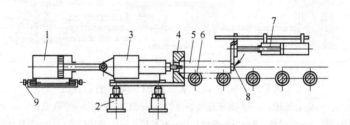

图9-5　风镐式热定心机工作原理图

1—工作气缸;2—升降螺杆;3—风镐;4—定位板;5—管坯;
6—辊道;7—推力气缸;8—活板挡头;9—调节螺丝

三、管坯加热

(一)加热制度

管坯加热温度应适宜、均匀,以避免由于加热不当而引起的种种缺陷,减少工具和轧制能量的消耗,从而提高轧机的生产率和钢管质量。管坯的加热温度应根据最有利于金属塑性变形的温度区间来确定。通常对碳素钢要求穿孔的温度为1200～1260℃,考虑到管坯从出炉到穿孔前的运输过程中热量有散失,实际加热温度要比穿孔温度高30℃左右。合金钢,尤其是高合金钢,对晶粒长大、过热、过烧较为敏感,故合金钢的穿孔温度要比碳素钢低,例如不锈钢管坯为1190～1200℃,耐热钢为1090～1120℃,轴承钢为1100～1150℃,为了选择最适宜的穿孔温度,对合金钢可采用高温扭转试验的方法,选取塑性最好的温度区间作为该钢种的穿孔温度区间。

　　所谓加热速度就是管坯加热时的温度升高的速度。加热速度愈快，达到预定加热温度的时间就愈短，可降低管坯的烧损率和提高加热炉的生产率。但是，提高加热速度会受到下列两个主要条件的限制：

　　（1）金属的导热性和加热时的热应力。在加热初期，管坯表面和中心温度不一致，要靠金属内部导热才能使管坯的内外温度均匀。由于热胀冷缩的原因，在管坯整个断面上就会产生内应力——热应力。加热速度愈快、金属导热性能愈差，则热应力就愈大。如果加热速度过快，则热应力就会超过金属塑性所允许的数值而使管坯内部开裂。合金钢和高合金钢导热性差，对热应力特别敏感，所以对这类管坯在不同的温度区间（例如500℃以下或500～800℃）需要采用较慢的加热速度。通常合金钢和高合金钢的管坯加热速度要比碳素钢慢。

　　（2）加热炉的影响。管坯的加热速度，实际受加热炉的结构、传热条件以及燃料等因素的影响。实践证明，影响加热速度进一步提高的主要因素是加热炉。因此，近年来出现了各种快速加热炉。目前大量使用的连续加热炉，碳素钢的平均加热速度为每厘米管坯直径6.0～6.5min；合金钢每厘米管坯直径为7.0～11.0min。

　　（二）管坯加热炉

　　用于加热管坯的加热炉有斜底式连续加热炉、环形加热炉、步进式加热炉和分段式快速加热炉。我国目前多采用斜底式加热炉和环形加热炉。

　　1. 斜底式连续加热炉

　　如图9-6所示。由于管坯是圆的，不能像生产一般钢材那样用推钢机在炉后堆料，使钢坯依次通过连续加热炉的各段炉膛，管坯只能用人工翻钢的方法使之在炉内滚动。管坯达到预定加热温度后，用装在炉头侧面的摩擦出钢机将管坯推出加热炉。为了减轻翻钢的劳动强度，连续式加热炉炉底做成倾斜的，斜度为6%～12%。在大、中型钢管车间，斜底式连续加热炉都采用煤气作燃料。中、小型车间过去多数是烧煤，劳动条件差，近年来多数已改为烧重油或烧煤粉的，从而改善了加热工人的劳动条件。

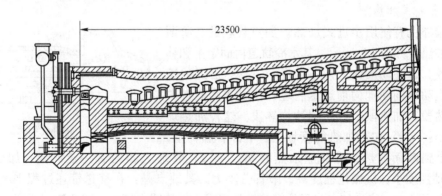

图9-6　斜底式连续加热炉

　　斜底式连续加热炉的优点是结构简单、机械设备少，初期投资也少，因而应用比较广泛。存在的缺点是：（1）加热炉的密封性较差、吸入冷空气多，加热不均，燃料消耗量大，这是由于两侧炉墙上开有很多供翻钢用的炉门所致；（2）金属烧损率高（可达3.5%），这是由于翻钢使管坯在炉内不断向前滚动，不断产生氧化铁皮，又不断脱落所

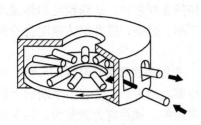

图 9-7　环形加热炉

致；（3）翻钢操作不易实现机械化，劳动强度大，劳动条件差。

2. 环形转底式加热炉

环形转底式加热炉（如图 9-7 所示）炉底是环形的，可以根据管坯排列的间隔大小作间断性的转动，内外两层环形炉墙和拱式炉顶固定不动。在外炉墙上只有两个炉门——装料口及出料口。在装、出料口处各装有一台气动机械手——装、出料机。装料机每次从输入辊道上夹起一根管坯，直接把管坯放在炉底上；出料机每次从炉内夹起一根加热好的管坯，取出放在输出辊道上。装、出料动作是同时完成的。每装、出一根（双排料为两根）管坯后，可用电动齿轮齿条机构或液压机构使炉底转动一个角度（管坯之间的间隔距离）。环形转底式加热炉的燃料用煤气，也可以烧重油。

与斜底式连续加热炉相比，环形加热炉有如下优点：

（1）管坯在环形转底炉中可以借助炉底的转动依次通过加热炉的各段炉膛，不用人工翻钢，从而大大减轻了劳动强度，实现了加热操作的机械化；

（2）环形转底炉仅有装、出料两个炉门，密封性好。在加热过程中，管坯相对炉底是静止不动的。因此，一次氧化铁皮生成后不易脱落，使氧化铁皮下的钢坯继续氧化，故管坯的烧损率低，通常为 1% ~ 1.5%；

（3）炉底温度高，管坯之间有一定的间隙，所以加热时间缩短，如加热直径 70 ~ 100mm 的碳素钢管坯一般只需 30min 左右。

环形转底加热炉的缺点：对比斜底式连续加热炉，其加热炉本身和附属设备较多，结构比较复杂，因而给使用和维护上带来一定的困难，特别是炉底与炉墙间的砂（水）封装置易出故障。这一薄弱环节，有待进一步改进。

由于环形加热炉有不可比拟的优点，所以有取代斜底加热炉的趋势。

3. 步进式加热炉

在国外也有使用步进式加热炉加热管坯的。所谓步进式加热炉如图 9-8 所示，其水冷轨道由固定梁和移动梁组成，靠移动梁作上升→前进→下降→后退的矩形轨迹运动来间断地向前运送管坯，使之依次通过炉子的预热段、加热段，最后到达均热段。这种加热炉的优点是：（1）在被加热的管坯上、下都有燃烧室，

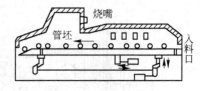

图 9-8　步进式加热炉

使管坯受到四面加热，可缩短加热时间；（2）管坯之间留有一定间隔，加热均匀；（3）劳动强度小，机械化程度高，节省劳动力。其缺点是：在移送管坯过程中氧化皮剥落，烧损率较大；步进和水封部位维护检修困难，加热能力较小，因此使用不广。

4. 分段式快速加热炉

生产钢管时，分段式快速加热炉（如图 9-9 所示）主要用于减径（特别是张力减径）前的毛管再加热和钢管热处理上。在加热炉上，单根或双根轧件按顺序通过由若干加热室 1 和间室 2 构成的炉膛。每个炉室的结构完全一样，可以在不停炉的情况下更换损坏的炉室。根据轧件的长度不同，在分段式快速加热炉内，每隔 1 ~ 2m 在间室内装有辊道辊子

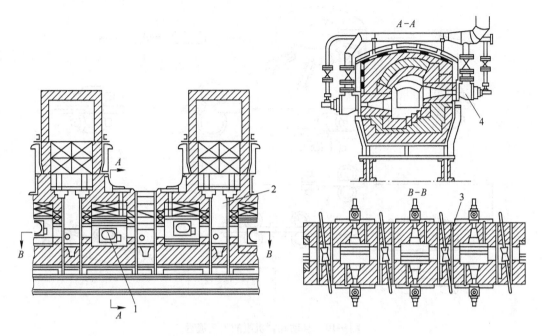

图 9-9　分段式快速加热炉
1—加热室；2—间室；3—辊道；4—烧嘴

3。为了使钢管加热均匀，辊子中心线与轧件中心线呈 82°～84°角，使轧件在前进过程中还能绕自身中心线转动。

分段式快速加热炉的特点是：（1）炉膛尺寸小、炉温高；（2）烧嘴沿炉膛切线方向布置，炉气呈漩涡状剧烈流动。因此加热速度快，其平均加热速度每厘米管坯直径为 1～2min，与其他几种常用的加热炉相比，加热的时间可缩短 3～5 倍，金属烧损率仅为其他加热炉的三分之一到五分之一。这种加热炉的另一个优点是可以实现加热操作的全面机械化。

分段式快速加热炉的缺点是：炉体长度大，只能用来加热长度大于 2.5～3m 的轧件。因此，如果用这种加热炉加热管坯时，要以整根的管坯装炉，出炉后再用热锯锯成所需的定尺长度，剩下的管坯还要用辊道返回炉内。

四、穿孔

自动轧管机组的工艺流程如图 9-10 所示。管坯从加热炉出炉后，送到斜轧穿孔机上穿孔，借以获得初具钢管形状的毛管。斜轧穿孔过程如图 9-11a 所示。由于穿孔机的轧辊轴线与轧制中心线在水平面上的投影有一夹角 α_8，如图 9-11b 所示，即送进角，当轧辊转动时，能使管坯既旋转，同时又前进。管坯呈螺旋运动前进时，遇到固定不动的顶头，由于顶头的作用，实心管坯就被穿轧成空心毛管。

穿孔机的轧辊通常用 55 号锻钢制作，退火后的硬度达 HB187～241。其形状如图 9-12 所示，由两个圆锥体构成，L_1 称为入口锥，L_2 称为出口锥。入口锥的作用是将管坯咬入并给其一定的压下量，使管坯遇到顶头后能顺利地穿出毛管。入口锥角 β_1 的大小，直接

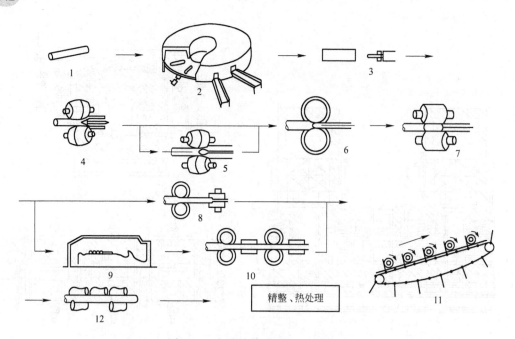

图 9-10　自动轧管机组的工艺流程

1—管坯；2—环形加热炉；3—定心机；4—穿孔机；5—二次穿孔机；6—自动轧管机；
7—均整机；8—定径机；9—再加热炉；10—减径机；11—冷床；12—斜辊式矫直机

影响咬入条件和管坯在入口锥处的变形区长度。β_1 愈小，咬入条件愈好，入口变形区长度也增大。但 β_1 过小，入口锥变形区长度过大，管坯和轧辊接触次数增多，因而管坯和顶头相遇前，在管坯中心处就会出现孔腔（中心撕裂），造成钢管内折叠、内裂纹等缺陷的可能性增大，通常取 $\beta_1 = 3° \sim 4°$。出口锥 L_2 的作用是碾轧毛管、均壁和扩径，一般出口锥角 $\beta_2 = 3° \sim 6°$。通常为了简化轧辊加工工艺，取 $\beta_2 = \beta_1 = 2°30' \sim 3°30'$。有的穿孔机轧辊的入口锥和出口锥长度是相等的，即 $L_1 = L_2$（见图 9-12）。有时为了提高毛管质量，使毛管在出口锥处多碾轧几次，所以 L_2 应比 L_1 长一些，一般长 $20 \sim 75$mm。

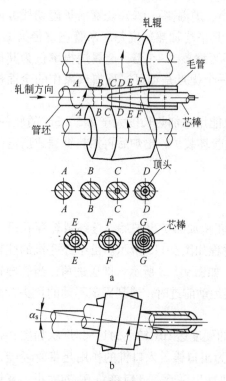

图 9-11　斜轧穿孔过程

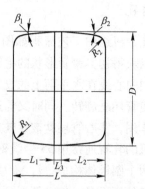

图 9-12　穿孔机轧辊图

入口锥和出口锥间的过渡圆柱段 L_3 ，称为压缩段，一般 $L_3 = 20 \sim 30mm$ 。常用的穿孔机轧辊也有不设压缩段的，即 $L_3 = 0$ 。

将实心管坯穿轧成空心毛管时，金属的基本变形是在顶头上进行的。顶头和轧辊构成整个变形区。因此，顶头尺寸、形状对整个变形区中每个断面上的压下量分配有直接关系，它直接影响到工具的磨损情况和毛管的质量。常用的穿孔顶头形状如图 9-13 所示。顶头在工作时与热金属接触，承受很大的压力和摩擦力，因此需要采用高强度、高耐磨性的合金钢铸成。

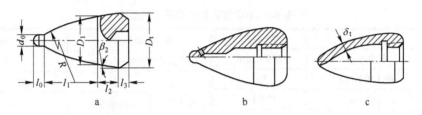

图 9-13　穿孔机顶头形状

a—更换式非水冷顶头；b—内外水冷顶头；c—内水冷顶头

为了使顶头耐用，每穿一根毛管后就要更换一次顶头，一方面使它冷却，一方面检查其表面磨损情况，以便及时更换报废的顶头。这项工作在不少工厂是人工操作的，劳动条件恶劣、劳动强度很大。目前有的工厂采用水冷空心顶头，这种顶头是用螺纹直接拧在顶杆上的，冷却水从顶杆中通入顶头内，这就无需经常更换顶头，可以减轻劳动强度。水冷顶头通常用 3Cr2W8 钢做成，也有采用 45 号钢的。

穿孔机是热轧无缝管车间担负第一道热轧变形任务的机组，其主要作用是将实心坯穿轧成空心毛管，以供自动轧管机进一步轧制。图 9-14 为 100 穿孔机设备布置简图。

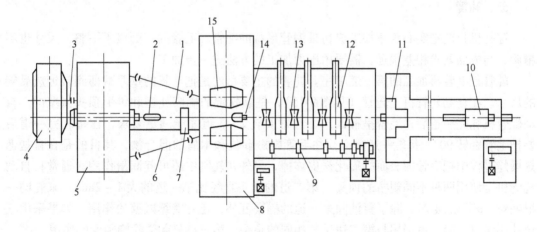

图 9-14　100 穿孔机设备布置简图

1—受料槽；2—气动进料机；3—齿轮联轴节；4—主电机；5—减速齿轮座；6—万向联接轴；
7—扣瓦装置；8—穿孔机工作机座；9—翻料钩；10—顶杆小车；11—止挡架；
12—定心装置；13—升降辊；14—顶头；15—穿孔机轧辊

穿孔机由四大部分组成：

（1）穿孔机主传动装置：由主电机 4、齿轮联轴节 3、减速齿轮座 5 和万向联接轴 6 等组成；

（2）穿孔机工作机座 8，是使管坯产生塑性变形的主要设备；

（3）穿孔机前台，由受料槽 1、气动进料机 2、扣瓦装置 7 等辅助设备组成；

（4）穿孔机后台，由顶杆小车 10、止挡架 11、定心装置 12、升降辊 13 和翻料钩 9 等辅助设备组成。

100 穿孔机主要技术特性见表 9-3。

表 9-3　100 穿孔机主要技术性能

管 坯	直径/mm	70 ~ 110		最大轧制力/kN	650
	长度/mm	800 ~ 2000		最大轧制力矩/kN·m	70
	最大重量/kg	150	主电机	型 号	ZJD120/43-6
毛 管	直径/mm	72 ~ 110		功率/kW	1000
	最大长度/mm	5000		转速/r·min⁻¹	130 ~ 520
轧 辊	辊身长度/mm	370	气动进料机	行程/mm	2100
	直径/mm	500 ~ 550		推力/kg	314 ~ 471
	倾角/(°)	3 ~ 13	顶杆小车	行程/mm	5900
	转速/r·min⁻¹	60 ~ 230		移动速度/m·s⁻¹	2.6
	圆周速度/m·s⁻¹	1.6 ~ 6.6	机组外形尺寸（长×宽×高）/mm×mm×mm		27240 ×4370 ×3470
	间距/mm	500 ~ 860			
侧压机构	最大调整行程/mm	175	机组总重量/kg		108600
	调整速度/mm·s⁻¹	1.24			

五、轧管

穿孔机只能把实心管坯加工成初具钢管形状的毛管。毛管的表面极不平整，尺寸也不精确，与成品要求相差很远，需要用压力加工的方法进一步加工。

轧管是毛管再加工的第一道工序。轧管的主要目的是把毛管的壁厚减薄到接近成品管的尺寸。在自动轧管机上轧管（见图 9-15），是靠轧辊的椭圆孔型和锥形顶头减壁的。自动轧管机轧完一道后，毛管呈椭圆形，通常要轧 2 ~ 3 道才能满足要求，在每轧完一道后要把毛管翻转 90°。每轧一道前必须往毛管内撒食盐和木屑的混合物，其目的是在食盐遇热爆炸过程中把毛管内表面的氧化铁皮炸掉，另外在轧制中还可起润滑作用。通常在自动轧管机上使用两种不同规格的顶头（第二道的顶头直径比第一道的大 1 ~ 2mm）来轧同一根毛管。轧第二道时，除了要消除第一道的椭圆度外，还有继续减壁的作用。如果采用三道轧制法时，第三道仍用与第二道尺寸相同的顶头。第三道只起消除椭圆度的作用。

在自动轧管机上，锥形顶头（见图 9-16a）是主要变形工具。顶头的锥角 γ_1 的大小，直接影响自动轧管机的工作状况和毛管质量。锥角 γ_1 过大，则咬入困难，容易产生轧卡和使毛管内表面产生划伤等缺陷。锥角过小，因金属与顶头接触区过长，顶头磨损快，也会降低毛管质量。通常 $\gamma_1 = 10° ~ 12°$，$l_{t_1} = (0.3 ~ 0.9)D_t$，$l_{t_2} = 15 ~ 20\text{mm}$。自动轧管机顶头采用 Cr32Ni5 和 Cr15Ni2 等铸钢制成。

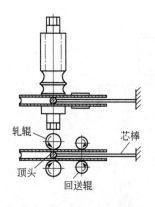

图 9-15 自动轧管机轧管过程

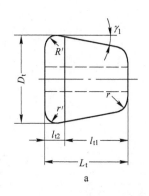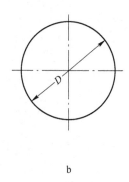

图 9-16 自动轧管机用锥形顶头(a)和球形顶头(b)

锥形顶头是一种自动轧管机广泛采用的顶头,但是每轧一道后必须人工更换。现在许多工厂用钢球(见图9-16b)代替锥形顶头,不但实现了更换顶头的机械化,减轻了体力劳动,而且降低了顶头的消耗量。

用自动轧管机组轧管,是广泛采用的一种轧管法。穿孔后的毛管从斜算条上滚到自动轧管机前台的受料槽中,然后用气动进料机送入自动轧管机轧制(在轧辊孔型和顶头构成的变形区中进行轧制)。自动轧管机工作机座和普通二辊不可逆式型钢轧机类似,不同之处是轧完一道后,必须把毛管回送到自动轧管机前台。因此,在自动轧管机工作机座后装有回送辊装置,用这种装置将毛管快速回送到自动轧管机前台。正因为具有这样的特点,所以称为自动轧管机。为了顺利地轧管和回送,在工作机座上设有上工作辊升降用的气动斜楔装置,在回送装置上设有下回送辊升降机构。

自动轧管机由以下设备组成:

(1)主传动装置;

(2)工作机座;

(3)回送装置;

(4)前台,由翻料装置、气动进料机、前台移动装置、进料斜算条、前台架体和料槽调整装置等组成;

(5)后台,由顶杆支持器等组成。

自动轧管机的各组成部分相对位置见图9-17。

100 自动轧管机的主要技术特性,如表9-4中所列。

表 9-4 自动轧管机的主要技术特性

毛 管	最大直径/mm	108	轧制压力/kN	约700
	最大长度/mm	8500	轧制力矩/kN·m	约110
轧 辊	辊身长度/mm	1270	回送辊中心高于轧制中心线/mm	20
	直径/mm	420~480	上辊升降高度/mm	40
	转速/r·min⁻¹	115	前台升降范围/mm	40
回送辊	直径/mm	300~350	设备总重量/kg	153300
	转速/r·min⁻¹	320		

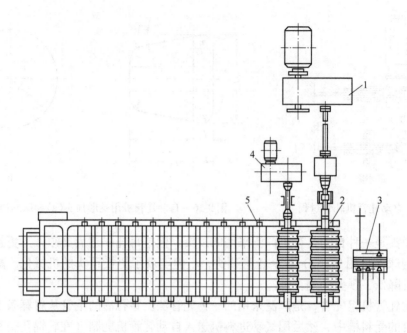

图 9-17　自动轧管机的平面布置图

1—主传动装置；2—工作机座；3—前台；4—回送装置；5—后台

六、均整

毛管经自动轧管机轧制后仍达不到成品要求。为了消除毛管的耳子、减小壁厚不均度和椭圆度以及提高钢管内外表面质量，需要采用带芯棒（顶头）斜轧的方法均整（见图 9-18）。均整后的毛管直径扩大 3%～9%，一般在 6%～8% 的范围内，毛管长度也相应地缩短 1%～6%。正因为这样，在钢管径向碾轧过程中才能达到均整的目的。

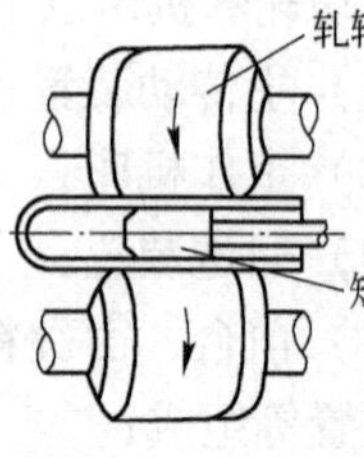

均整机的工作原理和轧机结构同斜轧穿孔机极其相似，因此对其不另作介绍。

图 9-18　毛管的均整

由于均整机的主要任务是均整，因此轧辊和顶头之间有一段等距离的间隙，当毛管螺旋前进时，管壁在这一间隙中得到多次碾轧而使壁厚均匀化。在均整机轧辊（见图 9-19）上担负这一变形任务的区段，就是中间圆柱段 L_2，100 均整机的 L_2 为 80mm。与均整机轧辊 L_2 段相对应，均整机顶头也有一圆柱段 L_{t_2}，其长度 L_{t_2} 与 L_2 相等。有的工厂将轧辊出口段做成锥形的，相应地采用锥形顶头，其锥角 $\beta = 1°30'$。轧辊出口段的主要作用是使毛管扩径。为了使毛管在均整时稳定地贴着下导板转动，两个均整辊中的一个比另一个直径宽 2～3mm。均整机顶头用耐磨的铸铁做成（见图 9-20）。

由于均整机负荷比穿孔机轻，而且毛管是空心的，因此不需要逐根更换顶头，只需经常观察其磨损情况酌情更换。又由于被均整的毛管长度已接近成品尺寸，而且毛管在均整机上的前进速度比自动轧管机的轧制速度慢得多，因此，为使全车间的设备能力均衡，在现代化的自动轧管机组中通常设有两台均整机。

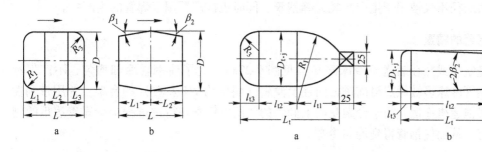

图 9-19 均整机轧辊图
a—圆柱形轧辊；b—圆锥形轧辊

图 9-20 均整机顶头
a—圆柱形顶头；b—圆锥形顶头

七、定径和减径

均整后的毛管虽然壁厚达到了成品要求，但毛管外圆在椭圆度方面还达不到成品要求。因此，需要用无芯棒连轧方法对其外圆进行加工借以达到成品要求，这一工序叫做定径（见图 9-21a）。定径机通常由三、五或七个机架组成，其中最常用的是五机架定径机。定径机相邻机架的轧辊轴线互成 90°布置，每个轧辊只有一个轧槽，采用常见的椭圆-圆孔型系统。由于定径机前各机组工具尺寸的限制，用定径机不能生产尺寸较小的钢管。

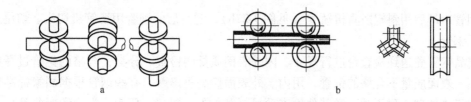

图 9-21 钢管的定径与减径
a—定径；b—减径

为了生产直径较小的热轧管，需要用减径机减径（见图 9-21b）减径机的结构和定径机一样，只是机架数增多了。通常根据减径量的大小不同，可采用 9 ~ 24 机架组成的减径机。

定、减径机都是连轧机，为了保证正常轧制，它与普通轧机一样要求在单位时间内通过每个机架的金属体积相等，即要遵守"秒流量相等"的原则：

$$F_1 v_1 = F_2 v_2 = \cdots = F_n v_n = 常数$$

式中，F 为通过各工作机架的轧件断面积；v 为各工作机架轧件出口速度；角码1、2、…、n 为机架号数。如各机架严格按照"秒流量相等"的原则调整轧辊的圆周速度，则称为无张力减径，此时钢管的壁厚在减径前后无显著变化或稍有增厚。

近年来开始推广张力减径。在采用张力减径时，各机架轧辊的圆周速度都比按"秒流量相等"的原则计算的高。因此，钢管在变形过程中不仅受轧辊的压缩，而且还受到拉应力作用，这种应力状态对钢管的轧制变形有利。采用张力减径不但能增大减径量，而且能减薄壁厚。正因为如此，就可使减径前各轧机只生产少数几种大规格毛管，这样不仅能提高整个车间的产量，同时也可用热轧法生产小直径无缝钢管，以取代一部分成本较高的冷轧管。张力减径不仅被用于生产热轧无缝钢管，同时也被广泛用于焊管的生产中。

八、钢管的精整

钢管经定径或减径后送至冷床冷却（见图9-22a）。为了使钢管冷却均匀，不产生弯曲，一般钢管冷床多被做成沿前进方向往上倾斜（斜度为2%左右）的台架，并用带刚性拨爪的链式拖运机拖运。由于台架是向上倾斜的，所以钢管在行进过程中会靠着拨爪的侧面旋转上行，从而使钢管得到均匀冷却。

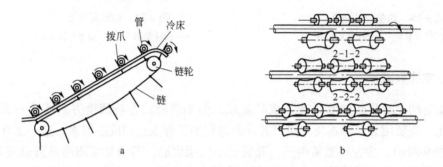

图9-22　钢管的冷却与矫直

a—冷却；b—矫直

钢管冷却后用斜辊矫直机矫直（见图9-22b），矫直后的钢管用切管机切头、切尾及切成定尺钢管。

成品钢管需送到检查台进行尺寸、内外表面质量的检查、分类，合格的钢管过秤后包装入库。表面质量不合格的钢管，用内、外表面修磨机修磨。有些钢管根据国家标准要求还要进行热处理、耐压试验和其他检查项目（如拉伸、扩口、压扁、卷边和弯曲等）。

第三节　热轧无缝钢管的其他生产方法

无缝钢管的品种、规格繁多，技术要求也各有不同。前节已经把实际生产中用得较广的自动轧管机组作了介绍，然而常用的生产热轧无缝钢管的方法还有多种，各种生产方法之间的差别主要在于把空心毛管壁厚减薄到接近成品尺寸的工序——轧管工序。因此，通常以轧管机的名称来命名整套机组的名称。现将常用的几种生产方法进行简介。

一、周期式轧管法

周期式轧管法是使用穿孔后的毛管，在周期式轧管机上轧制钢管的方法。这种方法的主要特征是：能生产大直径管材；轧机的延伸系数非常大，因此可以减小穿孔时的变形量；适于小批量多品种生产。

周期式轧管机如图9-23所示，是上下两个轧辊上均车有变断面轧槽的不可逆二辊轧机，在轧机的前台设有夹持并能转动芯棒的送料机。

（一）周期轧管机的工作原理

周期式轧管机的轧辊如图9-24所示。整个轧槽可分为三部分：

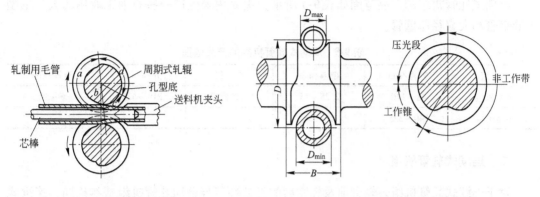

图 9-23　周期式轧管机　　　　　　图 9-24　周期式轧管机轧辊图

（1）工作锥。占整个轧槽的四分之一至六分之一。在这段变形区中，依靠变直径、变断面的轧槽将毛管由初始咬入时的直径和壁厚压缩至接近成品管的尺寸，它担负了周期轧管机的主要变形任务。

（2）压光（定径）段。占整个轧槽长度的三分之一至四分之一。这段轧槽底部直径是不变的，其任务是把被工作锥压缩过的毛管进一步压光，使毛管脱离这一区域后达到或接近成品管的要求。

（3）非工作带。这一段轧槽保证未经轧管机轧制的毛管不与轧辊接触，使毛管顺利地通过两个轧辊轧槽所构成的孔型，达到规定的轧制位置。

每个轧制周期的轧制过程大致可以分为如下几个阶段（见图 9-25）：1）送进及翻转90°；2）咬入及轧制阶段；3）定径及终轧阶段。如此周而复始经过几个工作循环后，方能轧出最终尺寸的毛管。

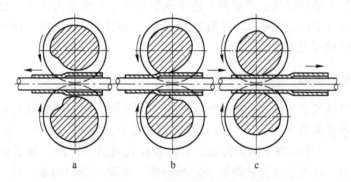

图 9-25　周期式轧管机工作原理图

a—送进及翻转 90°；b—咬入及轧制；c—定径及终轧

（二）周期式轧管机组的工艺流程和用途

周期式轧管机组的延伸系数较大，因此通常采用小锥度圆钢锭或多边形钢锭做坯料。在生产直径小于 140mm 的普碳钢管或合金钢管时，也用轧制或锻造管坯。钢锭（管坯）经清理、加热及用穿孔机穿制成毛管后，再用周期轧管机轧管。轧后的毛管，用热锯切去头、尾，经再加热炉加热后送至定径机定径。定径后，成品管的精整工序与自动轧管机组的精整工序基本相同。

周期式轧管机组的产品范围如表9-5所示，主要用来生产一些石油工业用的大、中型无缝钢管和大直径厚壁管。

表9-5 周期式轧管机组的产品范围

机 组	外径/mm	壁厚/mm	机 组	外径/mm	壁厚/mm
小型机组	48～140	2.25～15	大型机组	219～426	6～50
中型机组	140～325	5～35			

二、连续式轧管机组

对于连续式轧管机组，轧管前及轧管后的工艺环节与自动轧管机组基本相同。连续式轧管机组是由7～9架类似于定径机的二辊轧机构成的。在连续轧管机上轧管，是把穿孔后的毛管套在长度与成品管相近似的长芯棒上，靠轧辊的孔型和长芯棒的作用来减壁的（见图9-26）。由于孔型是椭圆的，而且轧机的配置又保证相邻的两架轧机呈90°交替地压缩轧件，所以毛管从连续式

图9-26 连轧管示意图

轧管机轧出后，与长芯棒间有1mm左右的间隙。这样，则可用链式脱棒机把芯棒从毛管中抽出。用过的长芯棒送入冷却槽冷却，然后涂上润滑剂准备循环使用。脱棒后的毛管，经再加热炉加热后送至定径机或减径机进行定、减径。

为了扩大连续式轧管机组的产品范围并提高产量，近年来在这类机组上广泛采用张力减径机。减径后的钢管最小外径可达16mm，长度可达40～120m。减径后用飞锯或飞剪切断，小直径的钢管，也有像线材那样卷成盘卷供应给用户的。

连续轧管法的主要特征是生产率高，适于轧制直径小、长度大、生产批量多、内外表面质量好及偏心度小的无缝钢管。目前这种机组主要生产直径40～168mm、壁厚2～20mm，长7～40m的无缝钢管。

三、三辊式轧管机组

三辊式轧管机组的工艺流程和连续轧管机组大体相同，所不同的只是轧管工序。三辊式轧管机的轧辊布置如图9-27所示，在垂直毛管中心线的平面内有三个互相间隔120°的轧辊（见图9-28），三个轧辊作同向转动。芯棒和在其周围"对称"布置的三个轧辊组成一个环形封闭孔型。轧辊轴线与轧制线（芯棒轴线）成两个倾斜角度；以上轧辊为例，轧制线与轧辊轴线在水平面上的投影之间有一夹角 α（见图9-27），此角称为送进角；两者

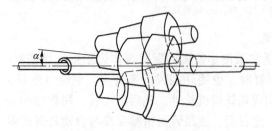

图9-27 三辊轧管机的轧辊布置

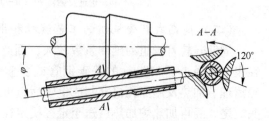

图9-28 三辊轧管机工作原理图

在包含轧制线的垂直平面上的投影间有一夹角 φ（见图9-28），此角称为碾轧角。送进角一般为7°；碾轧角一般为3°～4°。送进角可使轧件产生既旋转又前进的螺旋运动，其大小决定着毛管前进速度的大小。碾轧角的大小决定着长芯棒与轧辊表面间的孔型尺寸，即可用以调节变形过程和钢管尺寸。

三辊式轧管机轧管过程是：先把芯棒插入穿孔后的毛管中，然后送入轧机轧制。在轧制时，毛管和芯棒在三个轧辊作用下边旋转边前进，呈螺旋运动，与此同时毛管在轧辊和芯棒间受到压缩轧制，从而被加工成要求尺寸的毛管。

轧完之后，把芯棒从毛管中抽出并把毛管送入再加热炉加热，然后进行减径或用回转定径机定径，从而获得成品钢管所要求的几何形状和尺寸精度。

三辊轧管法的特点是：因在磨光并涂有润滑油的芯棒上轧制，所以钢管内表面较为平滑；又因毛管受三个轧辊的夹持，中间又放有芯棒，所以轧后钢管外径与壁厚尺寸精度高而均匀。这种方法适于制造高精度的厚壁钢管。

三辊式轧管机组通常用来生产直径为40～200mm，壁厚为4～50mm，长达6～12m的各种碳素钢、合金钢及高合金钢钢管。

四、顶管机组

顶管机组以热轧方坯为原料，加热后应用4000～7000kN立式或卧式水压机冲成杯形毛管（见图9-29）。方坯在挤压筒中以四个棱角与挤压筒接触（见图9-29a）。为了提高杯形毛管的精度，在新式顶管机组中，在冲孔机前增设一台4000～4600kN立式水压机校正方坯的对角线和锥度。冲孔后退出冲头并用出料机构把冲出的杯形毛管推出（见图9-29c）。

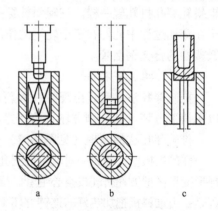

图9-29　用水压机冲制杯形毛管原理图
a—装料；b—冲孔；c—出料

杯形毛管经再加热后送到顶管机组顶管。为了提高钢管的尺寸精度，使毛管壁厚均匀，近年来在顶管机前增设一台二辊式毛管延伸机，延伸机的工作原理和斜轧穿孔机、均整机一样。将杯形毛管套在顶管机芯棒上，靠齿轮齿条机构把毛管顶过顺次排列、口径逐渐减小的一组模孔（见图9-30），模孔的总数可达21个，每个模孔的延伸系数为1.02～1.23，因此顶管机的总延伸系数可达7～15。在顶管机上，毛管应经常在两个模孔中被加工，在顶管结束时，可以同时在三个模孔中受到加工。新式顶管机中，为了减少模孔的磨损，提高钢管的质量而采用辊式模具，每个模具由三或四个辊子构成。采用辊式模具后，每个模具的延伸系数可提高到1.53左右。

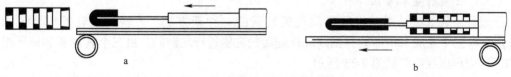

图9-30　顶管机工作原理简图
a—顶管前；b—顶管后

经过顶管机顶制后，毛管和芯棒一起送到均整机均整。经过均整后，毛管直径有所扩大，毛管与芯棒间产生了 2～4mm 的间隙，因此在脱棒机上很容易将芯棒抽出。抽掉芯棒后，用热锯切去杯形毛管的底部，然后送至定径机轧制，最后进行精整工序。

顶管机组可以生产直径为 57～219mm、壁厚 2.5～15mm，长 8～10m 的碳素钢和合金钢钢管。

用顶管机组生产钢管的优点是：钢管质量，特别是内外表面质量较高；设备比较简单，初期投资少。其缺点是金属消耗系数较大（新式顶管机组的金属消耗系数为 1.2，而一般自动轧管机组则为 1.1～1.15）；生产率比常用的其他轧管机组低，只适用于生产规模较小的企业。

五、热轧无缝钢管生产的几种新方法

随着无缝钢管生产技术的发展，近年来出现了一些热轧无缝钢管生产的新方法：如三辊穿孔法、推轧穿孔法和三辊行星轧管法等。

（一）三辊穿孔法

传统的穿孔法多用水压机穿孔和二辊斜轧穿孔。为了生产低塑性合金钢管、提高毛管质量，有的轧管机组采用了三辊斜轧穿孔法。三辊斜轧穿孔法是用三辊斜轧穿孔机来实现的。这种穿孔机的结构与三辊轧管机基本相同，只是轧辊形状不同于三辊轧管机，而与二辊斜轧穿孔机轧辊一样。三辊斜轧穿孔机的工作原理也与二辊斜轧穿孔法基本相同，但由于在穿孔过程中轧件在三个轧辊的作用下处于显著的三向压应力状态下，所以有利于穿制低塑性的合金钢毛管。

（二）推轧穿孔法

推轧穿孔法是最近出现的一种新的穿孔方法，它可以用铸造方坯（或轧制方坯）直接穿制出圆形毛管。

推轧穿孔法的原理（见图 9-31）是借助与二辊纵轧机一样的主机座，通过一对轧辊的圆孔型与顶头所组成的环形变形区把方坯挤轧成空心毛管。推轧穿孔机的穿孔过程是：由推料机把加热好的连铸方坯 1 推入调整好的进口导卫装置 2 中，方坯在后推力和轧辊 3 咬入力的作用下逐渐进入变形区。当轧件与顶头 4 相遇时，随着轧件前进，由顶头把方坯中心的金属向外挤扩而充满孔型，从而在轧辊与顶头的挤轧作用下形成圆断面的空心毛管 5。

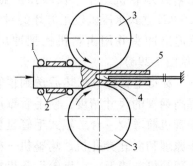

图 9-31　推轧穿孔法
1—方坯；2—进口导卫装置；3—轧辊；
4—顶头；5—空心毛管

推轧穿孔的优点是：变形均匀，不形成孔腔，毛管内表面质量好；不形成内、外螺旋道等缺陷。其缺点是易出现壁厚不均的现象。

（三）三辊行星轧管法

三辊行星轧管法是用三辊行星斜轧机轧管的一种新方法。三辊行星轧管机（见图 9-32）是靠三个互成 120°布置并围绕轧件旋转的轧辊进行轧制的。由三个轧辊和芯棒所组成的环形变形区纵剖面如图 9-33 所示。

在三辊行星轧管机上轧管时，首先芯棒插入穿孔后的毛管内，然后把毛管和芯棒一起送入行星轧管机的变形区中。芯棒的位置固定以后，在轧辊和芯棒的碾轧下，以很大的延

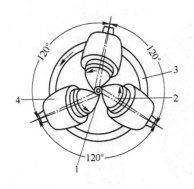

图 9-32　三辊行星轧管机
1—毛管；2—轧辊；3—回转机架；4—轧辊座

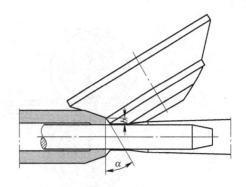

图 9-33　三辊行星轧管机的变形区
α—台肩角度；b—台肩高度

伸系数把空心毛管碾轧成几何尺寸接近成品要求的钢管。轧后不需要进行再加热，可直接送至定径机或减径机进行定径或减径。

三辊行星轧管机的优点是：延伸系数大，一次轧制的延伸系数可达 15；轧制过程具有连续性，从而使轧机受力均匀，有利于延长零部件的使用寿命；坯料重量大（相当于一般轧制方法的 3~4 倍），金属收得率高；生产成本低；不需要再加热，节省能源；生产工艺简单，操作方便。适于生产壁厚精度高，长度大的毛管。

第四节　冷轧无缝钢管生产简介

钢管的冷加工方法主要有冷拔和冷轧法。近年来随着科学技术的发展，又发展起来一种冷旋压法，用这种方法可以生产大直径、高精度的冷轧管和变断面冷轧管。冷加工钢管的原料可以是热轧无缝钢管也可以是焊管。钢管冷加工法的共同特点是尺寸精度高、表面粗糙度好，可生产极薄（达 0.05~0.01mm）的薄壁管和极细（直径达 0.3~0.1mm）的毛细管。在这里主要叙述冷轧法并简要介绍冷旋压法，至于冷拔法则可参考本书有关"金属压力加工的其他方法"内容的介绍。

一、冷轧钢管

冷轧钢管的主要优点是断面减缩率大，特别是减壁能力强。对碳钢来说，一次轧制的断面减缩率可达 80%~83%，合金钢可达 72%~75%。其主要缺点是工具更换困难。冷轧法除了直接用于生产一部分精度较高的冷轧管以外，往往与冷拔法联合使用，为冷拔开坯。这样既能充分发挥冷轧的减壁能力，又能巧妙地利用冷拔工具易于更换的优点，有利于提高生产率、扩大产品生产范围和提高钢管表面质量。

目前冷轧管生产多用周期式冷轧管机（见图 9-34）。周期式冷轧管机的工作特点是钢管和芯棒不动，由机架往复运动带动轧碾往复碾轧钢管，采用变断面孔型压缩轧件，以达到减径和减壁的目的。如图 9-34 所示，当轧机和轧辊处于原始位置 a 时，孔型尺寸最大（比坯料外径稍大）；在达到行程极限位置 b 时，孔型比成品外径稍大；在达到 b 位置前 5°时，孔型尺寸最小，即等于成品外径。在原始位置 a 时，送进管料，随轧机的大小不同，每次送进 3~30mm。于位置 b 时，翻转管料，每次翻转 60°~90°，以便轧辊回程时碾

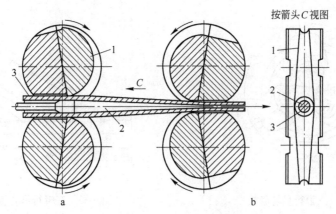

图 9-34　周期式冷轧管机工作原理图
1—轧辊；2—芯棒；3—毛管

轧平整管壁。当恢复到原始位置 a 后，再送进管料开始下一个周期的轧制。如此反复碾压管料，最后轧出所要求尺寸的冷轧钢管。

冷轧钢管的产品规格范围为：外径 4.0～450mm；壁厚 0.04～60mm。

周期式冷轧管法与冷拔法相比，其优点是道次面缩率大，无需垂头，成品率高。缺点是生产速度慢，工具费用昂贵，中间处理费用高。这种方法用于生产不锈钢管。

冷轧钢管生产工艺流程，除轧管工序外基本与冷拔钢管生产相同，详见图 9-35。

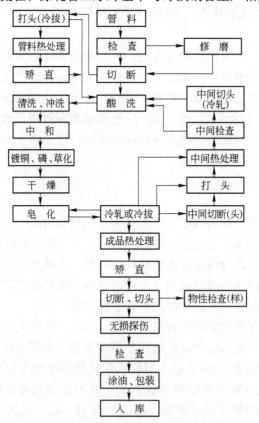

图 9-35　冷轧（冷拔）钢管生产工艺流程

随着现代化工业和尖端技术的发展，冷轧管生产在国内外得到了迅速的发展。除了上述常用的二辊周期式冷轧管机外，近年来又先后出现了多辊周期式冷轧管机、连续式冷轧管机、行星式冷轧管机、多线式冷轧管机和多辊连续式冷轧管机。不仅大幅度提高了冷轧管机的生产率，而且扩大了产品品种，提高了产品尺寸的精度和表面质量。

二、冷旋压法

冷旋压轧管法是以热轧无缝钢管或筒形钢板为坯料，用冷旋压机轧管的一种方法。冷旋压机工作原理如图 9-36 所示。

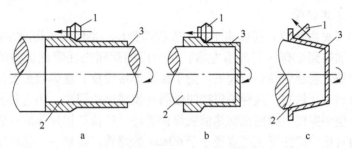

图 9-36　冷旋压机工作原理图

a—推进式旋压法；b—拉进式旋压法；c—变断面管旋压法

1—旋压辊；2—芯棒；3—旋压件

冷旋压法多用于生产大直径、高精度薄壁管和变断面冷轧管。

第五节　焊接钢管生产

焊管法可以用于生产碳素钢、合金钢以及各种有色金属管材，其生产品种极为广泛，外径在 5～4000mm 之间，壁厚为 0.3～25mm，特厚壁焊管最大壁厚可达 50mm。

焊管生产方法种类繁多，按焊接方式分，有压力焊接法和熔融焊接法。压力焊接法包括电阻焊接法（高频电阻焊和高频感应焊）和炉焊法。熔融焊接法包括闪光电弧焊接法、埋弧电弧焊接法和气体保护电弧焊接法。按焊缝接合形式不同，有对接、搭接、直缝和螺旋焊缝等焊接方法。把各种焊接方法按成型方式、所焊钢管的尺寸和焊接速度归纳起来如表 9-6 所示。

表 9-6　焊接钢管的生产方法

焊 接 方 法			成 型 方 法		钢管尺寸/mm	焊接速度
					外径（壁厚）	/m·min^{-1}
电阻焊接			连续辊式成型		12.7～508（0.8～14）	6～120
炉　焊			连续辊式热态成型		21.7～114.3（1.9～8.6）	50～430
电弧焊接	埋弧电弧焊接		直缝焊	辊式弯板机	300～4000（4.5～25.4）	1～2
				UO 压力机	400～1400（6～25.4）	1～2
				连续辊式成型	400～1200（6～22.2）	1～2
			螺旋成型机		300～2050（3.2～16）	1～2.5
	惰性气体保护电弧焊	保护钨极	连续成型机		10～114.3（0.5～3.2）	1～2
		保护金属	压力机		50～4000（2～25.4）	1～2
			辊式弯板机			

目前采用埋弧直缝焊接法和螺旋焊接法制造大直径焊管的方法得到了广泛的应用。其中常用的直缝焊管尺寸为：直径 426～1420mm，壁厚 8～14mm；螺旋焊管尺寸为：直径 426～630mm，壁厚 6～8mm。

气体保护电弧焊接法主要用于生产高合金及不锈钢焊管，其焊接质量好，生产效率高。

目前在我国广泛采用的焊管方法是对缝炉焊法和电阻焊接法。

一、炉焊钢管生产

（一）对接炉焊钢管

对接炉焊法（见图9-37）是将扁平的窄带状焊管坯一端的两角切除并翻卷起来后，送至加热炉加热。加热到1300～1350℃左右，用专门的焊钳夹住管坯翻卷的一端拉过漏斗模，管坯在模中被弯卷成管并对焊起来。为了保证焊接质量，在焊接前要用风嘴吹去管坯两侧边缘的炉渣和氧化铁皮。这种炉焊法叫做漏斗模成型炉焊法。用这种方法焊制直径很小的钢管时，不使用夹钳，而用在加热前就焊在管坯上的拉杆把加热好的管坯拉过漏斗模来生产焊管。用对接炉焊法可生产直径小于 60mm 的焊管。焊接后，送至定径机定径并用矫直机矫直。除了这种炉焊法之外，还有连续辊式成型炉焊法（简称连续炉焊法）。

连续炉焊法（见图9-38）是使带钢通过窄而长的加热炉把带钢边部加热到焊接温度。带钢出炉后，经风嘴吹边并用一组具有圆形孔型的成型机成型，最后在焊接辊的挤压作用下焊接起来。这种成型机一般由六对轧辊组成。在第一对辊上成型，在第二对辊上焊接，而在其余的几对辊上连续轧出具有精确尺寸的钢管。带钢卷用开卷机开卷供料。为保证能够连续焊管，在加热炉前设有活套坑。钢管轧机轧出后，用飞锯切成定尺长度。这种焊管方法生产率高，适于大批量生产小直径焊管。

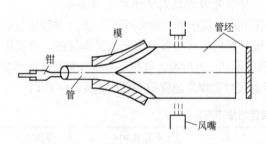

图9-37　对接炉焊漏斗模成型示意图

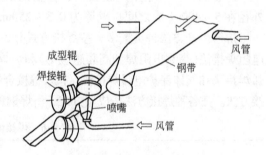

图9-38　连续炉焊管成型与焊接

（二）搭接炉焊钢管

用搭接（见图9-39）炉焊法生产焊管需要两道工序：在第一道工序中，先把窄带状扁平管坯加热到 900～1000℃，然后将它拉过漏斗模卷成搭边的管子；第二道工序是把卷成的管子重新加热到 1300～1350℃，然后在带有圆形孔型的二辊式纵轧机上轧制。为了保证焊接牢固，在孔型内置有顶头，顶头被支撑在长顶杆上。孔型的直径相当于钢管的外径，顶头的直径相当于钢管的内径。轧钢机布置在加热炉出钢口附近，每轧一道后

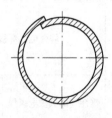

图9-39　搭焊法

均把钢管送回加热炉重新加热并更换一个直径较大的顶头。如此经过几次轧制后，焊制成搭接管。这种钢管的焊接质量是靠加热温度和轧制压下量来保证的。用搭焊法可制取直径400mm 以下的焊管。

二、电焊钢管

近年来，电焊钢管获得了广泛的应用。制造这种钢管的原料是冷轧带钢或扁钢。带钢或扁钢在成型机上弯卷成管。成型机一般由六对轧辊组成，其成型过程如图 9-40 所示。

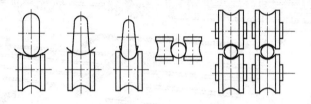

图9-40　带钢在成型机上成型

轧件对焊过程是当轧件从最后一架成型机架轧出后，在专用电焊机上进行的。电焊制管法种类很多，但除了焊接工序本身不同以外，其他工序基本相同，现以接触电阻焊管为例加以介绍。

电阻焊接机的工作原理如图 9-41 所示。电阻焊管法就是将成型管的对接缝用电阻焊接机焊合起来的一种方法。它是利用高强度电流通过大电阻的焊缝时所产生的热量把焊缝两侧的金属加热到焊接温度（1300 ~ 1400℃），进而在压力辊的作用下焊合成管。

连续电阻焊管法的工艺流程如图 9-42 所示。用这种方法可以生产外径 6 ~ 660mm，壁厚 0.15 ~ 20mm 的焊管。因为是靠压力焊合的，所以焊缝强度较低。

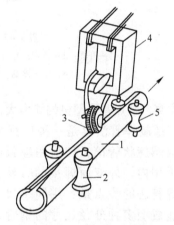

图9-41　电阻焊管原理图
1—钢管；2—压力辊；3—圆盘电极；4—变压器；5—导辊

电焊管在焊接过程中会形成堆积物，这种堆积物可在钢管向前运动时用固定的刨刀刨除。焊好的钢管用飞锯切成所需长度。在一些焊管机组中，于成型机后面还装有定径机。在这种情况下，则要在定径之后再把钢管切成定尺长度。

在直缝电焊管生产方法中，除了电阻焊接法之外，还有电弧熔融焊管法，其典型的例子是 UOE 法。

所谓 UOE 法，就是把按要求切断的钢板预先弯边并在 U 形和 O 形成型的压力机上依次压制成 U 形和 O 形；然后预焊 O 形管筒的焊缝；最后用内、外两台电焊机对内、外焊缝进行正式埋弧焊接。焊接后钢管外径小于成品外径，要用水压机或机械扩管机扩管来达到成品外径尺寸，提高钢管的真圆度和平直度，并且借以消除焊缝处的残余应力。

UOE 法的优点是：适于生产大直径直缝焊管；成型方法简单、合理；焊缝质量好，生

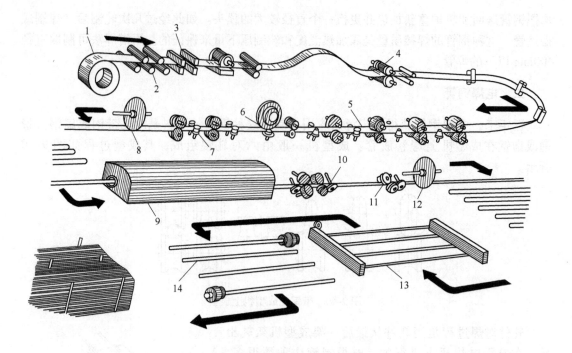

图 9-42　连续电阻焊管生产工艺过程示意图

1—开卷；2—矫直；3—接头对焊；4—切边；5—成型；6—电阻焊；7，11—定径；

8，12—锯断；9—加热；10—减径；13—切管；14—水压试验

产率高。缺点是成型机的能力大，设备投资费用高。

　　螺旋焊管法也是一种广泛采用的电焊管生产方法。它是用螺旋成型机把带钢卷曲成螺旋状管筒，然后用埋弧电弧焊接法制造大直径钢管的一种方法。焊缝的方式也采用内、外双面焊接的方法。螺旋焊管机组的生产工艺过程如图 9-43 所示。螺旋焊管法的优点是：用同一尺寸的带钢能制造多种外径尺寸的钢管；在一套成型机上能成型多种外径尺寸的钢管，设备共用性强、投资少；操作简便，有利于生产大直径的钢管；焊缝残余应力小，焊接质量高。其缺点是：与 UOE 法相比，焊缝长，生产率低。

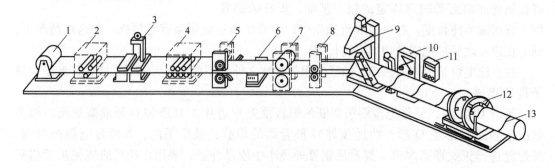

图 9-43　螺旋焊管机组的生产工艺过程

1—板卷；2—三辊直头机；3—焊接机；4—矫直机；5—剪边机；6—修边机；7—主动递送辊；

8—弯边机；9—成型机；10—内、外自动焊接机；11—超声波探伤；12—剪切机；13—焊管

───── **本 章 小 结** ─────

本章对无缝钢管生产工艺进行了较为细致的阐述，焊管生产工艺方面的内容略少，但不断地增加焊管产量，提高焊管质量，扩大焊管品种和用途，对国民经济的各方面均具有重要意义。

当然，无缝钢管生产工艺的技术含量是很高的，从理论到实践都要我们不断探讨。

课后思考与习题

1. 何谓无缝钢管，何谓有缝钢管，它们是采用何种主要方法生产的？
2. 用于加热管坯的加热炉大致有哪几种，各有什么主要特点？
3. 简述对接炉焊管、搭接炉焊钢管、直缝电焊钢管和螺旋电焊钢管的生产方法，其特点和适用条件如何？

第十章 金属压力加工的其他方法

本章就锻造生产、冲压生产、拉拔生产和挤压生产，进行了一些简要的介绍，试图让大家对整个金属压力加工生产有较全面的了解。

锻造生产是最古老的金属压力加工方法，往往在新建轧钢车间的同时还建有锻钢车间，这是因为很多种低塑性的优质合金钢锭大都需要经过锻造开坯，然后再用锻造的钢坯轧制成钢材。锻坯质量高，其塑性、韧性和其他的力学性能等都是很高的，当然要用高质量锻坯轧成高质量的钢材。

冲压生产的坯料多为金属板材，可算是金属板材的再加工。冲压的塑性变形使金属内部组织得到改善，力学性能有所提高，具有重量轻、刚度好、强度大、精度高和表面光洁、美观等特点。

拉拔生产的主要产品是钢丝，其原料是轧制的线材，用多次冷拔的方法来拔成钢丝。拉拔制品的形状和尺寸较精确，表面质量极好；拉拔制品的机械强度也很高。

挤压生产具有比轧制和锻造更强的三向压缩应力，避免了拉应力的出现，金属可以发挥其最大的塑性，使脆性材料的塑性提高。能生产形状极为复杂的型材和管材，其产品尺寸精确、质量较高，优于热轧和锻造产品。

第一节 锻造生产的应用范围、特点及其基本方法

一、锻造生产的应用范围和特点

锻造生产虽然是一种古老的压力加工方法，但它具有别种压力加工方法所没有的特点，故仍起着相当重要的作用。由于现代机械制造等工业的发展，锻造方法更是在不断革新和进步。

在冶金联合企业中，尤其是优质钢冶金工厂中，往往在建设轧钢车间的同时还建有锻钢车间。这是因为很多种低塑性的优质合金钢锭大都需要经过锻造开坯后方能进行轧制。

在机械制造等工业中，对于负荷大、工作条件严格、强度要求很高的关键部件，只可用锻造方法制作毛坯后才能进行机械加工。如大型轧钢机的轧辊、人字齿轮，汽轮发电机组的转子、叶轮、护环，巨大的水压机工作缸和立柱，机车轴，汽车和拖拉机的曲轴、连杆等，都是经锻造加工而成的。至于重型机械制造中所要求重达 150~200t 以上的部件，则更是其他压力加工方法望尘莫及的。

当前，汽车和拖拉机、造船、电站设备，以及新兴的航天和原子能工业的发展，对锻

造加工提出了愈来愈高的要求，例如要求提供巨型的特殊锻件、少经切削加工或不再经切削加工的精密锻件、形状复杂和力学性能极高的锻件等。

锻造与其他加工方法比较具有如下特点：

（1）锻件质量比铸件高。能承受大的冲击力作用，塑性、韧性和其他方面的力学性能也都比铸件高甚至比轧件高，所以凡是一些重要的机器零件都应当采用锻件。

（2）节约原材料。例如汽车上用的净重 17kg 的曲轴，采用轧制坯切削加工时，切屑要占轴重的 89%；而采用模锻坯切削加工时，切屑只占轴重的 30%，还可缩短加工工时六分之一。

（3）生产效率高。例如采用两部热模锻压力机模锻径向止推轴承，可以代替 30 台自动切削机床；采用顶锻自动机生产 M24 螺帽时，为六轴自动车床生产率的 17.5 倍。

（4）自由锻造适合于单件小批量生产，灵活性比较大，在一般机修工厂中都少不了自由锻造。

必须指出锻造是一种原始的生产方法，生产率与轧制比较是低的，机械化与自动化水平还有待进一步改善。

二、锻造的基本方法

锻造的基本方法为自由锻造和模型锻造（如图 10-1 所示）。

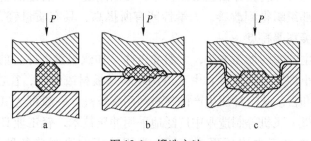

图 10-1　锻造方法

a—自由锻；b—开式模锻；c—闭式模锻

（一）自由锻造

自由锻造的操作方法主要有：

（1）镦粗。它是使毛坯断面增大而高度减小的锻造工序。常用这种工序制造齿轮、法兰盘等锻件。

（2）镦延。指被锻工件断面减小，长度增加的一种工序，亦称拔长工序。用于制造轴类等长件。

（3）冲孔。把坯料冲出透孔或不透孔的工序。用于扩孔的准备工作。

（4）截断。截断乃在热状态下用錾子进行。先从一面截，然后翻转工件再断，端部形成的飞刺用尖头錾子除去。

（5）弯曲。弯曲通常在弯曲机上进行。坯料弯曲处的加热温度应比其他部位高，以避免弯曲处的截面减小。

（6）扭转。扭转工序用于锻造实心零件。零件先在一个平面内锻打，然后旋转一定的角度再锻打，例如锻造曲轴。

（二）模型锻造

模型锻造通常分开式模锻和闭式模锻。

（1）开式模锻。它是有飞边的方法，即在模膛周围的分模面处有多余的金属形成飞边。也正由于飞边作用，才促使金属充满整个模膛。开式模锻应用很广，一般用于锻造较复杂的锻件。

（2）闭式模锻。它是无飞边的方法，即在整个锻造过程中模膛是封闭的，其分模面间隙在锻造过程中保持不变。只要坯料选取得当，所获锻件就很少有飞边或根本无飞边，因而可大大节约金属、减少设备能耗。因制取坯料相当复杂，故闭式模锻一般多用在形状简单的锻件上，如旋转体等。

第二节　冲压生产的应用范围、特点及其基本方法

一、冲压生产的应用范围和特点

冲压一般是冷态加工，其应用范围很广，它不仅可以冲压金属板材，而且也可以冲压非金属材料；不仅能制造很小的仪器仪表零件，而且也能制造如汽车大梁等大型部件；不仅能制造一般精度和形状的零件，而且还能制造高级精度和形状复杂的零件。

冲压件在形状和尺寸精度方面互换性较好，可以满足一般装配的使用要求，并且经过塑性变形使金属内部组织得到改善，力学性能有所提高，具有质量轻、刚度好、强度大、精度高和外表光滑美观等特点。

冲压是一种高生产率的加工方法，大型冲压件（如汽车覆盖件）的生产率可达每分钟数件，高速冲压的小件则可达千件。由于所用坯料是板材或带卷，往往又都是冷态加工，则容易实现机械化和自动化。冲压生产的材料利用率较高，一般可达70%～85%。

在汽车、拖拉机、飞机等制造业中广泛地采用冲压技术，轻工业日用品生产更离不开冲压，有色金属压力加工中应用更为广泛。常用冲压方法制造各种构件、器皿和精细零件。

二、冲压的基本方法

冲压的基本工序可分为分离（见表10-1）和成型（见表10-2）两大类。

表10-1　分离工序分类

工序名称	简　图	特点及常用范围
切断		用剪刀或冲模切断板材，切断线不封闭
落料		用冲模沿封闭线冲切板材，冲下来的部分为制件
冲孔		用冲模沿封闭线冲切板材，冲下来的部分为废料

续表 10-1

工序名称	简　图	特点及常用范围
切口	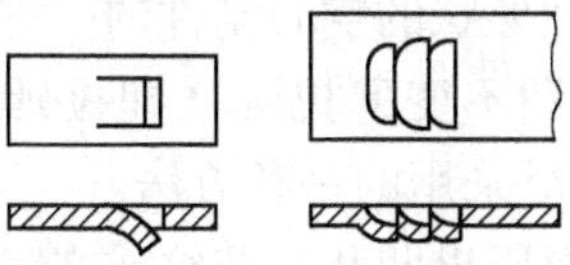	在坯料上沿不封闭线冲出切口，切口部分发生弯曲，如通风板
切边	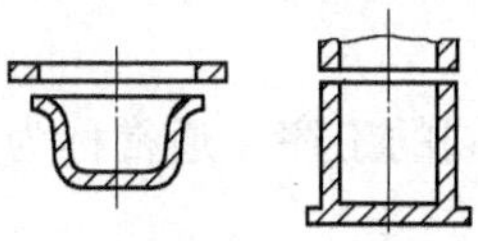	将制件的边缘部分切掉
剖切	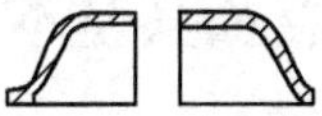	把半成品切开成两个或几个制件

表 10-2　成型工序分类

工序名称		简　图	特点及常用范围
弯曲	弯曲	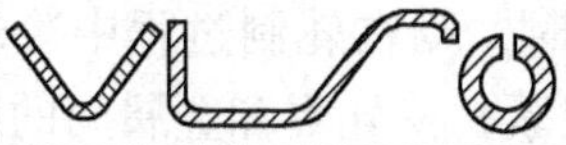	把板料弯成一定形状
弯曲	卷圆	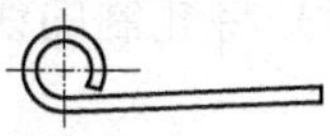	把板料端部卷圆如合页
弯曲	扭曲	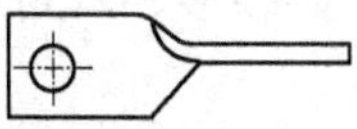	把制件扭转成一定角度
拉延	拉延	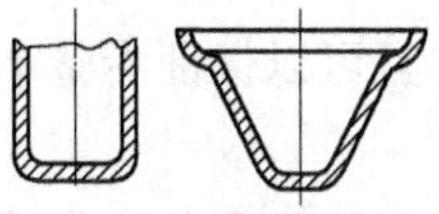	把平板坯料制成空心制件，壁厚不变
拉延	变薄拉延	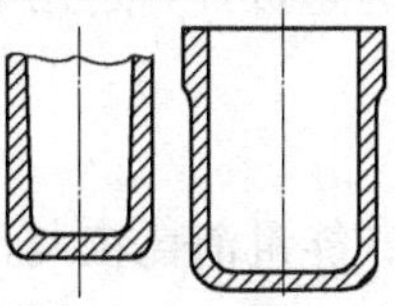	把空心制件拉延成侧壁比底部薄的制品
成型	翻孔	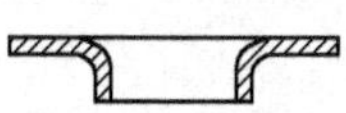	把制件上有孔的边缘翻成竖立边缘
成型	翻边	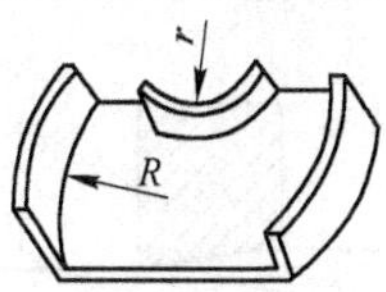	把制件的外缘翻成竖立边缘
成型	扩口	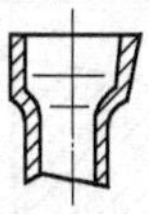	把空心制件的口部扩大，常用于管子
成型	缩口	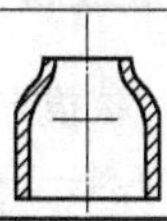	把空心制件的口部缩小
成型	滚弯	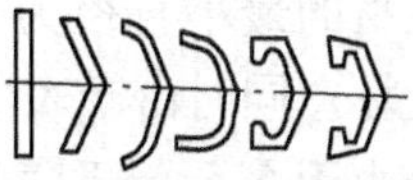	通过一系列轧辊把平板卷料滚弯成复杂型材
成型	起伏	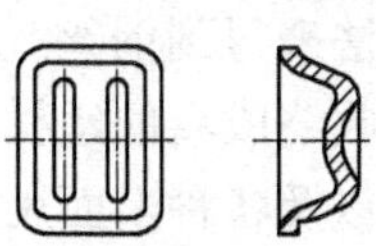	在制件上压出筋条、花纹，在起伏处的整个厚度上都有变形
成型	卷边	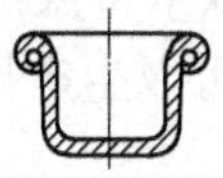	把空心件的边缘卷成一定形状
成型	胀形	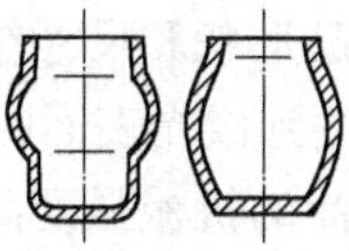	使制件的一部分凸起，呈凸肚形
成型	旋压	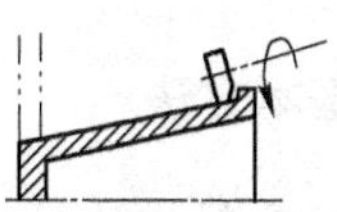	把平板形坯料用小滚轮旋压出一定形状（分变薄与不变薄两部分）
成型	整形	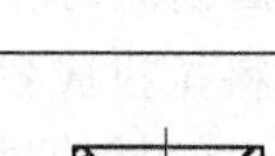	把形状不太准确的制件校正成形，如获得小的 r 等
成型	校平	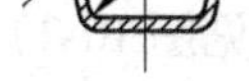	校正制件的平直度
成型	压印	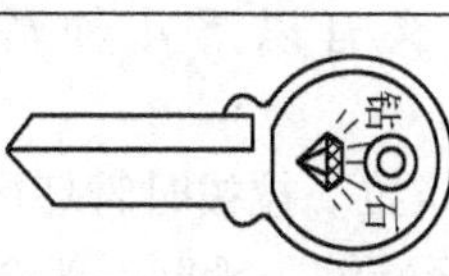	在制件上压出文字或花纹，只在制件厚度的一个平面上变形

（1）冲切。使板料断开或把废料切掉，靠剪切力使金属分离。

（2）弯曲。它是指板料在压床压力作用下产生弯曲变形，而板料厚度几乎不变。

（3）拉延。它是将平板坯料通过模具冲制成各种形状的空心制件的一种加工方法。它可分为变薄拉延（即拉延过程中改变坯料的厚度）和不变薄拉延（即拉延过程中坯料厚度保持不变）。不变薄拉延在有色金属冲压中是较广泛采用的一种方法。

（4）压印。利用压印使金属轻微变薄将工件表面压出凹凸的花纹或文字。最典型的例子是压印硬币、奖章、徽章、商标等等。

（5）复合冲压。用同一冲压模完成工艺上数个不同的工序，通常称为复合冲压。

第三节　拉拔生产的应用范围、特点及其基本方法

一、拉拔生产的应用范围和特点

金属丝、细管材，包括一些异型材皆可用拉拔的方法进行生产。

一般热轧线材的最小直径为 5.5mm。若小于该直径时，则在轧制过程中冷却速度很快，塑性条件变坏；同时由于表面生成的氧化铁皮包得很紧，使轧辊和金属间的摩擦力增大。因此，直径小于 5.5mm 时就不能继续采用轧制方法，而是将轧制的线材作为原料，用多次冷拔的方法来得到钢丝。

拉拔制品有收绕成卷的丝材、细管材；还有直条的制品，如圆形、六角形、正方形的型材，异型材，以及各种断面尺寸的稍粗一点的管材。

拉拔方法具有以下特点：

（1）拉拔方法可以生产长度极大、直径极小的产品，并且可以保证沿整个长度上横断面完全一致。

（2）拉拔制品形状和尺寸精确，表面质量好。尺寸精度为正负百分之几毫米，表面粗糙度的表面特性达到极光表面的镜面，即：$Ra \leqslant 0.01\mu m$。

（3）拉拔制品的机械强度高。

（4）拉拔方法的缺点是每道加工率较小，拉拔道次较多，能量消耗较大。

二、拉拔的基本方法

（一）实心断面制品的拉拔

由实心断面坯料拉拔成各种规格和形状的丝材。其中拉拔圆断面丝材的过程最为简单，称为简单的拉拔过程（见图 10-2）。

（二）空心断面制品的拉拔

由空心断面坯料拉拔成各种规格和形状的管材。管材拉拔又有以下几种基本方法（见图 10-3）。

（1）无芯空拉。拉拔时管坯内部不放置芯头，通过模子后外径减缩，管壁一般会略有变化。

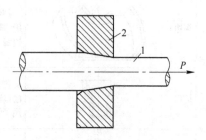

图 10-2　拉拔方法示意图

1—坯料；2—模子

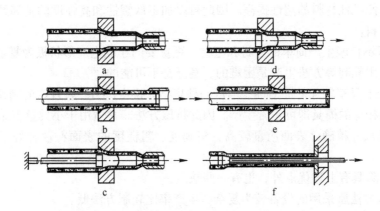

图10-3 管材拉拔的基本方法

a—空拉；b—长芯杆拉拔；c—固定芯头拉拔；d—游动芯头拉拔；e—顶管法；f—扩径法

（2）长芯杆拉拔。管坯中套入长芯杆，拉伸时芯杆随同管坯通过模子，实现减径和减壁的效果。

（3）短芯头拉拔。此法在管材拉拔中应用最为广泛。拉拔时将带有短芯头的芯杆固定，管坯通过模孔实现减径和减壁。

（4）游动芯头拉拔。拉拔时借助于芯头所特有的外形建立起来的力平衡使它稳定在变形区中，并和模孔构成一定尺寸的环状间隙。此法较为先进，非常适用长度较大且能成卷的小管。

（5）顶管法制管。将芯杆套入带底的管坯中，操作时管坯连同芯杆一同由模孔中顶出，从而对管坯外径和内径的尺寸进行加工。

（6）扩径法制管。管坯通过扩径后，直径增大，壁厚和长度减小。这种方法用于小直径管坯生产大直径管材，以解除无力生产大直径管坯的约束。

拉拔过程一般皆在冷状态下进行，但对一些在常温下强度高、塑性差的金属材料，如某些钢种及铍、钼、钨等，则采用温拉或热拉。

第四节　挤压生产的应用范围、特点及其基本方法

一、挤压生产的应用范围和特点

用挤压方法生产，可以得到品种繁多的制品。它早已用于生产有色金属的管材和型材，后来由于成功地使用了玻璃润滑剂，而开始用于生产黑色金属（钢铁）制品。

这些制品被广泛应用在国民经济的各个部门中，如电力工业、机械制造工业、造船工业、电讯仪表工业、建筑工业、航空和航天工业以及国防工业等等。

挤压产品形状可以更复杂、尺寸能够更精确，在生产薄壁和超厚壁的断面复杂的管材、型材及脆性材料产品方面，有时挤压是唯一可行的加工方法。

挤压与其他压力加工方法相比，具有以下的优点：

（1）具有比轧制、锻造更强的三向压缩应力，避免了拉应力的出现，金属可以发挥其

最大的塑性，使脆性材料的塑性提高。因此可以加工低塑性和高强度的金属乃至抗热性高的金属陶瓷材料。

（2）挤压不仅能生产简单的管材和型材，更重要的还能生产形状极为复杂的管材和型材。因为后者用轧制等方法生产是困难的，甚至是不可能的。

（3）生产上具有较大的灵活性。当从一种规格改换生产另一种规格的制品时操作很方便，只要更换相应的模具即可正常生产。因此挤压方法非常适用于小批量多品种的生产。

（4）产品尺寸精确，表面质量较高，精确度、粗糙度的表面特性都好于热轧和锻造产品。

挤压方法除具有上述优点外，也有一些缺点：

（1）挤压方法所采用的设备较为复杂，生产率比轧制方法低。

（2）挤压的废料损失一般较大。这主要是指挤压剩下的"压余"，其数量可占钢锭或钢坯质量的 10% ~ 15%，甚至 25% ~ 30%（轧制法的切头切尾损失只有锭重的 1% ~ 3%），从而降低成品率，提高产品成本。

（3）由于挤压时主应力状态为很强的三向压缩应力，故变形抗力增大，摩擦力亦随之增大，其结果是使工具的损耗增大。往往工具损耗费用占挤压制品成本的 35% 以上。

（4）制品的组织和性能沿长度和断面上不够均匀一致。

二、挤压的基本方法

金属挤压的方法有多种：按金属流动方向分为正向挤压、反向挤压和横向挤压；按金属的温度分为热挤压和冷挤压；按坯料的性质分为锭挤压或坯挤压、粉末挤压和液态金属挤压等。

生产上常用的分类方法是按金属流动方向来分的。

（一）正向挤压法

如图 10-4a 和图 10-5a 所示。在挤压时金属的流动方向与挤压杆的运动方向相同，其最主要的特征是金属与挤压筒内壁间有相对滑动，故存在着很大的外摩擦。正挤压是最常

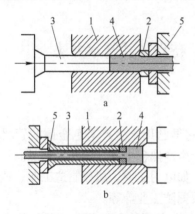

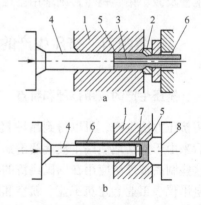

图 10-4　挤压的基本方法　　　　　　图 10-5　管材挤压方法
a—正挤压法；b—反挤压法　　　　　　a—正挤管材；b—反挤管材
1—挤压筒；2—模子；3—挤压杆；　　　1—挤压筒；2—模子，3—穿孔针；4—挤压杆；
4—锭坯；5—制品　　　　　　　　　　5—锭坯；6—管材；7—垫片；8—堵头

用的挤压法。

（二）反向挤压法

如图 10-4b 和图 10-5b 所示。在挤压时金属流动方向与挤压杆的运动方向相反，其特征是除靠近模孔附近处之外，金属与挤压筒内壁间无相对滑动，故无摩擦。反挤压与正挤压相比具有挤压力小（约小 30% ~ 40%）和废料少等优点，但受到空心挤压杆强度限制，使反挤压制品的最大外接圆尺寸比正挤压制品小一半以上，故其应用也受影响。

（三）横向挤压法

其模具与钢锭或钢坯轴线成 90°安放，作用在钢锭或钢坯上的力与其轴线方向一致，被挤压的制品以与挤压作用力成 90°方向由模孔中流出。在这种挤压条件下，金属流动机构保证了制品纵向机械性能的最小差异。此外，被挤压的材料强度由于在横向挤压时所发生的最大变形率而得到提高。然而尚有些不足的条件，故未广泛应用。

─────── 本 章 小 结 ───────

冲压技术和挤压技术在有色金属压力加工中应用非常广泛。

常用冲压方法制造各种构件、器皿和精细零件，轻工业日用品生产多用有色金属材料冲制。这是因为有色金属常温状态的塑性条件极为优越，更适合冷加工，热加工时温度又显著的低于黑色金属，对接触高温的设备维修、工具损耗等成本较少。

如此之多的金属压力加工方法，其理论基础是共同的，只是每个方法均有各自的特点。

课后思考与习题

1. 锻造生产与其他压力加工方法比较有哪些特点？
2. 冲压生产的应用范围有哪些，其主要方式有哪些？
3. 拉拔生产的应用范围有哪些，其特点是什么？
4. 挤压生产与其他压力加工方法比较有哪些优点？

第十一章　有色金属压力加工

有色金属压力加工产品中产量较大的、品种较少的就算是轻金属铝、重金属铜，其余的大都是小批量、多品种的零散产品。对于后者来说，其生产方法各不相同，板带材采用轧制方法；型材采用挤压方法。

在有色金属压力加工生产工艺中，有的增加熔铸精炼，使晶粒细化；有的要进行铣面、刨面或车面来净化坯料表面。这都是严格保证产品尺寸精确，组织性能合格的技术措施。相比黑色金属压力加工生产，其技术要求更严格。

有色金属加工，就其原理、生产工艺，乃至加工设备等，一般与钢材加工无大差别。但金属本身诸多特性的不尽一致，使有色金属加工在工艺上存在着细微差别。

有色金属加工的坯料，大都由本厂自设熔炼和铸造车间供应。这实际是一个配制合金生产的过程，即将原铸锭、废料、中间合金或其他纯金属等配料，再次熔炼和铸造精加工成高质量铸坯的过程。当然，现在有色金属加工中更为先进的连铸直接轧制、液态铸轧等技术，则把熔铸与加工车间连在一起，形成一条生产线。由此可以看出，熔炼和铸造环节在有色金属加工过程中是何等重要。熔铸过细的工艺技术这里就不再多叙，下面重点介绍典型金属的典型加工工艺。

第一节　轻金属铝的典型加工工艺

一、铝及其合金板带材轧制工艺

生产工艺流程如图 11-1 所示，一般包括坯料选择、加热、轧制及精整等主要工序。

（一）坯料选择

当今开发并采用优质的半连续铸坯和连铸坯越来越多，而传统的模铸坯，仍被普遍使用。

1. 坯料的铣面、刨边和蚀洗

通常以铣面、刨边来清除坯料表面存在的偏析、结疤、夹渣、裂纹等缺陷，但对纯铝一般可以不铣。通过碱—冷水—酸—冷水—热水方式蚀洗或用航空油擦洗可使坯料进一步净化。

2. 纯铝或铝合金包覆

在坯料表面包覆一定厚度的纯铝或铝合金板，达到热轧后与坯料基本焊合在一起的效果。包铝的目的是为了提高产品的抗蚀性能和工艺性能，侧面包铝可在轧制时减少边部裂

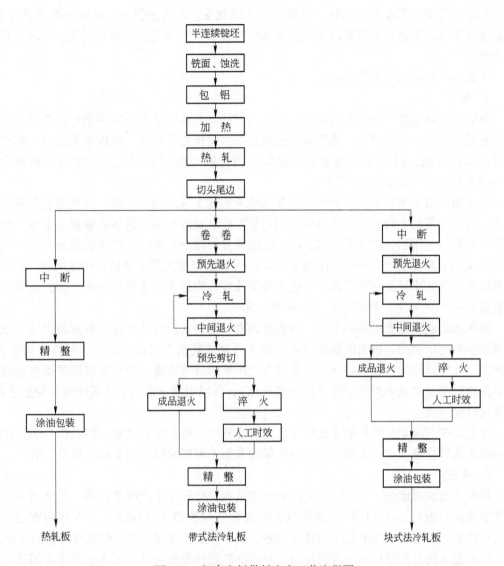

图 11-1　铝合金板带材生产工艺流程图

纹，从而改善边部质量。

　　考虑产品轧后焊合的效果，单面包铝层厚度选取产品总厚度的 2.5% ~ 10%，一般取 4%；考虑坯料轧制要伸长，包铝板的长度通常选取坯料长度的 75% 左右；考虑坯料轧制要展宽，包铝板的宽度选取比坯料宽度大出 120 ~ 140mm。

　　（二）加热

　　坯料加热温度同钢材一样，仍需根据不同合金的再结晶温度选定。在实践中不同的铝及铝合金热轧时加热的温度范围为：350 ~ 500℃。

　　加热温度必须均匀以满足轧制过程的要求，一般说来，开轧温度对金属塑性有较大的影响，而终轧温度直接影响产品的组织性能。

　　（三）轧制

　　有色金属轧制使用的设备，同轧钢生产使用的轧钢机等设备（见轧钢生产工艺章节）

是一样的。轧制工艺亦大同小异，包括完善轧制制度，对轧制温度、轧制道次及压下量、轧制速度等工艺要素，严格按设定的技术操作规程，全面掌握工艺参数变化，及时进行控制调整。

轧制也有热轧和冷轧之分。

1. 热轧

热轧是金属温度大于其再结晶温度的轧制过程。在热轧过程中需控制好终轧温度，通常热轧的终轧温度不宜过高，终轧温度过高容易发生聚集再结晶，生成粗大晶粒；但终轧温度也不宜过低，温度过低则会引起金属的硬化和力能消耗增大。纯铝的开轧温度为450~500℃；终轧温度350~360℃。

轧制道次及压下量分配要合理，通常总是希望加大道次和压下量，以此来提高轧机生产率，减少变形的不均匀性，获得组织均匀和性能稳定的产品。但不能忽视压下量分配会受到金属塑性的限制、咬入条件的限制、轧辊强度的限制、主电机能力的限制。生产实践证明，包铝坯料轧制时头一道次压缩率在2%~4%的范围内焊合最好；而在最后一、两道次采用较小压缩率可使板材平直。有色金属塑性好，则道次压缩率可大些，如：纯铝、软铝合金可过80%以上，硬铝合金可达50%~60%。

热轧速度制度是直接影响生产率的重要因素。稳定轧制时轧制速度要选最快的，以此可减少热轧时的温降，进而提高生产率。对于可逆式轧机而言低速有利于轧件正常咬入，低速抛出轧件可缩短其返回时间，也是提高生产率的技术措施。当然轧制速度也直接通过变形速度影响金属变形时的塑性（硬化和软化），所以也要考虑不同金属的最佳变形速度，来确定轧制速度。

工艺润滑与冷却是铝及铝合金等有色金属热轧时不可缺少的技术，铝及铝合金使用的润滑剂多为乳化液，以此在变形金属与轧辊的表面上可同时起到润滑和冷却的作用。

2. 冷轧

冷轧是金属温度低于其再结晶温度的轧制过程。冷轧可生产厚度较薄、尺寸精确、表面质量高的板带材。冷轧坯料（多用热轧的板卷）均需退火（酸洗）并冷却到室温后才能进行冷轧，冷轧时金属不发生再结晶过程，只产生加工硬化，并伴随塑性降低的现象。

坯料退火的目的是使坯料得到均匀组织和高的塑性变形条件。工业生产中常用的铝合金坯料退火温度为370~470℃，保温时间1~3h。中间退火的目的是消除冷变形的加工硬化，以便继续加工变形。工业生产中常用的铝合金中间退火温度为315~500℃，保温时间1~3h。成品退火是根据产品技术条件要求进行的最终热处理。工业生产中常用的铝合金成品退火温度为260~490℃，保温时间1.5~5h。

冷轧总压下量和道次压下量的确定原则与热轧基本相同，即与金属塑性、设备条件、产品质量要求等条件有关。冷轧总压下量是指两次退火间（坯料退火和中间退火间或中间退火和成品退火间）的压缩率。铝及铝合金冷轧总压缩率，一般可选取如下范围：纯铝为50%~95%；软铝合金为60%~85%；硬铝合金为60%~70%。铝及铝合金冷轧道次压缩率为55%以下。

冷轧速度直接决定了生产率。若提高冷轧速度，则必须考虑：(1) 带材应有的足够长度；(2) 轧机要有较强的润滑、冷却系统，以控制辊型保证带材质量；(3) 要有迅速、准确的测厚装置；(4) 要有反应灵敏、精确高的压下系统等。

冷轧时采用合适的张力轧制，可以很好地控制产品质量和稳定轧制过程。张力过大容易使板材瓢曲和压皱，张力过小又容易产生边部浪形。为了避免带材在变形区外产生塑性变形，破坏轧制过程，使产品质量变坏，往往选用张力不能大于或等于金属的屈服极限（参见冷轧板带钢生产的章节）。

冷轧工艺润滑与冷却的作用与热轧相同，由于冷轧单位压力大、轧制速度快，则对润滑剂的要求也相对更高。铝及铝合金使用的乳化液成分与热轧时相同，其浓度要相对高些。

（四）精整

冷轧铝及铝合金板卷除成卷供应外，皆需在平整（矫直）之前剪切成板材（板片）。剪切可在退火或冷却硬化状态下进行，板卷的边部裂纹、锯齿、皱折等缺陷都需剪掉。

板材的平整矫直一般采用平整机平辊压光、多辊矫直和拉伸矫直。

板材的热处理通常采用成品退火、淬火和时效。

产品表面质量和尺寸偏差检查，打印、涂油包装（或用塑性薄膜不涂油）等算是最后工序。

二、铝及其合金型材挤压工艺

（一）概述

铝及铝合金型材品种繁多，断面形状极为复杂，用轧制工艺生产是困难的，甚至是不可能的。因此，在当今工业生产中绝大多数采用挤压方法。

用量最大、生产厂家最多的铝合金建筑型材，业已形成完整系列。包括：基材；阳极氧化、着色型材；电泳涂漆型材；粉末喷涂型材；粉末喷涂型材；氧碳漆喷涂型材；隔热型材等。

（1）基材。是指表面未经处理的铝合金建筑型材。

（2）阳极氧化、着色型材。表面经阳极氧化、电解着色或有机着色的铝合金热挤压型材。

（3）电泳涂漆型材。表面经阳极氧化和电泳涂漆（水溶性清漆）复合处理的铝合金热挤压型材。

（4）粉末喷涂型材。以热固性饱和聚酯粉末作涂层的铝合金热挤压型材。

（5）氟碳漆喷涂型材。以聚偏二氟乙烯作涂层的铝合金热挤压型材。

（6）隔热型材。以隔热材连接铝合金型材而制成的具有隔热功能的复合型材。

笼统地说，铝及铝合金型材加工主要分为三个部分：

（1）熔铸。将外来铝锭在熔炼炉中熔炼成铝水，同时加入镁硅等合金进行精炼，经成分化验合格后送到静置炉。在输送过程中加铝钛硼合金丝融入铝水中，起到晶粒细化作用。在静置炉静置后方能进行浇铸。

铸锭是将合格的铝合金熔液浇铸成圆柱形坯料。采用分流盘、结晶器、水冷设备等铸造成圆坯，检查合格后按工艺要求的尺寸进行截断。

随后将铝合金圆坯放入均化炉中均质化处理，低温加热保温一定时间，使晶粒得到细化。

（2）挤压。将加热后的铝合金圆坯由送料机送入挤压机，铝合金通过模具被挤压成型材。铝合金型材由牵引机牵引，进行风冷或水冷却。

挤压一定长度之后进行截断、拉伸矫直，再按用户要求锯切成所需的长度。

将铝合金型材送入时效炉进行时效处理，使镁硅相析出强度增加。

（3）表面处理。阳极氧化处理，是在铝合金型材表面形成一层三氧化二铝外层，增强表面美观性和抗腐蚀能力；电泳涂漆处理，是阳极氧化处理过程中转为电泳涂漆，使其表面光亮；粉末喷涂处理，是将铝合金型材先进行表面铬化处理，然后进行粉末喷涂，从而增强抗腐蚀能力，表面色彩多样；氟碳漆喷涂处理，也是将铝合金型材先进行表面铬化处理，然后进行氟碳漆喷涂，经此使抗腐蚀能力、抗老化能力、抗紫外线能力增强，色彩丰富，表面更美观。

通过以上可以对铝及其合金型材挤压工艺的概括进行了解。至于生产实际，还需结合正在生产的企业现状，进一步介绍。

（二）生产工艺过程

我国的某新型铝业公司实施的生产工艺流程如图 11-2 所示。该企业是有代表性的铝合金型材生产厂家，具有一定的规模。设备配套齐全，国外来自德国、意大利、瑞士，国内来自台湾、江苏、广东等地。多年来一直规范生产，产品质量稳定、种类不断开发，国内外皆有销售渠道。总之，在经济管理上和技术措施上确有可借鉴之处。

1. 坯料选择

挤压型材用的坯料，通常皆为实心圆坯（圆柱体）。

坯料尺寸（长度和直径）越大则产品越长，从而切头尾的损失和挤压的辅助时间越少。坯料长度和直径增大或减小，相对要影响金属的"压余"损失。如在坯料体积一定的条件下，增大长度并减小直径时金属的"压余"损失就减少。又如坯料直径减小，则不均匀度也减小，进而也就减少了"缩尾"的形成。

影响因素很多，其中坯料长度与直径间的关系应该保证挤压力最小，该因素很重要。为了获得最小挤压力，最合理的选择是增大坯料长度并相应减小直径；但过量地增大坯料长度可能会使后部金属严重冷却，从而导致产品组织和性能很不均匀，甚至还会因金属的严重冷却而出现挤不动的情况。

最终还是要根据理论分析，通过生产实践来加以确定。

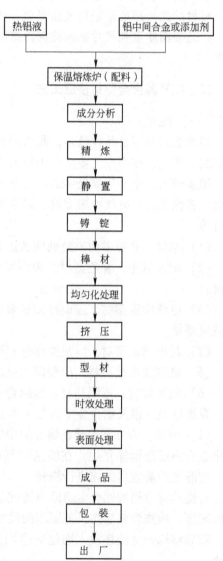

图 11-2　铝型材生产工艺流程图

2. 加热

挤压温度选择，需根据铝合金的再结晶温度。目的是使金属具有高的塑性，可使产品在挤压时不产生裂纹；使金属具有低的变形抗力，以便挤压时的挤压力不至于超过挤压机能力或损坏挤压工具；使产品组织和性能得到保证。

还要提的是，挤压时变形金属与工具间的摩擦会产生摩擦热（包含挤压部分和模孔部分），这种附加热量与其他压力加工方法相比是有很大差别的，它可使金属温度上升几十度。

通过对各种因素的了解，可做到有根据的选择。通常铝合金高温挤压温度为 370 ~ 500℃；低温挤压温度为 260 ~ 350℃。

3. 挤压

挤压时仍不可忽视变形程度对产品的变形均匀性和力学性能等方面的影响，挤压时的三向压应力状态可使金属承受很大的变形量。为此，挤压变形程度一般不应小于 90% ~ 92%。在实际生产中，往往超过此值。

挤压速度对生产率有直接影响，选择挤压速度的原则是保证产品尺寸、性能合格，在不产生裂纹和设备能力允许的条件下，尽量采用高速挤压。

4. 其他

A 挤压时的润滑

由于挤压时的一次变形量很大，强烈的三向压应力状态使金属的变形抗力增加，所以作用于接触面上的正压力极高，相当于金属变形抗力的 3 ~ 10 倍，甚至更高些。在这样的条件下，变形金属的表面发生剧烈的更新，进而使黏结工具的现象加剧。

挤压时润滑剂的作用，就是尽可能地使干摩擦变为有边界润滑膜的边界摩擦。

在挤压铝合金时，应用最广泛的润滑剂是 70% ~80% 汽缸油和 20% ~30% 粉状石墨。石墨和燃烧物构成的润滑膜会产生足够的强度，但其弹性不足，在挤压延伸过大时会发生局部破裂，使金属黏结工具引起产品表面起皮。建议在润滑剂中加入表面活性物质，如熔融的易熔金属铅、锡等。由于铅、锡在挤压温度下处于熔融状态并形成润滑膜，使之塑性增加，润滑效果更好。

采用润滑挤压时相对大变形量而出现变形不均匀性，从而导致在产品的表面层出现"缩尾"。此外，采用润滑挤压还有可能出现气泡、起皮和润滑剂燃烧物压入的现象，这都是要避免的实际问题。

B 矫直、锯切、热处理、成品检查和包装等工序

这些工序都是保证产品尺寸精确、组织性能合格等必不可少的生产环节，这一切都需根据产品技术标准的要求，按生产技术规程操作。

第二节 重金属铜的典型加工工艺

一、铜及其合金板带材轧制工艺

生产工艺流程如图 11-3 所示。在实际生产的整个过程中，应根据设备条件及工艺要求，有条不紊地安排各个工序的生产。

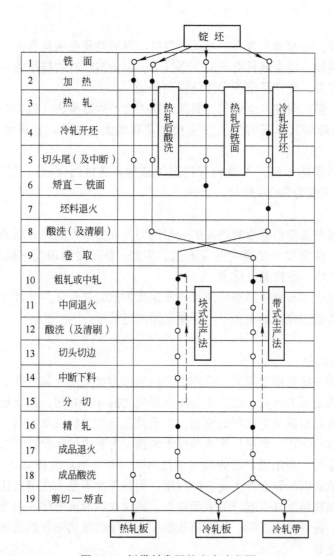

图 11-3　板带材常用的生产流程图

●—表示常采用的工序；○—表示可能采用的工序；－－－表示可能重复的工序

（一）坯料选择

坯料的化学成分、尺寸规格、表面及内部缺陷等质量要求是必须保证的，现场直接处理坯料表面工作更显得重要。通常要进行铣面、刨面或车面，对铣削深度、铣削后的表面粗糙度皆有一定的要求。在此表面粗糙度的表面特性属微见加工痕迹，$Ra \leqslant 10 \mu m$。

坯料的厚度与轧辊直径等因素有关，一般选取轧辊直径与坯料厚度之比的范围为 4～7。

坯料的长度应考虑生产条件是否合理，一般是坯料越长，生产率及成品率就越高。

坯料的宽度考虑的是成品宽度、展宽量及切边量，一般选取轧辊辊身长度的 80% 以下。

（二）加热

加热的目的仍然是保证热轧时的高温塑性，降低变形抗力，消除铸造应力，改善铜合金的组织状态及塑性性能等。

加热温度：开轧温度一般相当于合金熔点的 80% ~ 90%；终轧温度一般相当于合金熔点的 60% ~ 70%。铜合金加热（开轧）温度为 640 ~ 870℃；终轧温度为 650 ~ 450℃。

加热时间：包括升温和均热时间，考虑加热温度、合金成分等因素，在保证坯料均匀热透的情况下，加热时间当然以短为好。通常要考虑坯料厚度大小，凭生产实践积累的经验或以参照相同类型厂家的数据来确定（也可按经验公式估算）。

（三）轧制

1. 热轧

热轧的总压缩率一般为 90% ~ 95%。

热轧过程中的冷却与润滑：通常用水作冷却润滑剂，有时铜及其合金在热轧后期也使用矿物油、植物油当作润滑剂，能起到降低摩擦系数及防止黏辊的作用。

热轧后合金表面的铣削：可去除加热及轧制过程中产生的表面氧化压痕、氧化皮压入和表面裂纹等缺陷。表面铣削取代酸洗更有利于提高产品质量和改善劳动条件。根据表面缺陷的轻重程度，单面铣削量一般选取 0.2 ~ 0.5mm。

2. 冷轧

冷轧的总压缩率一般为 30% ~ 90%。

铜及其合金大多采用热轧供坯后冷轧成产品的生产工艺流程。与热轧相比，冷轧可生产厚度较薄、尺寸精确、表面质量高的板带，冷轧厚度可薄至 0.001mm。

冷轧过程中的冷却与润滑，更注重经此控制辊型，改善轧件平直度及表面质量。在高速冷轧时，为避免辊温过高、辊温不均及黏辊现象，通常采用油、水均匀混合的乳化液来冷却润滑。夏季使用温度为 25 ~ 35℃，冬季在轧机开机前应将乳化液加热到 40 ~ 50℃方可使用。

（四）热处理

铜及其合金常用的热处理方式有软化退火（包括坯料退火和中间退火）、成品退火和时效处理。

坯料退火可用以消除热轧后坯料的硬化，使其组织均匀；中间退火可以使冷轧后半成品（坯料）充分软化，供继续冷轧；成品退火是指产品最后一次退火，为的是满足产品性能要求；时效处理（淬火-回火）主要用于可热处理强化的合金，如铍青铜、镉青铜、硅青铜、铝白铜、铝青铜等。

铜及其合金的退火温度要按其板材厚度的大小来选取，退火温度范围为 750 ~ 380℃；退火时间为 1 ~ 4h。时效处理（淬火-回火）的淬火温度范围为 780 ~ 1000℃。

（五）酸洗、表面清理和精整

此乃皆属生产工艺过程的常规工序，可按着产品技术标准规定和生产技术操作规程要求逐一实现。

二、铜及其合金棒材挤压、拉拔工艺

棒材常用热挤压、热轧或卧式连铸等方法供坯，再经多次冷拉加工成材。棒材的生产方法可根据各厂的具体条件而定，目前国内较普遍采用的是挤压、拉拔工艺。

生产工艺流程如图 11-4 所示。

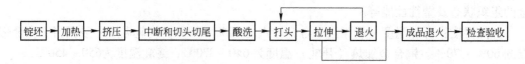

图 11-4　常用棒材的生产工艺流程

（一）坯料选择

挤压用料尺寸应能保证挤压时产生的足够变形量，一般变形程度应不小于 85%；为提高成品率减少几何废料损失，坯料长度一般为坯料直径的 1.5~3 倍。

拉拔用料应根据产品的质量要求选择，如挤压坯的表面及内部质量好、坯料公差小、所供坯料长、产品品种多、规格不受限。

（二）挤压

挤压前应准备好工具及其装备，按规格要求进行操作。

合理的挤压温度范围应根据金属的相图来决定，常用的铜及其合金的挤压加热温度为：570~1000℃。

合理的挤压速度应在保证产品质量的前提下综合考虑各种因素，如金属的塑性、产品断面的复杂程度、冷却润滑情况、加工率大小等。

（三）拉拔

拉拔是用挤压提供的坯料经过多次冷拉，生产成品棒材的加工方法。棒材拉拔属于减径伸长变形，拉拔前要根据产品技术要求选择坯料，拉拔过程中要根据金属塑性、设备能力、坯料质量、产品形状、模具设计等因素选择延伸系数。

（四）热处理和酸洗

铜及其合金常用的热处理有：中间退火、成品退火、消除内应力退火和时效处理。

中间退火也称软化退火，退火温度一般为 400~800℃；

成品退火，退火温度一般为 300~700℃；

消除内应力退火，退火温度一般为 180~380℃；

时效处理（淬火-回火），其淬火温度一般应略低于铜合金的共晶温度。

酸洗是热加工和每次退火后利用酸水溶液去除金属表面氧化物的工序，酸洗温度一般为 50~60℃。酸液的配置程序是先往槽里放水，然后加酸，否则会引起爆炸。

（五）矫直、切料及夹头制作

为消除产品的弯曲或扭拧为下道工序造成的不便，对产品必须进行矫直。矫直方法一般有张力矫直、压力矫直、辊式矫直等。

切料用于中断、切夹头、切试产、切检查断口、切除缺陷、切割成品等处理过程中。

夹头制作是使坯料前端断面减小，使其顺利穿过模孔的工艺过程。其方法有碾头、锻头、液压送进法等。在拉拔过程中，每次都要重新进行夹头制作。

第三节　稀有金属的生产工艺

一、稀有金属的加工方案比较

稀有金属，可以说是产量、用量数目较少、应用领域范围很广、品种规格类别复杂、生产工艺繁琐多变的特殊且开发时间较晚的金属。如钨、钼、钽、铌、钛、锆、铪、钒、铬、铼等稀有金属中的难熔金属（熔点超过 1650℃），由于它们具有许多优良的特性而使其在电子、电光源、冶金、机械、化工、医疗、核能、航空、航天与军事工业等方面获得重要的用途。例如，钨、钼及其合金用于电子管、电光源的灯丝、阳极、栅极、阴极和电器开关的触头、接点等；钽粉与钽丝可用于制作电容器；铌管可用于制作高压钠灯；锆及其合金可用于制作反应堆的核燃料包套管、导向管和吸气剂等；铪材可用于制作反应堆的控制棒；钛及其合金是航空、航天与军事工业的重要结构材料；钨、钼、铼及钨渗铜、钨渗银材料可用于制作火箭喷管；高密度钨合金可作屏蔽材料、穿甲弹体等；钽、铌、钛、锆可用于制作耐腐蚀设备；钽、钛及其合金材料可用于医学方面，其材料可被植入人体。钨是制作硬质合金的主要原料，钨、钼、铌、铬、钒、钛也是组成合金钢及有色金属合金的重要合金元素，特别是铌、钼、铬在这方面消耗量要更多一些。

　　在这里，选定稀有金属管材加工工艺为典型加工工艺，不难看出其生产方案是复杂而繁多的。表 11-1 和表 11-2 列举了稀有金属管材生产方案在优点、缺点、应用范围方面的比较。稀有金属管材生产方案比较，实际上是管坯生产和成品管生产的两种方案比较。全面分析其优缺点所在，可使我们在加工中选择恰当的生产工艺流程。

表 11-1　稀有金属管坯生产流程方案比较

方　案	优　点	缺　点	应用范围
挤　压	1. 具有强烈三向压应力状态，有利于塑性差的金属变形； 2. 变形量可以很大，能破碎晶粒，可提供塑性良好、壁厚较薄的管坯； 3. 灵活性大，适合稀有金属批多、量少的特点； 4. 有良好的润滑和模具条件下，尺寸精度较高； 5. 便于异形管材和复合管材的生产； 6. 能生产较长的管坯	1. 金属及工模具的损耗较大； 2. 对润滑的要求比较严格，若润滑不好，无法得到好的产品； 3. 设备较复杂，投资较大； 4. 内表面质量比较难保证； 5. 对批量大的产品，生产率比热斜轧穿孔稍低一些	用于钼、钽、铌、锆、铪、钛及其合金管坯的生产
热轧穿孔	1. 对批量大的产品，生产率较高； 2. 金属及工模具的损耗较少； 3. 能得到较好的管坯质量； 4. 对润滑条件要求不太严，不必使用包套材料； 5. 设备较简单，投资较少	1. 产品比较单一，灵活性较差； 2. 变形量受到限制，不能得到壁薄的管坯，从而增加了冷加工量； 3. 制得的管坯比较短	适合于批量大的钛及钛合金（TA2、TA3、TC1、TC4、TC10、TA7）管坯的生产
粉末烧结	1. 金属损耗少，成品率高； 2. 成本较低； 3. 可以制得其他方法难以加工的管坯	1. 密度较低，当低于一定数值时就无法进一步加工； 2. 制得的管坯比较短； 3. 气体、杂质含量较高	是制备钨、钼管坯，特别是制备钨管坯的有效方法
气相沉积	1. 可以一次得到直径小、壁厚薄的管坯； 2. 工序较简单； 3. 质量比较好	1. 生产率低； 2. 不能生产较长的管坯； 3. 设备比较复杂	一般用于制备难于熔炼加工成型的钨管

续表 11-1

方　案	优　点	缺　点	应用范围
拉　延	1. 壁厚比较均匀，内表面质量较好； 2. 设备简单，投资少； 3. 金属损耗少	1. 由于应力状态非三向压缩，不宜加工塑性差的金属； 2. 管坯长度受到限制； 3. 生产率低	用于小直径的钽、铌管生产
旋压（由板片经锥形件过渡）	1. 壁厚比较均匀，内表面质量较好； 2. 设备投资比挤压少； 3. 金属和工模具的损耗较少	1. 生产率较低； 2. 不容易生产长的管坯	适用于生产外径对壁厚的比值大而长度短的钨、钼管坯
焊　接	1. 壁厚比较均匀，内表面质量较好； 2. 生产率高，成本低； 3. 能生产大直径的管材，弥补挤压机能力的不足； 4. 设备简单，投资少	1. 焊缝的性能比基体略低一些； 2. 灵活性较差，不宜生产批多量少的产品； 3. 焊缝清理较困难	一般用于生产量大、用途广的钛管；生产钽、铌管有时也用此法

表 11-2 稀有金属成品管生产流程方案比较

方　案	优　点	缺　点
轧　制	1. 由于应力状态有利于发挥金属的塑性，因而能生产高强度、低塑性的金属管材； 2. 道次变形量及壁厚减薄量较大，所以减少了中间辅助工序，生产周期短； 3. 润滑方法比拉伸简单； 4. 尺寸精确，表面性能光洁	1. 设备复杂，制造较困难，投资大； 2. 对工具的要求比较严格，要有专用设备或专用胎具制造； 3. 更换工具比拉伸复杂
拉　伸	1. 尺寸精确，表面光洁； 2. 灵活性大，更换模具方便； 3. 设备和工具比轧制的简单，投资少，制造容易	1. 生产低塑性、高强度的金属管材比较困难； 2. 道次变形量小，拉伸道次多，生产周期较长； 3. 中间辅助工序多； 4. 金属损耗比轧制的大
旋　压	1. 由于变形特点是点变形，所以对生产同一产品，旋压力比轧制力、拉伸力小； 2. 设备外形小，重量轻，投资少，制造容易； 3. 更换工具方便； 4. 可生产超出现有轧制、拉伸设备能力的大直径薄壁管材； 5. 有利于塑性低、难变形金属管材生产	1. 减径量小，不宜实现空减径大的工艺过程； 2. 变形不均匀性较大，在冷状态下旋压量小的管材，不均匀性更显著，容易引起内表面裂纹； 3. 对管坯的内孔尺寸、表面质量要求较严，在大批量生产中不易做到

二、稀有金属管材生产工艺流程

稀有金属管材生产的工艺流程如图 11-5 所示。由图可知，管坯生产方法主要有粉末冶金、挤压、斜轧穿孔、板片旋压和板带焊接；成品管生产方法主要有轧制、拉拔、旋压。

（一）粉末冶金

通过粉末制取、成型和烧结获得粉末冶金制品，解决难熔金属熔炼过程的困难，特别

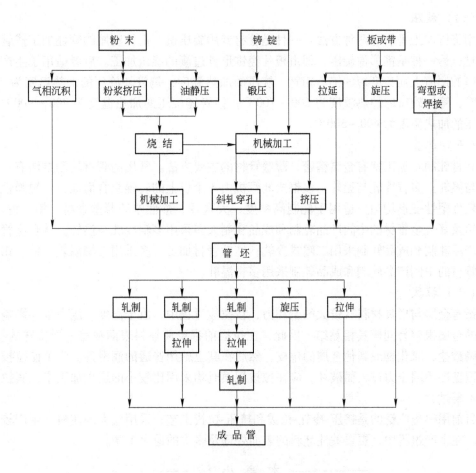

图 11-5 稀有金属管材流程方案

是钨、钼及其合金，因为用熔铸法生产晶粒会产生粗化现象而用此法替代。

（二）挤压

稀有金属挤压时要求的挤压温度高，挤压速度快，以防止温降过快，缩短高温坯与模具的接触时间。在加热和挤压过程中金属易被气体污染，故应采用适当的保护措施。有些如钛、锆及其合金，因其变形热效应较大、导热性较差，故在挤压时要特别注意防止出现过热现象。

坯料加热的保护措施有包套加热、涂层加热、盐浴加热、玻璃熔体加热等。坯料的加热温度：钨为 1500～1650℃；钼为 1200～1600℃；钛为 1100～1150℃；铌为 1000～1100℃。

稀有金属挤压，通常均采用高速挤压。像钨、钼、钽和铌等高熔点的难熔金属一般都采用现有设备的最高速度；钛、锆、铪等熔点略低的难熔金属一般采用中等速度。

（三）斜轧穿孔

斜轧穿孔方法，有二辊式斜轧穿孔和三辊式斜轧穿孔两种。由于三辊式斜轧穿孔在变形条件、质量保证等方面都优于二辊式斜轧穿孔，钛及其合金管坯通常在三辊式斜轧穿孔机上穿孔，其加热温度一般为 900～1000℃。

（四）旋压

用旋压加工管材有两种方法：一种是管材专用旋压机，把管壁厚的管坯加工成管壁薄的管材；另一种是锥形件旋压，即由板片经锥形件过渡的旋压加工。后者适用于生产外径与壁厚的比值大而长度短的钨、钼管。旋压的加热温度：钨管坯旋压的加热温度为 900 ~ 1100℃，管材旋压的加热温度为 600 ~ 700℃；钼管坯旋压的加热温度为 700 ~ 900℃，管材旋压的加热温度为 400 ~ 500℃。

（五）轧管

管材轧制是加工稀有金属精密、薄壁管材的主要方法。常用的管材轧制方法有：二辊冷轧与温轧；多辊冷轧与温轧。多辊式轧管机由 3 个以上的轧辊组合而成，轧辊弹性变形小，轧件塑性变形均匀，适用于轧制高精度、大直径、塑性差的薄壁管材。钼、铌、钛、锆、铪及其合金管材的中间产品轧制和成品轧制大多采用多辊冷轧与温轧。钛合金管材的中间产品轧制和成品轧制采用二辊式冷轧；纯钛管材加工大多采用二辊温轧。钨、钼及其合金管材的中间产品轧制和成品轧制采用多辊温轧。

（六）拉拔

稀有金属与模具材料有较大的亲和力，在拉拔过程中，由于温度、压力条件影响使被拉拔的金属很容易同模具相黏结。因此，在拉拔前都要使坯料表面覆盖一层特殊的物质，如氟磷酸盐、氧化物或其他金属的包皮，然后在其上施用普通的润滑剂。为了使拉拔过程中的覆盖层不因压力过大而破坏，应在拉拔配模时均采用比较小的道次加工率，其拉拔速度也不要过大。

目前用得最广泛的是挤压-冷轧-拉拔和挤压-拉拔工艺，采用较大的坯料，生产较长的管材。在生产过程中，更要关注坯料的表面处理及多次的退火工序。

———————— 本 章 小 结 ————————

有色金属压力加工的产品应用范围广泛，品种，规格，类别复杂，生产工艺繁锁多变。有不少稀缺产品、尖端产品、功能产品等都来自有色金属。其技术难度大，但价值非凡，正在等待继续开发。

课后思考与习题

1. 有色金属压力加工生产工艺和黑色金属（钢铁）压力加工生产工艺有何异同点？
2. 对铝及其合金板带材轧制工艺中坯料的铣面、刨边和蚀洗；对纯铝或铝合金包覆等工艺要求，为什么要特别严格？
3. 铜及其合金挤压生产的热处理和酸洗是怎样完成的，为什么这样要求？

第十二章 金属压力加工产品标准、产品质量检验和技术经济指标

产品标准可分为国家标准、部颁标准和企业标准，一般包括品种规格标准、技术条件要求、试验标准和交货标准等方面的内容。标准不是一成不变的，它可以根据现实的生产技术水平的可能性和生产的经济性来进行调整。标准是自下而上形成的，可按不成熟的企业暂行标准、成熟的企业标准、部颁标准、国家标准的顺序，最终形成全国统一的标准。

产品质量检验是保证产品质量符合规定的标准，因为标准是交货产品的依据，检验内容也可取舍，但必须满足用户要求。

技术经济指标数据不是不可改变的，是积累的参考数据。数据反映了企业的生产技术水平和生产管理水平，是评定各项工作好坏的主要依据。综合的技术经济指标直接影响经营效果。

第一节 金属压力加工产品标准和技术要求

技术标准是进行生产的技术规范，是从事生产、科研、设计、产品流通和使用的一种共同的技术依据。对企业来说，用的大多是产品标准，它是产品（包括半成品或中间产品）检查、验收的统一衡量尺度，是企业之间订货、签订合同的唯一依据。

按照适用范围，标准分为国家标准、部颁标准和企业标准。

国家标准是指对全国经济、技术发展有重大意义而必须在全国范围内统一的标准，以代号"GB"表示。中华人民共和国国家标准由中华人民共和国国家质量监督检验检疫总局和中国国家标准化管理委员会发布。部颁标准是指国家标准中暂时未包括的产品标准和其他技术规定，或只用于本专业范围内的标准，由中央各部颁发。企业标准是指在尚无国家标准和部颁标准的情况下由企业制订的标准，可分成两类：一类属于正常产品，有比较成熟的标准；一类属于试生产产品，技术还不够成熟，或为满足个别用户特殊需要的产品而制订的暂行标准。

一、变形钢及其合金的产品标准

就钢材而言，为了满足使用上的需要，则对钢材提出了一系列的技术要求。往往提出必须具备的品种规格和技术性能，如形状、尺寸、表面状态、力学性能、物理化学性能、金属内部组织和化学成分等方面的要求。

钢材技术要求仍由使用单位按用途的要求提出，再根据当时实际生产技术水平的可能

性和生产的经济性来制定的，它体现在产品的标准上。钢材技术要求有一定的范围，并且随着生产技术水平的提高，这种要求及其可能满足的程度也在不断提高。

钢材的产品标准也有国家标准、部颁标准和企业标准之分，一般包括品种（规格）标准、技术条件（要求）、试验标准及交货标准等方面的内容。

品种标准主要规定钢材形状和尺寸精度方面的要求。要求形状正确，消除断面歪扭、长度上弯曲和表面不平等。尺寸精度是指可能达到的尺寸偏差的大小。

钢材的技术要求除规定的品种规格要求以外，还规定其他的技术要求，例如表面质量、钢材性能、组织结构及化学成分等，有时还包括某些试验方法和试验条件等。

表面质量直接影响到钢材的使用性能和寿命。表面质量主要是指表面缺陷的多少、表面平坦和粗糙程度。产品表面缺陷种类很多，其中最常见的是表面裂纹、结疤、重皮和氧化铁皮等。造成表面缺陷的原因是多方面的，与铸锭、加热、轧制及冷却都有很大关系。因此在整个生产过程中，都要注意钢材的表面质量。

钢材性能的要求，主要是对其力学性能（强度性能、塑性和韧性等）、工艺性能（弯曲、冲压、焊接性能等）及特殊物理化学性能（磁性、抗腐蚀性能等）的要求。其中最常用的是力学性能，有时还要求硬度及其他性能，这些性能可由拉伸试验、冲击试验及硬度试验确定出来。强度极限（σ_b）代表材料在破断前强度的最大值，而屈服极限（σ_s 或 $\sigma_{0.2}$）表示开始塑性变形的抗力。这是用来计算结构强度的基本参数的。钢材使用时还要求有足够的塑性和韧性。伸长率包括拉伸时均匀变形和局部变形两个阶段的变形率，其数值依试样长度而变化；断面收缩率为拉伸时的局部最大变形程度，可理解为在构件不被破坏的条件下金属能承受很大局部变形的能力，它与试样的长度及直径无关，因此断面收缩率能更好地说明金属的真实塑性。实际工作中由于测定伸长率较为简便，迄今伸长率仍然是最广泛使用的指标，当然有时也要求断面收缩率。钢材的冲击韧性（a_K 值）以试样折断时所耗的功表示之，它是对金属内部组织变化最敏感的质量指标，反映了高应变率下抵抗脆性断裂的能力或抵抗裂纹扩展的能力。值得注意的是对金属材料所要求的综合性能，往往促使强度性能提高的因素却又不利于塑性和韧性，欲使钢材强度和韧性都得到提高，即提高其综合性能，则必须使钢材具有细晶的组织结构。

钢材的组织结构及化学成分直接影响钢材性能，因此在技术条件中规定了化学成分的范围，有时还提出金属组织结构方面的要求，例如晶粒度、钢材内部缺陷、杂质形态及分布等。生产实践表明，钢的组织是影响钢材性能的决定因素，而钢的组织又主要取决于化学成分和轧制生产工艺过程。因此通过控制生产工艺过程和工艺制度来控制钢材组织结构状态，通过对组织结构状态的控制来获得所要求的使用性能，是一项重要的技术工作。

钢材产品标准中还包括了验收规则和需要进行的试验内容，包括做试验时的取样部位、试样形状和尺寸、试验条件和试验方法。此外还规定了钢材交货时的包装和标志方法，以及质量证明书内容等。某些特殊的钢材在产品标准中还规定了特殊的性能和组织结构等附加要求，以及特殊的成品试验要求等。

表 12-1 为变形钢及其合金产品牌号的表示方法，实际上是产品标准规定的。每个牌号皆有多项标准规定和各项标准规定的多个内容，从中可查出产品尺寸规格、组成成分、技术性能等要求指标。

表 12-1　变形钢及其合金产品牌号的表示方法

产品名称	牌号举例	表示方法说明
1. 碳素结构钢	Q195F Q215AF Q235Bb Q255A Q275	Q 235 B b 脱氧方法：F—沸腾钢／b—半镇静钢／Z—镇静钢（可省略）／TZ—特殊镇静钢（可省略） 质量等级：A、B、C、D 屈服点（强度）值（MPa） 钢材屈服强度"屈"字的拼音首位字母
2. 优质碳素结构钢 普通含锰量 较高含锰量 锅炉用钢	08F, 45, 20A 40Mn, 70Mn 20g	50 Mn （F） A 质量等级：无符号—优质／A—高级优质 脱氧方法：同碳素结构钢 锰元素：含 Mn 较高（0.70% ~ 1.00%）时标出 含碳量：以平均万分之几表示
3. 低合金高强度结构钢	Q295 Q345A Q390B Q420C Q460E	Q 390 A 质量等级：A、B、C、D、E 屈服点（强度）值（MPa） 钢材屈服强度"屈"字的拼音首位字母
4. 碳素工具钢 普通含锰量 较高含锰量	T7, T12A T8Mn	T 8 Mn A 质量等级：同优质碳素结构钢 锰元素：含 Mn 较高（0.40% ~ 0.60%）时标出 含碳量：以千分之几表示 代表碳素工具钢
5. 易切削结构钢 普通含锰量 较高含锰量	Y12, Y30 Y40Mn, Y45Ca	Y 40 Mn 易切削元素符号：1. S、SP 易切削钢不标元素符号／2. Ca、Pb、Si 等易切削钢标元素符号／3. Mn 易切削钢一般不标元素符号，含量较高（1.20% ~ 1.55%）时标出 含碳量：以万分之几表示 代表易切削结构钢
6. 电工用热轧硅钢薄钢板	DR510—50 DR1750G—35	DR 1750 G — 35 厚度值的 100 倍 G—表示频率为 400Hz 时在强磁场下检验的钢板 无符号—表示频率为 50Hz 时在强磁场下检验的钢板 铁损值的 100 倍 代表电工用热轧硅钢薄钢板

产 品 名 称	牌号举例	表示方法说明
7. 电磁纯铁热轧厚板	DT3 DT4A	DT　4　E 　电磁性能 ┬ A— 高级 　　　　　├ E— 特级 　　　　　└ C— 超级 不同牌号的顺序号 代表电磁纯铁热轧厚板
8. 合金结构钢	25Cr2MoVA 30CrMnSi	25　Cr2MoV　A 质量等级:标 A 表示硫、磷含量较低的高级优质钢 化学元素符号及含量:以百分之几表示,见表下注 含碳量:以万分之几表示
9. 弹簧钢	50CrVA 55Si2Mn	25　CrV　A 质量等级:标 A 表示硫、磷含量较低的高级优质钢 化学元素符号及含量:以百分之几表示,见表下注 含碳量:以万分之几表示
10. 滚动轴承钢	GCr9 GCr15SiMn	G　Cr15　SiMn 化学元素符号及含量:以百分之几表示,见表下注 含铬量:以千分之几表示 代表滚动轴承钢
11. 合金工具钢	4CrW2Si CrWMn	4　CrW2Si 化学元素符号及含量 ┬ 1. 一般以百分之几表示 　　　　　　　　　└ 2. 个别低铬合金钢的铬含量 　　　　　　　　　　 以千分之几表示,但在含铬量 　　　　　　　　　　 前加一"0",如 Cr06 含碳量 ┬ 1. ≥ 1.00% 时,不予标出 　　　 └ 2. < 1.00% 时,数字为千分之几
12. 高速工具钢	W18Cr4V W12Cr4V5Co5	W18Cr4V 化学元素符号及含量:以百分之几表示,见表下注 不标含碳量
13. 不锈钢和耐热钢	1Cr13 00Cr18Ni10N 0Cr25Ni20	1　Cr13 化学元素符号及含量:以百分之几表示,见表下注 含碳量:以千分之几表示 ┬ 1. 一个"0"表示含碳量 ≤ 0.09% 　　　　　　　　　　　 └ 2. 二个"0"表示含碳量 ≤ 0.03%

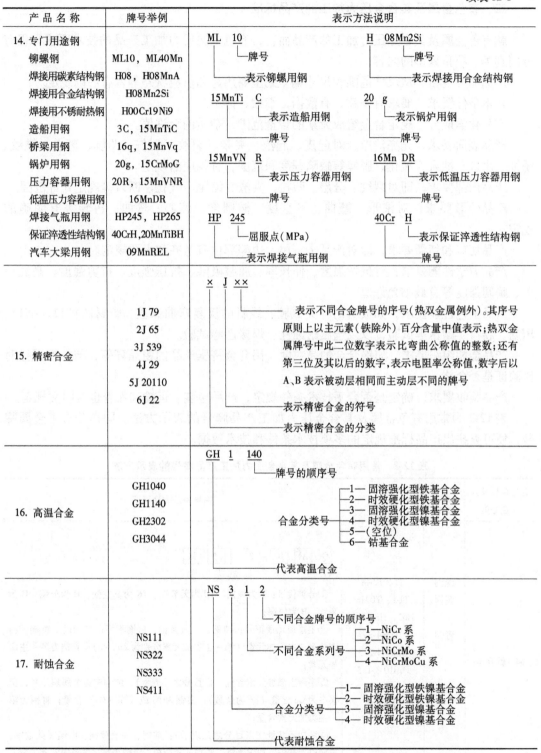

产 品 名 称	牌号举例	表示方法说明
14. 专门用途钢		
铆螺钢	ML10，ML40Mn	
焊接用碳素结构钢	H08，H08MnA	
焊接用合金结构钢	H08Mn2Si	
焊接用不锈耐热钢	H00Cr19Ni9	
造船用钢	3C，15MnTiC	
桥梁用钢	16q，15MnVq	
锅炉用钢	20g，15CrMoG	
压力容器用钢	20R，15MnVNR	
低温压力容器用钢	16MnDR	
焊接气瓶用钢	HP245，HP265	
保证淬透性结构钢	40CrH，20MnTiBH	
汽车大梁用钢	09MnREL	
15. 精密合金	1J 79 2J 65 3J 539 4J 29 5J 20110 6J 22	
16. 高温合金	GH1040 GH1140 GH2302 GH3044	
17. 耐蚀合金	NS111 NS322 NS333 NS411	

注：1. 平均合金含量小于 1.5% 者，在牌号中只标出元素符号，不注明其含量。
　　2. 平均合金含量为 1.5% ~2.49%、2.50% ~3.49%、…、22.5% ~23.49%、…时，相应地注为 2、3、…、23、…。
　　3. 成分含量皆指质量分数。

二、有色金属及其合金压力加工的产品标准

就有色金属及其合金压力加工的产品而言，有色金属压力加工产品的技术要求，仍有分门别类、项目繁多的内容。

产品品种规格，从尺寸范围和尺寸偏差到主要用途和供应状态等皆有明确规定。

技术条件要求，要求有条款、有数据，细致、详尽。

产品化学成分，规定合金组成元素的含量范围，杂质的允许值。

产品表面要求，光亮洁净，对起皮、起泡、夹杂、裂纹、划伤、凹坑、斑点、皱纹、锈蚀、水迹、油迹、氧化、脱锌等缺陷程度和范围，有相应的规定。

产品内部要求，即对裂纹、分层、疏松、夹渣、缩尾、气孔、断口等规定允许范围。

产品外形要求，对浪形、翘曲、平直度、椭圆度、偏心、弯曲、扭转等有明确的规定。

产品切口和切断要求，即对产品头、尾、边等部位有整齐和光洁规定。

产品力学性能要求，对抗拉强度、伸长率、屈服极限、抗压强度、抗剪强度、高温持久、瞬间强度等有最小允许值。

产品工艺性能要求，如板材的杯突试验、线材的反复弯曲试验、管材的扩口、缩口、压扁、卷口、耐压等试验，以及选做耐蚀性、焊接性等试验。

产品金相组织要求，如铜合金的晶粒度、铝合金挤压产品的粗晶环等，与标准试样对比验证是否合格。

产品验收要求，确定是否合乎技术条件规定，产品包装、运输和保管也有明文规定。

表12-2为常用有色金属及其合金压力加工产品牌号的表示方法。同样若有了金属牌号，便可查找出产品标准规定的多项技术条件和技术数据。

表12-2 常用有色金属及其合金压力加工产品牌号的表示方法

有色金属及其合金分类	牌号举例		牌号表示方法说明
	名 称	代 号	
铜及铜合金	纯铜 黄铜 青铜 白铜	T1、T2-M TU1、TUMn H62、HSn90-1 QSn4-3 QSn4-4-2.5 QAl10-3-1.5 B25 BMn3-12	Q Al 10-3-1.5 M ① ② ③ ④ ⑤ ①分类代号：T 为纯铜、TU 为无氧铜、TK 为真空铜；H 为黄铜，Q 为青铜，B 为白铜； ②主添加元素符号：纯铜、一般黄铜、白铜不标；三元以上黄铜、白铜为第二主添加元素（第一主添加元素分别为 Zn、Ni）；青铜为第一主添加元素； ③序号主添加元素含量（以百分之几表示）：纯铜中为金属顺序号；黄铜中为 Cu 含量（Zn 为余数）；白铜为 Ni 或（Ni + Co）含量；青铜为第一主添加元素含量； ④添加元素量（以百分之几表示）：纯铜、一般黄铜、白铜无此数字；三元以上黄铜、白铜为第二添加元素合金；青铜为第二主添加元素含量； ⑤状态代号

续表 12-2

有色金属及其合金分类	牌号举例		牌号表示方法说明
	名 称	代 号	
铝及铝合金	纯铝 铝合金	1A99 2A50，3A21	①A⎯99 ① ② ③ ①组别代号； ②A 表示原始纯铝，B～Y 表示铝合金的改型情况； ③1×××系列（纯铝）表示最低铝百分含量：2×××～8×××系列用来区分同一组中不同的铝合金
钛及钛合金		TA1-M，TA4 TB2 TC1，TC4 TC9	TA⎯1⎯M ① ② ③ ①分类代号，表示合金或合金组织类型：TA 为 α 型 Ti 合金；TB 为 β 型 Ti 合金；TC 为（α+β）型 Ti 合金； ②金属或合金的顺序号； ③状态代号
镁合金		MB1 MB8-M	MB⎯8⎯M ① ② ③ ①分类代号：M 为纯镁；MB 为变形镁合金； ②金属或合金的顺序号； ③状态代号
镍及镍合金		N4NY1 NSi0.19 NMn2-2-1 NCu28-2.5-1.5 NCr10	N⎯Cu⎯28⎯2.5⎯1.5⎯M ① ② ③ ④ ⑤ ①分类代号：N 为纯镍或镍合金；NY 为阳极镍； ②主添加元素符号； ③序号或主添加元素含量：纯镍为顺序号；主添加元素含量以百分之几表示； ④添加元素含量：以百分之几表示； ⑤状态代号
专用合金	焊料 轴承 合金 硬质 合金 喷铝粉	HlCuZn64 HlSnPb39 ChSnSb8-4 ChPbSb2-0.2-0.15 YG6 YT5 YZ2 FLP2 FLXI FMI	H1⎯Ag⎯Cu⎯20⎯15 ① ② ③ ④ ⑤ ①分类代号：Hl 焊料合金、I 印刷合金、Ch 轴承合金、YG 钨钴合金、YT 钨钛合金、YZ 铸造碳化钨、F 金属粉末、FLP 喷铝粉、FLX 细铝粉、FLM 铝镁粉、FM 纯镁粉； ②第一基元素，用化学元素符号表示； ③第二基元素，用化学元素符号表示； ④含量或等级数：合金中第二基元素含量，以百分之几表示；硬质合金中决定其特征的主元素成分；金属粉末中纯度等级； ⑤含量或规格：合金中其他添加元素含量，以百分之几表示；金属粉末的粒度规格

产品标准不仅在生产、消费领域中是需要的；而且在信息交流、技术开发中也是必不可少的；在内外贸易、质量检验中更是离不开的。

上面讲的仅仅属于基本知识的内容，以满足一般性的了解。全面的技术标准内容，尚可查找完整的、系统的文献资料。

第二节　产品质量检验

产品质量检验内容庞杂，无所不有。这里只好归纳为外形尺寸和性能质量检验，外形尺寸有标准规定的公差范围限制；性能有标准规定的指标要求。产品质量检验的宗旨是保证产品质量符合规定的标准，防止不合格产品进入流通领域，标准是生产和使用双方都要遵守的尺度，是交货产品的依据。

一、产品外形尺寸超差及其检测

产品外形尺寸超出了产品标准规定的公差范围，是金属压力加工产品的一种质量缺陷。产品都有一定的外形和尺寸，并且允许在一定范围内有所波动。产品标准上规定的外形尺寸允许波动的范围称为公差。尺寸在公差范围内的产品属合格品，超出公差范围的产品为不合格品、等外品或废品。外形尺寸包括断面尺寸和长度尺寸，如圆坯的直径、方坯的边长和对角线长、扁坯的厚度和宽度、板材的厚度和宽度、管材的外径和壁厚。各种外形尺寸超差包括有不圆度、脱方、弯曲度、扭转、瓢曲、浪形、镰刀弯、板卷塔形、异形材轴线垂直度、带棱角产品的棱角缺肉、板凸度、同板差、三点差、同条差、厚度不均、竹节等。

产品外形尺寸超差检测的依据，仍然是产品标准上的有关规定。往往是通过直观的检测仪器仪表，甚至用手工操作的量具人工检测。这样显得简单些，但其是第一主检的内容，故该项检测极为重要。

二、产品缺陷及其理化检验

(一) 产品的表面缺陷和内部缺陷

1. 产品的表面缺陷

产品的表面缺陷，是出现在钢材和有色金属加工产品表面并影响产品质量的各种疵病的统称。表面缺陷的种类很多，大多以该缺陷的形貌来命名，也有的以其产生的原因命名。生产中常以缺陷的产生工序将产品表面缺陷分成两大类。一类是材质不良的缺陷，如离层、结疤、拉裂、裂纹、发纹、气泡等，这些缺陷大多是铸锭质量不良造成的；另一类是加工操作不良的缺陷，包括折叠、耳子、麻点、凸包、刮伤、压痕、压入氧化铁皮、毛刺等，这类缺陷是在压力加工过程中产生的。

对各种用途产品的表面缺陷所采取的检查方法，在相应的产品标准中皆有明确规定，包括：

(1) 肉眼检查。对普通用途的产品，以目力检查表面缺陷，有时也借助"试铲"或"试磨"的方法来鉴别缺陷；

(2) 酸洗检查。适用于重要用途的产品；

(3) 喷丸检查。适用特殊用途的干坯料；

（4）无损探测。对有特别重要用途的产品，根据其质量要求，分别采用超声波探测、涡流探测、磁粉探测、渗透显示探测等方法。

2. 产品的内部缺陷

产品的内部缺陷，是钢材和有色金属加工产品内部破坏金属基体完整性的、影响产品质量的各种疵病的统称。包括局部不连续破裂，成分或结晶不均匀及外来异物等。内部缺陷需要用取样或探测的办法来判断。有的缺陷由表面延伸到内部，既是表面缺陷又是内部缺陷。内部缺陷严重影响金属的性能。

内部缺陷可归纳为两类：一类是宏观缺陷，可以通过酸浸低倍试样用断口进行观察，用无损探伤等办法，以肉眼检查和判别，如缩孔、疏松、分层、白点、大块夹杂、冷隔（双浇或重铸）和过烧等；另一类是微观缺陷，需要借助显微镜、X光、电子技术观察判别，如晶粒粗大、混晶、细小夹杂、带状组织和网状组织等。

（二）产品缺陷的理化检验

产品缺陷的理化检验，是用物理和化学的方法对钢材和有色金属加工产品的表面缺陷和内部缺陷进行检验的过程。检验的具体方法有酸浸法、断口法、塔形车削法、硫印法、显微显示法、电解分离法、硬度试验法和各种无损探伤法。

（1）酸浸法。一些表面缺陷如发纹，由于氧化铁皮掩盖使肉眼不易发现，采用酸洗或喷砂清除氧化铁皮而使缺陷暴露的方法，便于检查、清理。一些内部缺陷需截取横断面试样，抛光后经酸洗，使缺陷暴露、肉眼判别。试样的截取、加工和酸浸蚀方法，由产品标准规定。酸浸法可检验的缺陷有疏松、偏析、气泡、翻皮、白点、内裂、非金属夹杂、异金属夹杂等。根据评级图片，用比较法评定级别。

（2）断口法。在试样长度方向中间部位开一个尖锐槽口，深度为试样的厚度、直径或垂直于试样表面一侧宽度的1/3。将试样在室温下用动载荷折断，用肉眼或10倍以下放大镜观察断口的形貌。取样方法、加工试样方法和判别均按产品标准的规定进行。断口法可检验出疏松、缩孔、夹杂、白点、气泡、内裂、晶粒粗大、过热组织等缺陷。

（3）塔形车削法。主要用于检验发纹及非金属夹杂。试样用车床车成塔形（板材试样用刨床刨出三个阶梯），用酸浸法或磁粉探伤法检验每个阶梯上的发纹数和长度，以及全部阶梯上的发纹总数和总长度，按标准规定或供货协议判定产品是否合格。

（4）硫印法。可检验产品中硫的偏析，并可间接地检验其他元素的偏析和分布，它对评价产品的质量有重要意义。试样根据需要截取，试样加工与酸浸法要求相同。将溴化银光面印相纸浸入稀硫酸液中1~2min，然后贴在试样的加工面上，赶出中间的气泡和空隙，使相纸完全接触产品表面。3min后，取下用清水冲洗，放进定影液中定影，定影后再冲洗干净并烘干。印相纸上的硫酸与试样面上的硫化物反应生成硫化氢，它与相纸上的溴化银反应生成硫化银，沉积于相纸上形成棕色及褐色斑点。根据斑点的分布来判定硫的偏析程度以及缩孔和夹杂，按标准分级评定。

（5）显微显示法。金属内微观的缺陷，无法用肉眼直接判别，只有用显微镜放大才能观察清楚。显微设施有金相显微镜、电子显微镜、电子探针、扫描电子显微镜、X射线衍射仪等。借助光学、电子技术、X射线技术进行显微观察和分析。试样从缺陷部位截取，也可借用拉伸和冲击试样充当。按标准规定，试样表面须经粗磨、细磨、机械抛光或电解抛光。为了能显示其组织，可对试样加工面进行化学浸蚀、物理显示或覆膜。电子显微镜试样要做成极薄的薄膜，或用复型技术将试样观察面上的蚀刻复制下来，对复型进行观察。一般缺陷检验多用金相显微镜。显微显示法可检验晶粒度、混晶、脱碳层、过热组织、带状组织、网状组织、异金属夹杂物、非金属夹杂物的鉴定工作。

（6）电解分离法。主要用于金属内夹杂物的检验。将基体金属用电解法溶入溶液，夹杂物从金属基体中分离出来，以残渣形态收入胶囊中，处理后测其含量、化学成分，并经岩相、金相或 X 射线分析测定其晶体结构及矿物组成。分离法还有酸溶法、化学置换法、卤素法和氯化法等。

（7）硬度试验法。金属内不同的组织和夹杂物有着不同的硬度，一些用肉眼和金相显微镜难以判定的组织和异物，可用硬度法来鉴别和判定。比如根据基体珠光体与脱碳层铁素体有着不同的硬度来测定脱碳层的深度等。

（8）无损探测法。在不取样、不破坏金属完整性的前提下可以探测出金属内部和表面的缺陷。还可对金属进行整体探伤检测，以防止用取样法检验造成局部漏检。无损探测法有超声波探测法、涡流探测法、磁粉探测法、渗透显示法、磁敏传感器法、中间存储漏磁法、光学法、电位探针法、射线探测法等。各种探测方法均按有关标准作为判定依据。无损探测的各种方法分别介绍如下：

1）超声波探测法。超声波是波长很短，指向性很强的弹性波，能在均匀的介质中传播，并在界面上反射。当遇到缺陷处的界面时，超声波会发生不同方向的反射。根据反射脉冲讯号的高度和底波的有无，可以判定有无缺陷和缺陷的大小，并探出金属内部的裂缝、夹杂、缩孔、气孔、白点、夹层等缺陷。超声波探测方法有阴影法、共振法及脉冲反射法等，其中脉冲反射法应用比较普遍。

2）涡流探测法。一些浅表性缺陷发生在超声波的盲区，可用涡流探测法检验。把试样放在产生交变磁场的线圈内，由电磁感应在试样内产生涡流磁场。涡流磁场与线圈磁场交互作用，又使线圈的阻抗矢量发生变化。用电子仪表显示其变化，就可判定出缺陷的有无和大小。

3）磁粉探测法。主要用于发现金属表面或接近表面的微小缺陷如裂纹、折叠、夹杂、气泡等。首先把试样进行磁化，若试样表面或内部有缺陷时，磁通量的均匀性会受到破坏，磁力线偏离原来方向，绕过缺陷处。此时若把磁粉喷洒在试样表面上，有缺陷处的磁漏，就会吸引磁粉而显示出缺陷的痕迹和轮廓。这种方法对棒材、管坯和方坯的探测很有效。

4）渗透显示法。用于探测肉眼不易发现的表面裂缝，用于轴件、轧辊、齿轮等的检查。将荧光液或着色液（红色）涂在金属材料的表面上，也可以把金属材料浸入这些液体内。表面裂缝处由于毛细作用而渗入这些溶液。取出冲净表面上的溶液后，裂缝内会残留有这种溶液，并且渗漏出来。残留有荧光液的材料表面在紫外线照射下显示出清晰的荧光勾画出的缺陷的位置和形状。经着色剂着色的材料表面，冲净后再涂一层锌白作为显示剂，裂缝内存留的红色着色剂就会渗漏出来。渗透显示法无损探测也叫着色探测。

5）磁敏传感器法。将传感器置于被磁化的材料表面，用于检验表面缺陷的漏磁，不仅可测出缺陷的存在，并可进行缺陷的定量分析。可测出长度 $1\mu m$，深度 $10\mu m$ 的表面缺陷。

6）中间存储漏磁法。将录音磁带放在被磁化的材料表面上，并记录下由缺陷引起的漏磁，然后用磁敏传感器测量磁带记录下的信息。检测过程与记录漏磁过程可以在不同时间和地点分别进行。

7）光学法。对被检材料表面用激光束扫描。由于大部分缺陷与基体之间存在着一定的光学反差，而各表面缺陷之间又可以通过它们在金属材料表面上的长度、宽度、形状、位置等的反光差异而加以区别。因此通过利用光反射原理所获得的光学信号，就可以得到对缺陷的描述。激光束的光点越小，则描述的信息就越丰富。光学方法主要用于冷轧薄板、薄带等表面质量要求很高的产品的表面检验。这些产品表面的缺陷绝不能用肉眼看出。

8）电位探针法。该法的基础是测量受检表面某一固定检验段的电压降。利用两个探针去接触被测体并保持一定间隔，使电流流入试样表面。如果没有缺陷则两个探针测得的电压降总是相同的。如果两个探针之间有裂纹等缺陷时，则由于电流绕着裂纹流动的路程较长，而出现较大的电压降。所测得的电压降变化同裂纹深度成正比。用此法可以较准确地测定裂纹深度。

9）射线探测法。利用 X 射线和 γ 射线能穿透物体并被部分吸收后穿透力衰减的特性而进行探测的方法。在金属材料内部有缺陷的地方，由于有空洞或密度减少，射线穿透的量较多，吸收的量较少，这样在射线接收屏幕或感光胶片上便能显示出缺陷的部位和形状。

三、产品性能检验

产品性能检验是对金属压力加工的各类产品进行的力学性能、物理性能、化学性能、工艺性能和金属组织检验。产品性能检验的目的是保证产品质量符合规定诸多内容的标准，防止不合格产品出厂后进入流通领域。

（1）力学性能检验。指对金属产品在承受包括拉伸试验、压缩试验、扭转试验、冲击试验、硬度试验、应力松弛、疲劳试验等各种力学试验时所显示的各种力学性能的检验。

（2）物理性能检验。指对金属产品磁性能、密度、弹性模量、热膨胀系数、电阻等物理性能指标的检测。

（3）化学性能检验。指金属在周围介质作用下对抗腐蚀能力的检测，使用的方法有晶间腐蚀法、盐雾试验法、抗阶梯型破裂试验法、应力腐蚀试验法等。

（4）工艺性能检验。指在模拟的加工和使用条件下而不是在常规的力学试验条件下检测同材料的力学性能有关的各种工艺性能，诸如冷弯、热弯、反复弯曲试验、落锤撕裂试验；板材的各种杯突试验、双向拉伸试验、扩孔试验、起皱试验；管材的扩口、缩口、压扁、卷边、水压试验；钢丝的扭转、缠绕、弹性试验；钢轨的落锤试验等。

（5）金属组织检验。用以测定金属内部结构、晶粒、宏观和微观缺陷，分低倍、高倍和电镜显微组织检验等。

第三节　各项技术经济指标

生产车间各项设备、原材料、燃料、动力、定员以及资金等利用程度的指标称之为技术经济指标。这些指标反映了企业的生产技术水平和生产管理水平，是鉴定车间设计和工艺过程制订优劣的重要标准，是评定车间各项工作好坏的主要依据。

生产过程中的各项原材料及动力消耗等指标直接涉及综合技术经济指标，直接影响经济效果。下面分别介绍几种主要消耗指标，这是多年来的数据，至今仍然实用。

（一）金属消耗

金属消耗包括：（1）加热的烧损；（2）切头、切尾、切边的损失；（3）清理表面的损失（包括酸洗的损失）；（4）轧废（包括取样及其他损失）。

烧损就是金属在高温状态下的氧化损失，它包括坯料在加热过程中的氧化铁皮和轧制过程中形成的二次氧化铁皮，前者尤为主要。影响金属烧损的因素是：加热温度及高温保温时间；加热时间；炉气气氛种类；钢的化学成分；被加热钢料的表面积与体积的比值；加热炉的结构等。加热温度越高，加热时间越长，加热时炉内气氛氧化性越强，烧损也越多。当钢中含有合金元素时，多数情况形成致密的氧化铁皮膜，防止氧的扩散，因而烧损相对减少。各种轧制产品的烧损见表12-3。

表12-3　各种轧制产品的金属消耗

编号	轧件名称	成品率/%	消耗率/%		金属消耗系数
			切头尾及废品	烧损	
1	初轧板坯				
	普通及优质碳素钢	85	13	2	1.17
	碳钢及合金结构钢	82	16	2	1.21
	碳素及合金工具钢	80	18	2	1.25
	不锈、耐热、耐酸钢	73	25	2	1.37
	普通碳素钢	88	10	2	1.16
	变压器钢	80	18	2	1.25
2	初轧方坯				
	普通及优质碳素钢	85	13	2	1.17
	重轨钢坯	83	15	2	1.2
	合金结构钢	83	15	2	1.2
	不锈、耐热、耐酸钢	78.5	19.5	2	1.27
	管坯	82	16	2	1.21
	普碳钢	88	10	2	1.16
3	连轧坯				
	中小型轧机用普通方坯	97	2.5	0.5	1.03
	薄板坯	97	2.5	0.5	1.03
4	大型钢材				
	重轨	94	4	2	1.06
	18~33号工槽钢	93	5	2	1.07
	80以上的普通及优质碳素方钢	91	7	2	1.10
	φ70~150无缝管坯	91	7	2	1.10

编号	轧件名称	成品率/%	消耗率/%		金属消耗系数
			切头尾及废品	烧损	
5	中型钢材				
	碳钢及合金结构钢	95	3	2	1.05
	滚珠轴承、弹簧及不锈钢	94	4	2	1.06
	普碳钢	94	4	2	1.06
6	小型钢材				
	普碳钢	94	4	2	1.06
	合金工具钢	91	7	2	1.10
	滚珠钢	89	9	2	1.12
	不锈、耐热钢，高速钢	87	11	2	1.15
	线材	96	1.5	2.5	1.05
7	中厚板				
	造船用钢板	78~80	20~18	2	1.29~1.25
	锅炉钢板	75	23	2	1.33
	碳素及合金钢板	84	14	2	1.19
	汽车钢板	78	20	2	1.29
8	热轧板卷				
	普碳钢	90	8	2	1.11
	碳素及合金工具钢	85	13	2	1.18
	不锈、耐热、耐酸钢	85	13	2	1.18
	冷轧用板卷坯	95	3	2	1.05
9	冷轧板卷				
	硅钢片、汽车钢板	89	10	1	1.12
	热镀锡板	88	11	1	1.13
	合金及工具钢	90	9	1	1.11
	不锈耐热耐酸钢	83	16	1	1.2
10	140 无缝轧机				
	耐压钢管	86	$\begin{cases}6.5\\5.0\end{cases}$	2.5	1.17
	钻头钢管	82	$\begin{cases}8.0\\7.0\end{cases}$	3.0	1.22
	锅炉钢管	87	$\begin{cases}5.0\\5.5\end{cases}$	2.5	1.17
	一般用途钢管	90	$\begin{cases}3.5\\4.0\end{cases}$	2.5	1.11
11	650 螺旋焊管				
	输送液体的螺旋焊管	87.5	12.5	—	1.14
12	20~102 电焊管				
	热处理锅炉钢管	95.2	3.8	1.0	1.05
	热处理结构钢管	95.2	3.8	1.0	1.05

切损主要与钢种、钢材类别、坯料尺寸确定的精确程度和选用原料的状况等有关。采用钢锭作原料，由于缩孔和轧制时形成的燕尾部分而使切损较大，尤以高合金钢的情况更甚。

沸腾钢锭切除量为 5% ~ 10%，镇静钢锭切除量为 14% ~ 18%，而合金钢锭切除量达到 10% ~ 22%。因此合理的选择锭型、精确地计算坯料尺寸和成品尺寸间的关系是减少切损的重要措施。近几年来，采用绝热板代替保温帽，用沸腾钢锭模浇铸镇静钢的措施，使钢锭切损减少，金属收得率提高了 6% ~ 7%。钢板因为切边、钢管因为壁厚不均等原因增加了切除长度，它们的切损均大于型钢。型钢的切损量为 5%，而钢板、钢管可达 10%以上。

清理金属表面的损失包括原料表面缺陷清理、酸洗以及轧后成品表面缺陷清理所造成的金属损失。由于钢种和清理方法不同，以及对钢材的要求不同，则造成清理损失也不同。表 12-4 列举了各种清理方法的金属损失比较。

表 12-4　各种清理方法的金属损失比较

清理方法	风铲（钢锭）		车皮（钢锭）	风铲（钢坯）	砂轮研磨	火焰清理	酸　洗
	低合金钢	高合金钢					
损失/%	0.5 ~ 1.0	~3	4 ~ 5	~2	~1	2 ~ 3	0.3 ~ 2.0

轧废是由于操作不当、管理不善或者出现各种事故所造成的废品损失。因对合金钢产品的要求较高，生产困难，轧废量较多，一般为 1% ~ 3%；而普碳钢产品的轧废量一般小于 1%。

除上述的金属损失外，在生产过程中还有取样检验、铣头钻眼以及钢号混乱等所造成的金属损失。这些损失一般不超过 1%。各类轧机综合的金属消耗见表 12-5。

表 12-5　各类轧机的金属消耗

轧机名称	初轧机		钢坯连轧	大型轧机	中型轧机	小型轧机	中厚板轧机	热连轧带钢轧机	140 无缝钢管轧机
	普碳钢	合金钢							
金属消耗系数	1.10 ~ 1.25	1.17 ~ 1.37	1.03	1.06 ~ 1.10	1.05 ~ 1.06	1.06 ~ 1.15	1.19 ~ 1.33	1.05 ~ 1.18	1.11 ~ 1.22

（二）燃料消耗

常用的燃料有煤、煤气和重油等。其消耗量用每吨钢材加热需要的热量消耗值表示，有时对固体燃料或液体燃料用加热每吨钢材消耗的燃料重量来表示。

每吨钢材的燃料消耗取决于加热时间、加热制度、加热炉结构和产量、坯料断面尺寸、钢种和入炉时坯料温度等因素。热锭装炉可大大节省燃料，因此在初轧机上力争提高热装率及热锭温度；对连续式加热炉而言，若炉子产量高，则相对的燃料消耗少，亦即提高炉子生产率是减少单位燃料消耗的重要途径，坯料断面尺寸小，加热时间短，燃料消耗亦少；因合金钢加热速度较低，其燃料消耗就比普碳钢高，各类轧机的燃料消耗见表12-6。

表 12-6 各类轧机每吨产品的材料消耗

编号	轧 机 名 称	燃料 /10⁶kJ	电能 /kW·h	水 /m³	压缩空气 /m³	氧气 /m³	润滑油 /kg	耐火材料 /kg	轧辊消耗 /kg	蒸汽 /kg
1	1150 初轧机	1.46	15	6.5	2.2	0.5	0.12	2.0	0.12	2.0
2	850/700/500 钢坯连轧机	—	20	9	8.4	1.9	0.12	—	0.2	5.2
3	800 轨梁轧机	1.54	55	21	18	1.25	0.3	0.6	0.5	26
4	800/650 大型轧机	2.29	50	21	12.56	0.61	0.3	0.6	1.64	10.5
5	580 中型轧机	3.54	45	10	0.8	0.28	0.25	0.72	3.0	27
6	300 连续小型轧机	3.67	66	30	5	0.185	0.25	0.6	1	13.3
7	300 小型轧机	2.17	70	86	11.2	0.3	0.3	0.6	2.76	
8	250 连续线材轧机	1.54	77	20	20		0.4	0.6	0.77	16
9	500 中型轧机	2.17	50	61		0.125	0.3	0.6	2.8	19.4
10	650 型钢轧机 （合金钢）	2.5	62	43.4	7	1.4	0.5	0.92	4.2	
11	650 型钢轧机 （普通钢）	2.29	55	33.8	—	0.4	0.4	0.6	3.32	
12	2300 中板轧机 （三辊劳特式）	3.34	65	32	4.95	3.57	0.45	0.6	2.48	3.42
13	1200 薄板轧机 （φ760×1200 四架轧 硅钢片）	11.68	250	50	0.4	—	4	1.2	14	2.40
14	950 双机架 薄板轧机	煤 345kg	150	38	0.4	—	3.5	1.0	2.14	0.48
15	φ76 无缝 钢管轧机	煤 220kg	150	59	150		3.0	2.5	2.98	500
16	2300/1700 热轧带钢轧机	3.46	90	58	16.5	0.1	0.3	1	1.65	229
17	1700/1200 冷轧机	1.38	224	25	3	0.05	1.8	1.0	0.91	600
18	2800 中厚板 轧机	3.79	60	45	102	0.022	0.26	0.79	1.15	37
19	2800/1700 半连续钢板轧机	3.21	75	47.5	16.4	0.03	0.3	0.8	2.31	45

（三）电能消耗

轧钢车间的电能消耗主要用于驱动轧机的主电机和车间内各类辅助设备的电机等。每吨钢材的电能消耗与轧制道次、产品种类、钢种、轧制温度以及车间机械化程度等有关。轧制时总延伸系数愈大，或者轧制道次愈多，则电能消耗愈大。

一般说来，轧制板带钢比轧制型钢、钢管的电能消耗更多；轧制合金钢比轧制普碳钢更多。初轧生产的终轧温度高，轧机小时产量大，车间内辅助设备相应少，因而其电能消耗比其他轧钢车间小。各类轧机电能消耗列于表 12-6 中。

（四）水的消耗

轧钢车间用水按其用途可分为生产用水、生活用水、劳动保护用水。后两项用水量较少，生产用水是车间水耗量的主要方面。生产用水主要用于冷却有关设备和钢材，冲洗氧化铁皮，酸洗清洗用水以及动力用水等。

水的消耗单位一般用单位时间内的耗水量来表示（m^3/h），有时也用钢材单位产量的耗水量来表示（m^3/t）。各类车间的耗水量见表 12-6。

（五）压缩空气消耗

轧钢车间的压缩空气主要作为动力；清理钢坯表面；冷却电机及润滑系统；吹刷设备。各类车间需用的压缩空气量见表 12-6。

（六）氧气消耗

轧钢车间的氧气消耗主要用于切割钢坯；切除废品；清理坯料表面和检修。各类车间氧气消耗见表 12-6。

（七）油的消耗

轧钢车间油的消耗取决于电机及机械设备数量的多少；转动部件的多少；工艺润滑和热处理用油量以及油的种类。其耗油量的单位为 kg/t，即每轧一吨钢材消耗油的公斤数。各类轧机润滑油的消耗见表 12-6。

（八）耐火材料消耗

耐火材料消耗主要取决于加热炉及热处理炉等的种类和数目；加热制度及实际操作熟练程度；检修计划及耐火材料质量。各类车间耐火材料消耗见表 12-6。

（九）轧辊消耗

轧辊是轧机的主要备件，其消耗量是由轧辊每车磨一次所能轧出的钢材数量以及一个新轧辊可能车磨的次数来决定的。因此表示轧辊消耗的单位是每吨钢材平均消耗的轧辊重量。

轧辊消耗的数量多少取决于许多因素，主要有：轧机型式及机架数目；轧辊材质；所轧钢材的钢种和产品形状的复杂程度；轧制过程中金属变形的均匀性；轧制时采用的冷却方法和效果；轧制操作的技术水平以及轧辊的加工方法。

近年来，随着轧机产量的提高、轧辊材质的改善、制造方法的变更、热处理工艺的革新以及轧辊焊补技术的进步，导致轧辊使用寿命得到延长，轧制钢材数量增多，轧辊消耗量不断减少。如国外有的初轧厂一对轧辊的轧出量达到 200 万吨，甚至高达 300 万吨。表12-6列举了各类轧机每吨钢板平均消耗的轧辊重量，表 12-7 列举了各类轧机轧辊重车次数及重车一次的轧钢量。

表 12-7 轧辊消耗量

编号	轧机名称	轧辊材质	轧辊尺寸/mm			质量/t	每车一次轧制金属量/t	车削次数
			外径	辊身长	全长			
1	1150 初轧机	60CrNi	1150	2800	5890	31	130000	6
2	1100 初轧机	60CrNi	1100	2400	5100	25	100000	6
3	1000 初轧机	60CrNi	1000	2350	5000	19.7	30000	6
4	850/700/500 钢坯连轧机							
	850 第 1、2 架	50CrNi	850	1200	3650	6.2	30000	8
	立辊第 3、5 架	50CrNi	730	800	2425	3.4	20000	8
	700 第 4、6 架	50CrNi	730	1200	3440	49.5	20000	8
	立辊第 7、9、11 架	50CrNi	530	800	2010	1.7	15000	8
	500 第 8、10、12 架	50CrNi	530	800	2440	1.85	15000	8
5	850 初轧机	锻钢	850	2400	4630	15.5	15000	6
6	800 轨梁轧机							
	粗轧第 1、2 架	锻钢	800	1900	3300	11	4000	7
	精轧机架	铸铁	800	1900	3300	11	3000	7
7	650 型钢轧机							
	粗轧第 1 架	铸钢	650	1800	3160	5.4	3000	6
	粗轧第 2 架	球墨铸铁	650	1800	3160	5.4	2500	6
	精轧第 3 架	铸铁	650	1800	3160	5.4	1600	8
8	500 中型轧机							
	第 1、2 架	铸钢	530	1500	2700	3	2000	6
	第 3 架	铸铁	530	1500	2700	3	1500	6
	第 4 架	铸铁	530	1500	1700	3	1000	6
9	300 小型轧机							
	粗轧机列 1、2 架	铸铁	450	1300	2250	1.85	1500	6
	精轧机列 1、2 架	铸铁	310	750	1350	0.55	1000	6
	精轧机列 3、4 架	铸铁	310	750	1350	0.55	800	8
	精轧机列 5 架	硬面铸铁	310	750	1350	0.55	800	8
10	250 连续线材轧机							
	第 1~4 机架		380	880	1550	0.8	7000	6
	第 5~7 机架		340	800	1440	0.7	7000	6
	第 8~9 机架		323	705	1345	0.6	7000	5
	第 10~11 机架		327	705	1345	0.6	5000	5
	第 12~13 机架		292	564	1126	0.4	5000	5
	第 14~19 机架		250	500	1042	0.3	1250	10
11	250 小型轧机							
	粗轧第 1 架	铸钢	430	1200		1.6	1500	6
	粗轧第 2 架	铸钢	430	1100		1.5	1500	6
	精轧第 1、2 架	铸铁	250	914		0.8	1000	8
	精轧第 3、4、5 架	硬面铸铁	250	750		0.6	800	8

编 号	轧机名称	轧辊材质	轧辊尺寸/mm			质量/t	每车一次轧制金属量/t	车削次数
			外径	辊身长	全长			
12	400/250 小型轧机							
	粗轧第 1、2 架	铸　钢	430	1100	1960	1.59	1500	6
	精轧第 1 架	铸　铁	270	600	1120	0.371	1000	5
	精轧第 2、3 架	铸　铁	270	600	1120	0.301	800	5
	精轧第 4 架	硬面铸铁	270	600	1120	0.301	600	7
	精轧第 5 架	硬面铸铁	270	600	1120	0.301	600	7

（十）蒸汽消耗

蒸汽在轧钢车间主要用于冲刷煤气管道；润滑油冬季保温；酸洗工段酸液及水洗槽的加热；吹除氧化铁皮。各类轧机的蒸汽耗量见表 12-6。

除上述材料消耗外，尚有其他有关材料皆需进行成本核算。总之要本着优质、高产、低成本的要求，力争降低各项材料的消耗，以便降低产品成本、节约能源、节约材料。

表 12-8 所示轧机的综合技术经济指标，是最新设计的实际数据，可供参考。表12-9 ～表 12-11 为铝、铜加工的技术经济指标，全都有实用价值。

表 12-8　轧机的综合技术经济指标（设计）

指标项目 ＼ 轧机名称	4200 厚板轧机	1700 热带轧机	1700 冷带轧机	1200 二十辊轧机	1150 初轧	1300 初轧
生产能力/万吨·年$^{-1}$	40	310.6	100	7	200	344.5
机械设备重量/t	19000	34000	26900	9500	9607	30000
电机总容量/kW	110000	167500	112000	47000	311300	—
车间总面积/m^2	100000	178600	169700	83400	42481	130000
定员/人	1050	2977	3354	1665	714	752
车间投资/万元	17200	42000	73000	30000	9765	85000
各项消耗指标						
金属消耗/t·t^{-1}	1.54	1.058	1.195	1.36	1.15	1.145
燃料/J·t^{-1}	1.2×10^6	混合煤气 24m^3/t 重油 0.05t/t	混合煤气 215m^3/h 焦炉煤气 1900m^3/h	粗制 5330m^3/h 精制 1810m^3/h	0.318×10^6	0.202×10^6
氧/m^3·t^{-1}	5	—	—	—	0.411	6(火焰清理)
电/kW·h·t^{-1}	100	104	165	1700	20	54
蒸汽/kg·t^{-1}	140	56	75	12t/t	5.9	1
压缩空气/m^3·t^{-1}	2	—	172m^3/min	1800m^3/h	0.79	—
水/m^3·t^{-1}	70	233	工业用水 710m^3/h	工业用水 1370m^3/h	12.95	0.89（淡水）

续表 12-8

指标项目 ＼ 轧机名称	4200 厚板轧机	1700 热带轧机	1700 冷带轧机	1200 二十辊轧机	1150 初轧	1300 初轧
			软水 107m³/h	软水 160m³/h		
轧辊/kg·t⁻¹	2.43	0.89	工作辊 220 个/a 支撑辊 8 个/a	—	0.136	初轧 0.15 连轧 0.223
耐火材料/kg·t⁻¹	3.75	—		—	1.74	1.5
润滑油/kg·t⁻¹	2	0.12	—	液压油 4200t/月 润滑油 1500t/月	0.104	—
酸/kg·t⁻¹	15		盐酸 4900t/a	盐酸 200t/月	—	—

表 12-9 铝加工厂综合技术经济指标汇总表

指标名称	单位	铝型材 指标值	铝箔 指标值	指标名称	单位	铝型材 指标值	铝箔 指标值
计划产量	t	2600 ~ 3200	5000 ~ 10000	全厂占地面积	m²	50000 ~ 90000	8.0 ~ 17.0
综合成品率	%	66 ~ 73	65 ~ 67	用电设备安装容量	kW	5000 ~ 6800	1600 ~ 18000
职工在册人数	人	340 ~ 600		设备总重	t	560 ~ 750	2000 ~ 4000

表 12-10 铝型材部分生产车间技术经济指标表

指标名称	单位	熔铸 指标值	挤压 指标值	氧化着色 指标值
年产量	t	3400 ~ 4000	2700 ~ 3200	2500 ~ 3000
平均成品率	%	85 ~ 90	75 ~ 80	90 ~ 95
职工人数	人	60 ~ 90	55 ~ 80	60 ~ 70
车间面积	m²	2000 ~ 2400	2500 ~ 3000	2500 ~ 3000
受电设备安装容量	kW	1000 ~ 1400	1500 ~ 1800	1200 ~ 1600
设备总重	t	160 ~ 200	200 ~ 2300	150 ~ 190

表 12-11 铜板带，紫铜管，盘管车间主要技术经济指标

序号	指标	单位	车间类别 铜板带	车间类别 紫铜管	车间类别 盘管
1	年产量	t	60000	8000	7300
2	平均成品率	%	70	78	75
3	职工人数	人	800	260	150
4	车间面积	m²	44500	9000	8000
5	受电设备安装容量	kW	31000	7900	4700
6	设备重量	t	7430	1400	1000

第四节　提高轧机产量、改善产品质量和降低产品成本

一、提高轧机产量的途径

（一）轧机小时产量的计算

轧钢机单位时间内的产量称为轧钢机生产率。分别以小时、班、日、月、季和年为时间单位进行计算。其中小时产量为常用的生产率指标。

成品轧钢机生产率按照合格品的重量计算；而初轧机生产率按照原料的重量计算。

成品轧钢机的小时产量为

$$A = \frac{3600}{T}QbK$$

式中　3600——每小时的秒数；

Q——原料的重量，t；

T——轧制周期，s；

b——成品率，%；

K——轧机利用系数。

初轧机的小时产量为

$$A = \frac{3600}{T}QK \quad （t/h）$$

上面的计算仅是单一品种小时产量的计算。当一个车间生产若干个品种时，每个品种或由于选用坯料断面尺寸不同，或由于轧制道次不同，其产量也就不同。为考核一个车间的生产水平和计算年产量，就需要计算各种品种所占不同比例的小时产量。这个产量称为平均小时产量，也称产品综合小时产量。

（二）提高轧机产量的途径

由轧机的小时产量计算公式可见，轧机生产率直接受原料重量、成品率、轧机周期、轧机利用系数等因素影响。现就通过对这些影响因素的分析，进而找出提高轧机产量的措施。

（1）合理增加原料重量，并确定合理的原料尺寸。增加原料重量的两种方法：一是增加原料长度而断面尺寸不变；二是坯料长度不变而加大原料断面尺寸。一般说来，过分加大原料断面尺寸会使轧制道次增多、轧制周期增加及产量下降；增加坯料长度对轧机小时产量的提高更为有效，但也受到原料的重量、加热炉的宽度、设备的间距、轧制过程中的温度降、成品定尺的长度等因素限制。连续式线材或带钢轧钢机通过焊接可实现所谓"无头轧制"，即是极大地增加原料长度和重量来提高轧机产量的一个实例。

（2）缩短轧制周期，提高轧机小时产量。采取尽量增大压下，减少轧制道次；提高轧制速度，减小纯轧和间隙时间；增加交叉时间，即在同一架轧钢机或同一轧制线上实现多根轧制；提高各辅助设备的工作速度，保证主轧机不受干扰。

（3）提高成品率。成品质量与所用原料质量之比称为成品率，即

$$b = \frac{Q - W}{Q} \times 100\%$$

式中　Q——原料质量，t；

　　　W——各种损失的金属质量，t。

由上式可以看出，提高成品率主要在于减少轧制过程中的金属损耗。往往采取改善原料质量，合理选择原料质量，制定合理的生产工艺，以减少损耗。

（4）提高轧机利用系数。轧机实际小时产量与理论小时产量的比值称为轧机利用系数。轧机利用系数 K 值愈高，轧机小时产量也愈高。轧机利用系数的大小反映了车间生产技术管理水平的高低和工人操作技术的熟练程度，反映了生产过程中工序之间能否做到有节奏地均匀协调地进行生产。因此，提高轧机利用系数的途径主要在于：加强工人的责任心，提高操作技术水平，提高生产过程的机械化和自动化程度，减少人为因素对轧制周期引起的波动，加强前后工序的配合和提高管理水平等。

二、改善产品质量，降低各项消耗系数的方法

所谓产品质量，乃指产品的使用价值，指产品适合一定用途，能够满足国家建设和人民生活需要的质量特性。一般说来，产品质量是否合格，通常根据质量标准来判断，符合标准的就是合格品，不符合标准的就是不合格品。

产品质量的改善，不仅仅是废品数量的降低，更重要的是降低整个不合格品的数量。为此，成品率提高势必会降低金属损耗等一系列消耗系数。显然，严格地执行各项技术标准乃是改善产品质量，降低消耗系数的主要方法。

为了做好执行标准的工作，必须相应地加强其他各项技术管理工作，特别是技术规程管理、质量管理及检验工作等。同时还必须加强试验分析和计量工作。

三、降低产品成本的措施

产品成本是指生产一定种类和数量的产品所耗费的费用总额，体现了企业在生产过程中的资金耗费。一般把成本作为资金运动的内容，是衡量企业生产经营活动经济效果大小的标志。企业必须加强经营管理，实行经济核算，在保证完成产品产量、质量、品种等任务的前提下，尽量降低产品成本。

（1）节约原材料、燃料等物资的消耗。钢铁企业生产中消耗的原材料、燃料等物资的价值在成本中所占的比重一般在70%以上。为了节约原材料和燃料等物资的消耗，则采取制订先进的物质消耗定额，据以控制物资耗量；改进生产工艺和产品设计，降低单位产品中的物资用量；采用新技术；采取代用材料；开展修旧利废、回收废料等；改进物资采购、收发、保管等工作，减少各个环节的物资损耗，节约采购费用等。

（2）提高劳动生产率。减少单位产品的工时消耗，增加单位时间内的产量，体现为劳动生产率的提高。这就相对地减少了单位产品的工资支出，降低单位产品成本中固定费用的比重。

（3）提高设备利用率。有效地利用生产设备，充分发挥现有设备的能力，不断提高设备利用率，就可以减少单位成本中的折旧费等。因此，必须加强设备的维护和保养；提高修理质量；对设备进行改造；严格执行操作规程；改进劳动组织和生产组织；提高设备利

用程度。

（4）提高产品质量。提高产品质量，减少废品损失，是降低成本的重要途径。企业要实行全面质量管理（TQC），建立和健全质量检验制度，改进生产技术，加强技术管理。

（5）精打细算，节省开支。节约管理费用也是降低产品成本的一个方面。必须贯彻勤俭办企业的方针，处处精打细算，节省开支；提高工作效率，合理地压缩非生产人员，严格控制非生产性支出。

综上所述，摆在我们面前的实际问题是：在企业整顿和改革的基础上，完善人事管理、健全民主监督，实现"立法"措施和经济手段，明确责任分工、严守规章制度，做到立功者奖、失职者罚，开创新局面，迎接新技术革命的挑战。

———————— 本 章 小 结 ————————

本章主要介绍了产品标准和技术经济指标。产品标准是技术层面上的保证，显得死板；技术经济指标是管理层面的保证，较为灵活。优质、高产、低成本，是企业的永久目标。

课后思考与习题

1. 有色金属及其合金压力加工产品标准的主要内容有哪些？
2. 变形钢及其合金产品标准的主要内容有哪些？
3. 金属压力加工生产的质量检验包括哪些主要项目？
4. 简述提高轧机产量的途径。
5. 试分析降低产品成本的措施。

第十三章 金属压力加工简史及其新技术的发展

金属压力加工技术发展是必然的，其发展趋向更有深层的内容。我们的首要任务是稳定开发新工艺、新技术，探讨各个单一工序，在实践中发现问题，解决问题。深入实际，结合生产现场，不断改进、不断完善、不断创新。

第一节 金属压力加工简史

人类的生活和生产的用具和工具，是从石器时代进入铜器时代，再从铜器时代进入铁器时代，逐渐演变的过程。铁矿石要达到比铜矿石更高的温度才会熔化，因此冶铁比冶铜更难，冶铁的发明也就比冶铜晚。我们祖先在原始社会就有了石器、骨器的磨制和陶器、瓷器的烧制。原始社会晚期发展为铜石并用（高纯度铜矿石），这实际是应用金属的开端。人们在不断寻求各种石料过程中发现自然界存在着天然"红铜"，有金属光泽和较好的延展性，更容易加工使用。在夏代，我们祖先已掌握冶铜技术，这可从甘肃临夏张家嘴遗址中发现的炼铜渣得到证实。

中国生铁冶铸技术的发明，比欧洲要早许多。中国发现最早的陨铁（陨落的流星铁）文物是在河北藁城出土的商代中期的铁刃铜钺。研究证明，这些天然金属制品都是经过锻打制成的。中国古代冶金技术比欧洲先进，但偏重于铸造技术而忽视金属压力加工，往往限于手工锻打，没有发展轧制技术等。

中国自周代开始铸币以来，就不断改造铸造方法，不断推出先进技术。

早在春秋时期就有了冶炼生铁技术。生铁发明不久又对它进行了柔化处理，得到一种经得起锻打的有延展性的铸铁；战国时期，创造了生铁炒炼成熟铁或钢的技术，制造的许多铁质农具都有多种使用性能。

明代宋应星的《天工开物》一书中描述的锻制千金钩锚和抽丝的生产过程也有相当规模，但以后长期停留在手工操作阶段。

产业革命以后，欧洲的冶金业迅速走向现代化，通过采用动力机械（水轮机、蒸汽机、内燃机或发电机驱动的电动机），使金属压力加工也相应转向近代大工业生产。

中国近代化冶金技术（包括金属压力加工生产技术）则是从欧洲引进的。中国近代的轧钢厂最早是 1871 年福州船政局所属的拉铁（轧钢）厂，以后有建于 1894 年的汉阳铁厂的 800mm 钢轨轧机及在上海、天津、太原等地的中小型轧机。1931 年以后在鞍山陆续建起了较大规模的轧钢厂，以及在本溪、抚顺、大连等地的小型轧机厂。

1949 年以后，随着大规模经济建设的进行，轧钢和有色金属压力加工业更是得到飞跃的发展。1997 年中国钢的年产量已达 10756 万吨，钢材年产量 9700 万吨，居世界第一位；有色金属年产量 581 万吨。各种类型的轧钢厂和有色金属加工厂，已形成体系和规模，布局也合理。

第二节　金属压力加工新技术的发展

随着社会的进步，科学技术的不断发展，金属压力加工生产技术也在不断开拓、进取，其发展趋向更有深层的内容。诸如充分开发资源利用，节约能源并降低其消耗，生产专业化和缩短工艺流程，提高产品精度和质量，产品深度加工和技术密集等，都是被人们关注的焦点。

一、连铸连轧技术

传统的金属压力加工生产方法，首先是把熔炼的金属铸成锭（或连铸坯）并冷却存放；其次是对锭或切成定尺的连铸坯进行加热；紧接着进行塑性变形加工，获得具有一定的几何形状和外形尺寸且满足所需性能要求的成品。

连铸连轧，实质就是把高温、无缺陷的连铸坯，不经加热或少许补热，直接进行轧制成材的过程。具有节约能源消耗、简化生产工艺流程、缩短生产周期、降低成本等突出特点，业已引起冶金工作者的高度重视并积极研究和竞相开发。当前的集中目标，是不断研究熔炼——连铸——轧制的衔接与匹配技术，以实现均衡的连续化生产。

铜材连铸连轧生产工艺流程如图 13-1 所示。

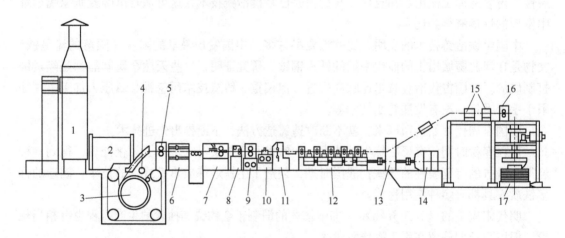

图 13-1　铜材连铸连轧生产流程示意图

竖式熔炼炉 1 采用燃气或燃油式熔化电解铜；感应式保温炉 2 容纳铜水，调温、调质；铜水通过浇包 4 的浇嘴注入五轮式铸造机 3 的结晶器内；铜水随铸造轮旋转逐渐冷却成薄坯，通过夹送辊 5 送至一号剪 6 进行剪切；然后送入铸坯制备装置 7 下料；铸坯由夹送辊 8 送进粗轧第一机架 9 和第二机架 10；粗轧后送入二号剪 11；剪切后送进精轧机组 12，最后轧成铜材。铜材在齿轮箱 13 和主电机 14 的上面越过，经水平式酸洗槽 15 酸洗后，再由夹送辊 16 送入卷线机 17 卷成线捆。

沈阳钢厂型钢连铸-连轧工艺试验生产线如图 13-2 所示。

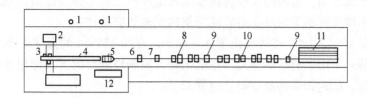

图 13-2 沈阳钢厂连铸-连轧工艺

1—电炉；2—连铸机；3—取坯机；4—保温辊道；5—感应补热炉；6—三辊粗轧机；

7—剪切机；8—中轧机组；9—飞剪；10—精轧机组；11—冷床；12—原加热炉

该厂原为连铸坯冷装炉加热轧制工艺，后改造为连铸-连轧工艺。由图 13-2 可见，该厂电炉、连铸机、轧机布置较为紧凑，连铸机与轧制线布置虽然是呈垂直布置的，但连铸机与粗轧机距离只有 87m，有利于实现连铸-连轧工艺。该厂试验生产时采用二流 140 × 140 铸坯，铸速 1.5m/s，定尺长度 2.3 ~ 3m，剪切温度约 1050 ~ 1100℃；剪断后经短距离输送到取坯机，取坯机将铸坯上移并同时转 90°，落入轧制线输送到辊道上，然后以 2m/s 的速度经保温辊道传送到感应补偿加热炉前等待入炉；感应炉由四个感应线圈组成，功率为 2 × 750kW，频率 100Hz，全长约 4m；入炉温度为 900 ~ 950℃，约经 1min 感应加热，加热到 1150 ~ 1180℃，即出炉送往粗轧机轧制；钢坯在粗轧机上轧制 5 ~ 7 道，然后经切头送入 6 架中轧机组和 8 架精轧机组轧成成品钢材，最后经飞剪切成定尺，送入齿条式冷床冷却、检查、包装出厂。

二、液态铸轧技术

液态铸轧，亦称无锭轧制。实际上是把熔融的金属，直接铸轧成成品的方法。在图 13-3 所示各种双辊式铸轧机上，将熔融金属注入内部冷却的铸轧辊中间，使其连续凝固并施加压力，这实质是连续铸造机和轧机的联合加工过程。

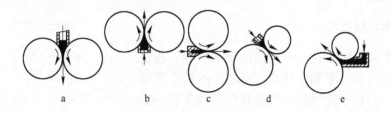

图 13-3 各种双辊式铸轧机

a—上铸法（贝塞麦法）；b—上引法（亨特法）；

c—侧铸法（3C 法）；d—斜铸法；e—斜引法

钢与铝、铜等有色金属相比，后两种金属采用液态铸轧技术还是因为变形温度低、塑性优越、变形抗力小等特点而显得更容易些。但多年来，人们并没有忘记对钢的液态铸轧技术研究，越来越受到关注。

我国东北大学、长春光机所等单位曾于 1958 ~ 1961 年在长春及沈阳等地建立了液态铸轧钢板试验生产设备，铸轧出钢板、铁合金各百余吨。由于表面质量较差，只能供给制造炉筒等次要产品之用，后因国家经济困难而被迫停产。改革开放以后，东北大学、上海钢铁研究所等单位又开始了对液态铸轧薄带钢的试验研究工作。

东北大学于 1984~1985 年铸轧出厚 1~2mm，宽约 150mm 的高速钢薄带，表面质量及组织性能都较好，用以制造的铣刀片性能很好，耐磨性能与硬度及使用寿命甚至比常规锻造铣刀片还好。高速钢带的液态铸轧过程如下。

液态铸轧过程如图 13-4 所示。铸轧机为二辊式，轧辊为内部水冷的空心辊，其辊径为 408mm，工作辊中心联线与水平线成 45°，轧机驱动功率为 16kW。试验中用以炼钢的感应炉，容量为 30~50kg，功率为 150kW。高速钢的熔点约为 1423℃。

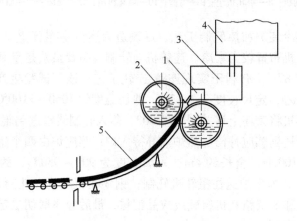

图 13-4　铸轧过程示意图
1—浇嘴；2—铸轧机；3—中间罐；4—钢水包；5—铸轧带钢

当工艺参数为轧制压力 $(150~200) \times 10^4 Pa$、浇铸温度 1460~1520℃、浇铸速度 16~30m/min 时可铸轧出厚度 1.2~2.0mm 的钢带。在铸轧过程中，液态钢水注入辊缝中，迅速凝固并铸轧成带，出辊温度约为 1300℃，铸轧后钢带在空气中冷却，剪成定尺，然后进行退火或热轧压平等制作铣刀的各项工作。

三、粉末轧制技术

金属粉末轧制实质是一个连续的压制过程。粉末不断地通过位于同一平面、转动方向相反的两个轧辊的缝隙之间，并依靠轧辊的压力将其轧制成具有一定厚度和强度的带材。

按带材出辊方向的不同，粉末轧制可分为垂直的、水平的和倾斜的三种形式，其中采用垂直方向的粉末轧制方法较为普遍，并且与其相关的轧制原理和工艺问题研究得也比较系统。图 13-5 为垂直方向的粉末轧制示意图。

粉末轧制的原料是一种具有一定流动性的分散颗粒组成的不连续的松散体。在粉末轧制过程中，整个

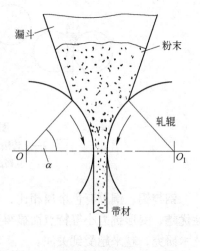

图 13-5　垂直方向的粉末轧制示意图

粉末体在压力的作用下，实质上与致密金属的轧制不完全相同。

致密金属轧制前后只是金属体形状的改变，而体积不变；金属粉末轧制就像其他粉末压力加工一样，是建立在颗粒间有空隙存在的基础上。在轧制压力作用下，粉末颗粒相互移近和重新排列，颗粒间所含气体也不断排出，使粉末颗粒间的空隙减小，粉末体被压实成为具有一定密度和一定强度的产品。致密金属轧制前后金属体积相等的这一原理不适用于金属粉末轧制，金属粉末轧制遵守轧制前后金属粉末质量相等这一原理。

四、金属压力加工特殊方法

接着再重点介绍一些金属压力加工的特殊方法，亦属于开发的新工艺、新技术。

（一）行星轧制

行星轧制如图13-6所示，在大支撑辊之外有一圈多个小行星辊（工作辊），行星辊的转动方向与支撑辊的转动方向相反。

在行星轧机上轧制，一道压下量就可达90%以上。这样大的压缩率，在常规轧机上热轧钢带则要轧制十几道次。该轧机变形量既大又灵活，可生产出多种规格的产品。

（二）接触回形轧制

接触回形轧机轧制如图13-7所示，两个工作辊间装配一个游动辊，其直径是工作辊的1/20。

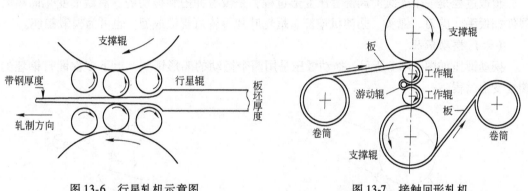

图13-6　行星轧机示意图　　　　　图13-7　接触回形轧机

上下两个工作辊同向旋转，并与支撑辊的转动方向相反。带坯在拉力作用下，在工作辊与游动辊之间进行轧制，它有与矫直加工相似之处。适用于难变形薄带的轧制，一道压下量可达90%。

（三）齿轮轧制

齿轮轧制如图13-8所示，是用带齿的轧辊在齿轮坯料上横向轧出齿廓的热轧过程。

用轧制工艺生产齿轮具有节约金属，生产率高，易于实现自动化等特点。由于齿部金属流线连续且沿齿廓分布，齿轮强度高，耐磨性能好，寿命长。

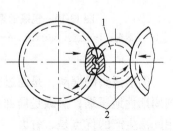

图13-8　齿轮轧制示意图
1—毛坯；2—轧辊

（四）环形件碾轧

环形件碾轧如图13-9所示，是在轧环机上将环形毛坯壁厚减薄、直径扩大的碾轧过程，又称为环形件扩孔、轧环或碾环。

　　碾轧时，先将环形毛坯套在芯辊上，在液压缸的推动下，主轧辊与芯辊逐渐靠拢，毛坯被压在旋转的主轧辊面上并靠摩擦作用与芯辊一起旋转。随着主轧辊与芯辊之间距离的缩短，毛坯受压而产生塑性变形，壁厚减薄、直径扩大，并形成所需截面形状。压力辊起着诱导工件成圆和增加轧环过程的稳定性的作用，并随环形件扩大而远离工作中心。工件达到预定尺寸时，信号辊与工件接触，信号辊发出精碾，随后发出停碾信号，最后主轧辊退回，卸料机构卸下工件。

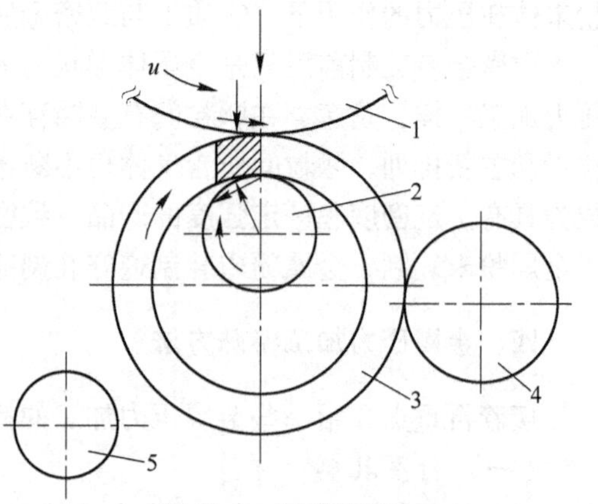

图 13-9　环形件碾轧
1—主轧辊；2—芯辊；3—环形坯；
4—压力辊；5—信号辊

　　（五）辊锻

　　辊锻如图 13-10 所示，辊锻是使冷态的或热态的毛坯，在装有圆弧模块的一对旋转的锻辊中通过时，借助模槽使其产生塑性变形，从而获得所需的锻件或锻坯，是轧制与锻压的组合工艺。

　　辊锻过程是一个连续的局部静压变形过程，是没有冲击和振动的。对截面变化简单的锻件如扳手、剪刀、锄头、柴油机连杆、蜗轮叶片等皆可辊锻成型，也可为模锻制坯。

　　（六）摆动锻压

　　摆动锻压如图 13-11 所示，摆动锻压是用两个摆动的船形锤头，上下多次锻打钢坯的塑性变形过程。

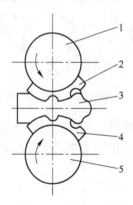

图 13-10　辊锻示意图
1—上锻辊；2—上模；3—毛坯；4—下模；5—下锻辊

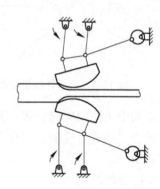

图 13-11　摆动锻压

　　船形锤头的摆动，是通过交流电机通过偏心杆及齿轮传动的。变形过程中，使钢坯受到周期性地压缩，摆碾是局部接触、顺序加压、连续成型，接触面积和单位压力都偏小。用此法生产的优点是，省力、节能、产量高。

　　（七）橡皮冲压成型法

　　橡皮冲压成型法如图 13-12 所示，在护圈内把多张橡皮叠放在一起，利用柔软的橡皮的非压缩性使坯料产生塑性变形。该方法在一般情况下，能够避免冲压板件圆角的破坏或压皱，其冲压比可增大许多。

（八）冷轧冲孔

冷轧冲孔如图 13-13 所示，由轧制方法进行连续冲孔，这比常规冲压其效率会成倍的提高。适用于专业化生产。

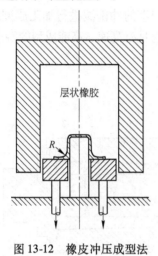

图 13-12　橡皮冲压成型法

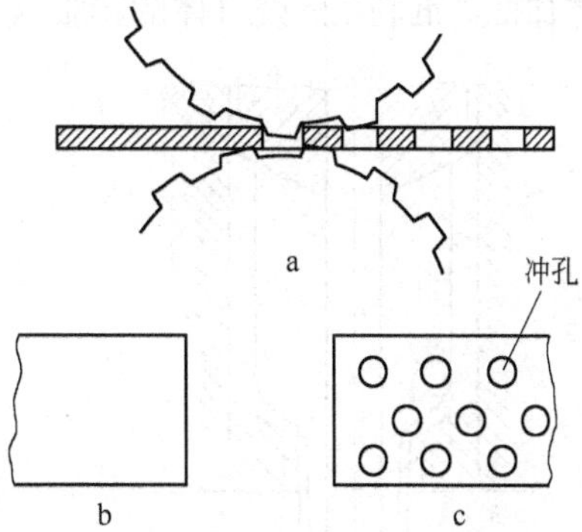

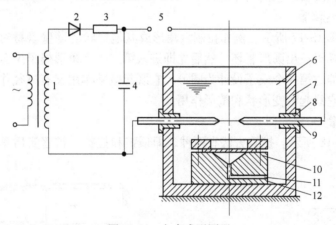

图 13-13　冷轧冲孔示意图
a—冲孔机；b—板料；c—成品

（九）电水成型

电水成型原理如图 13-14 所示，电水成型是利用介质（水）中强电流脉冲放电所产生的强大冲击波使金属变形的一种高能成型方法。

图 13-14　电水成型原理
1—升压变压器；2—整流器；3—充电电阻；4—电容器；5—辅助间隙；6—水；
7—水箱；8—绝缘；9—电极；10—毛坯；11—抽气孔；12—凹模

电水成型能量容易控制、成型过程稳定、生产率高，它可用于拉延、胀形、翻边、冲孔等工序。

（十）双金属管挤压

双金属管挤压如图 13-15 所示，生产双金属管比较有效的方法是冷挤压或静液挤压，由于这两种挤压法的金属流动比较均匀，因此能获得包覆层均匀的双金属管。

双金属管挤压所用的双金属坯料一般用厚壁管，即厚壁基体管。挤压时把基体管套入包覆管坯内，进行10%～15%变形量的拉伸变形，使内外层管坯紧密贴合在一起，然后再进行全润滑挤压。

（十一）爆炸挤压

爆炸挤压如图13-16所示。以炸药为能源，利用爆炸产生的冲击波进行加工成型或以混合气体加推进剂利用燃烧气体的膨胀压力进行加工成型。它具有高速、高能成型的特点。

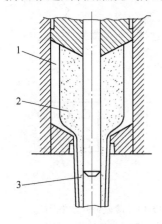 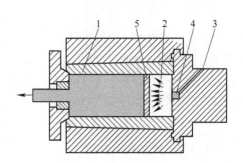

图13-15　双金属管挤压

1—包层金属；2—基体金属；3—双金属管

图13-16　爆炸挤压示意图

1—坯料；2—爆炸室；3—引火线；4—爆信管；5—厚垫片

适用于塑性差、难变形的金属，如高强钢、耐热钢及钨、钼等难熔金属；也适用于成型的形状复杂及精度要求较高的零部件。

（十二）倍模拉管

倍模拉管如图13-17所示。例如拉制六角形或其他形状的薄壁管材时，先通过带有芯棒的第一个圆形模子拉出圆形管坯，然后立即进入第二个六角形模子拉出六角形管材。

采用这种拉伸时第一个模子设计为圆形，它既起减壁作用又有减径作用；第二个模子设计为六角形，它只起改变形状和整形作用。

（十三）扩管

扩管如图13-18所示。扩管方法有两种，即顶扩和拉扩。扩管实质是使管径变大、管

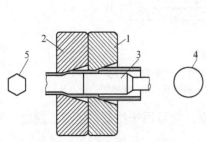 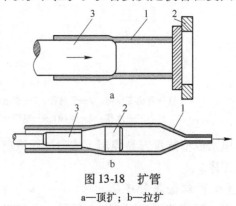

图13-17　倍模拉伸六角形管

1—圆形模；2—六角形模；3—芯棒；
4—拉伸前管坯；5—拉伸后管材

图13-18　扩管

a—顶扩；b—拉扩

1—管坯；2—座，芯头；3—杆

壁变薄的工艺过程。

（1）顶扩。即把管坯一端固定，芯杆从管坯另一端顶入的过程。为了便于脱杆，芯杆带有一定的斜度。该方法常用于直径偏大、管壁偏厚的管材。

（2）拉扩。即把管坯先套在芯杆上，再行拉制扩成管材的过程。该方法常用于管径小、管壁薄的管材。

（十四）熔体抽丝

熔体抽丝如图 13-19 所示。将热的抽丝盘边缘接触熔融金属，熔融金属在极短的时间内凝固并黏附在抽丝盘上，然后以丝线状或箔片状自由地抽出来。

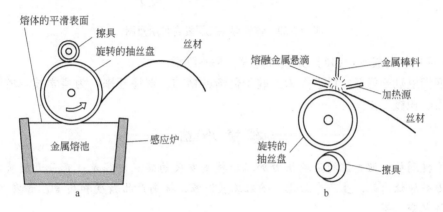

图 13-19　熔体抽丝法
a—坩埚熔体抽丝法；b—悬滴熔体抽丝法

用坩埚里的熔融金属抽丝工艺，称为坩埚熔体抽丝法；用熔化棒料的一端以生成熔融的悬滴抽丝工艺，称为悬滴熔体抽丝法。由于熔体抽丝法不涉及喷口及包套等问题，因此该法能生产出各种金属的极细、极薄制品，如钛、锆等金属。

（十五）复合材料加工

复合材料是金属与金属或金属与非金属组成一种具有新的和复合性能独特的高附加值材料。

复合材料加工通常分为：固相与固相复合，即对处于固态的两种材料加压使其复合界面处产生变形和原子扩散而进行复合；固相与液相复合，即在复合界面处靠固相和液相的变形、扩散和凝固作用而进行复合；固相与气相复合，即把蒸发出来的分子堆积在基板上而形成沉积膜与固相作用而进行复合。

图 13-20 是固相、液相和固相三层复合带的复合加工示意图。不同的金属带材由松卷机出来，经加热后再进入焊接室的过程中，向两带材间浇铸液态金属，然后在焊接室内初步焊合在一起，再经冷却器冷却至一定温度即可轧焊成三层复合带。

以上列举的金属压力加工新技术的发展内容，是当前较为成熟的方面；还有一些正在开发的内容，也会激发我们产生更加新颖的构想、更加新颖的思路。例如：（1）振动轧机；（2）轧件通电（微量）轧制；（3）多辊连续排列的履带式轧机；（4）多辊组装一体的紧凑式轧机；（5）液态金属模锻；（6）金属粉末模锻；（7）冲击挤压；（8）电磁成形；（9）电子束加工；（10）电解沉积；（11）喷涂轧制；（12）喷液轧焊；（13）急冷辊液体

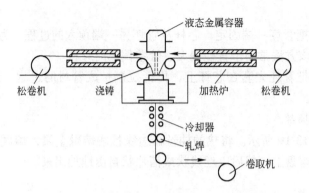

图 13-20　铸轧焊接三层复合带示意图

成丝；（14）喷射成丝；（15）无模拉丝等，举不胜举。

让我们以勤于思考、勇于探索、敢于创新的精神，继往开来，为科学技术的新发展，努力学习、积极工作。

———— **本 章 小 结** ————

本章提到被人们关注的金属压力加工新技术发展的焦点内容是：充分开发资源利用，节约能源并降低消耗，生产专业化，缩短工艺流程，提高产品精度和质量，开发产品深度加工和技术密集等。

课后思考与习题

1. 何谓连铸连轧，与传统的模铸热轧工艺比较，连铸连轧有什么优越性？
2. 何谓爆炸挤压，其特点是什么，适用生产何种产品？
3. 试举出几种金属压力加工尚待开发的特殊方法或创新技术。

第十四章 金属压力加工产品的后续管理

通过前面系统、有效的学习，对金属压力加工的理论知识和生产工艺，从深度和广度，均进行了详细的介绍。然而现实又要求我们不可忽视后续的产品管理工作，这是必须加以重视的。

大家都知道，当今国民经济任何一个部门的发展，都和金属压力加工产品有着密切的关系。随着生产的大力发展和技术水平的不断提高，金属压力加工产品的应用更加广泛。要说的是，在全部主要的金属压力加工产品中，黑色金属（钢铁）压力加工产品占消费总量的比例很大；有色金属压力加工产品，其品种、规格是相当多的，产量则显得相对较少。在这里，着重对黑色金属（钢铁）压力加工产品的后续管理工作加以叙述。

黑色金属（钢铁）压力加工产品，大都是以轧制的方法生产的，通常简单而概括地称其为"钢材"。钢材在生产过程中，其生产规模非常之大，产品数量特别的多。这里不仅要有高大的生产厂房，而且要有宽阔的产品库房，全方位地进行生产及其后续管理，因此钢材的存放和保管就显得极其重要。至于产品的养护处理，往往是分门别类进行的。

第一节 产品的存放和保管

一、产品的存放

实际生产的大量产品必须在厂内存留一段时间，方能周转出厂。钢材整齐、有规矩的堆集成垛存放，称为堆垛。

堆垛就是将钢材按一定的顺序、一定的形状堆集起来，对不同品种、规格、材质的钢材应加以区分，正确的安排垛形、垛位。合理、妥善的堆垛是保证钢材的储存期间数量清楚、不发生变形和锈蚀、提高仓库面积利用率和保证作业安全的前提和方法。

（一）钢材堆垛的一般原则

在确保安全的条件下，钢材堆垛除应注意仓容的合理利用、钢材出库方便以及便于通风、检查、清洁等维护工作外，同时还应注意节约堆垛垫托用料、提高作业效率和减轻劳动强度。要根据钢材储存期限（较长期、短期、临时）及仓库的自然条件和物质条件，因物、因时、因地制宜地进行堆垛。一般应遵循下列原则：

（1）按同品种规格、同钢号堆垛，即同一品种规格、同一钢号的钢材堆成一垛。对要求区分熔炼号的钢材，应在每一垛里再按熔炼号（炉号、罐号、批次号）集中分层或分块，并作出标记以示区别，同时要在垛层卡片上注明。

（2）禁止两种或两种以上不同性质的金属材料堆在一起，因为这样做会导致锈蚀。

（3）在垛位附近禁止存放化学药品及其他有腐蚀性的物资。

（4）不同时间入库的同种钢材，应尽可能分别堆垛，并遵循先入先出的原则。

（5）堆垛应稳固、整齐、过目成数。

（6）提高仓库面积利用率，料垛的长、宽尺寸要与仓库保管面积的长、宽尺寸构成适当比例，以充分利用保管面积。

（7）单位面积上的料垛重量，要符合地面单位面积上的实际重量，以免地面下陷，毁坏料位，引起倒垛和损坏钢材的现象。

（8）便于人工或机械化装卸作业。

（二）仓库合理布局

仓库即是储存货物的地点，也是进行收、发、管理作业的场所。为便于这些工作的顺利进行，要求有合理的库内布局。库内布局要保证收、发、管作业的连续性和互不干扰。充分利用仓库面积，合理安排并尽量扩大货物的储存面积，但要留出通道，收、发作业及办公地点等非储存面积。经常收、发的货物和体大笨重的货物应安排在离库门较近的地方，以缩短运距和减轻工作量。

对库内布局作出总的规划后，将料区和料位划定下来。所划定的料区就是按型钢、钢板、钢管、金属制品等分类方法，将钢材储存在划定的区域，定出料位，立牌标志，注明钢材类别、品种、规定及编号等。这样在收、发料时，就能做到心中有数，一目了然。对于专料专用、应急需要随收、随发和流动较大的钢材，可设专用料位，以免和其他钢材混淆。

仓库料位规划确定后，对垛与垛之间的通道、检查道、垛底与地面的距离等也要确定下来。在库房内保管时应考虑：墙柱与料垛的距离应不小于0.5m；垛间检查道一般为0.5～0.8m；出入通道视钢材体积与运输工具的尺寸而定，一般为1.5～2.0m；垛底与地面距离：对朝阳面的仓库，若为水泥地面，垛底垫高0.1m即可，若为沙泥地面，垫高0.2～0.5m；垛高不能超过屋架下弦。在料棚内保管时，垛与垛间或垛与柱间距离，一般不小于0.5m，对水泥地面垛底垫高0.2m以上，对沙泥土地面垫高0.4m以上。在露天场地保管时，对水泥地面垛底垫高0.3～0.5m，对砂泥土地面垫高0.5～0.7m。堆垛场地必须高于周围地面，并要夯实，不得有污物、杂草，垛的周围要有排水沟。

（三）常见垛形

根据不同钢材的体积和形状堆成相应的合理垛形。但有时即使是同一类钢材，其垛形也可能有几种。这里介绍钢材堆垛常见的一些垛形。

1. 板材堆垛

板材堆垛是钢材垛形中最简单的一种，一般采用平起平堆垛法（如图14-1所示）。

2. 管材堆垛

管材堆垛一般有下列四种垛形：

（1）平形垛。即每堆垛一层后两端都加垫板，每层数量相等，上下层管口对齐（如图14-2所示）。

（2）梅花式梯形垛。即垛的端面呈梯形，上一层比下一层少一根，上一层平放在下一层两管之间的堆法，如图14-3所示。

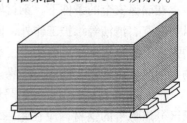

图14-1 钢板平起平堆垛示意图

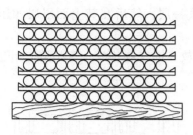

图 14-2　平形垛示意图

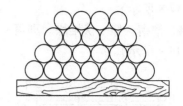

图 14-3　梅花式梯形垛示意图

（3）梅花式方形垛。即垛端面堆成正方形或长方形，上下层管的相对位置同梯形垛，但垛的两侧需加栏柱（如图 14-4 所示）。

梅花式梯形垛及方形垛的优点是，可以节省大量的垫板，增加仓库利用率，垛形稳固，受力均匀。

（4）错牙形垛。即适用于带有管箍（接头）的管材堆垛及铸铁管堆垛，每层的管箍前后错开（如图 14-5 所示），这样就可避免管材因受管箍的夹垫而压弯变形的缺点，并且垛形稳固。

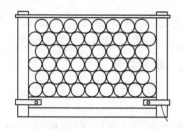

图 14-4　梅花式方形垛示意图

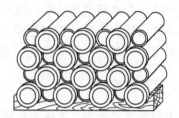

图 14-5　错牙形垛示意图

3. 型材堆垛

型材中的圆钢、六角钢、大角钢等可采用上面介绍的管材堆垛方法。方钢、扁钢等可采用平起堆垛法。此外，还有下列几种型材堆垛法：

（1）等边角钢五伏一仰堆垛。即垛底第一层仰伏交错平码，从第二层开始每伏码五层，在两行间仰码一层（如图 14-6 所示）。

（2）不等边角钢直起堆垛，即垛底层每两根角钢为一对，一伏一仰相扣，呈长方形平放在垫木上，第二层堆垛时，短边与短边应对齐、长边与长边对齐，并在相邻的两长边下面加垫垫木，使每行顶部取齐。从第三层起同等边角钢堆法一样，采取五伏一仰堆垛法，如图 14-7 所示。

图 14-6　等边角钢五伏一仰堆垛示意图

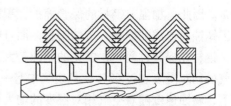

图 14-7　不等边角钢直起码垛示意图

（3）工字钢底层平放堆垛。即在垫木上先平放一层，然后在其上面层层扣压侧放（如图 14-8 所示）。

（4）槽钢一仰一伏堆垛。即第一层在垫木上仰放，第二层伏放，依此类推相互扣堆（如图 14-9 所示）。

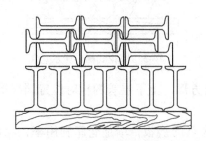 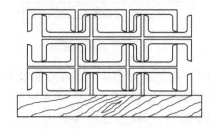

图 14-8　工字钢底层平放堆垛示意图　　　图 14-9　槽钢一仰一伏堆垛示意图

以上几种堆垛方法是我国钢材保管人员在实践中总结出来的较好的垛形。但这里需指出，无论何种垛形（特别是对库外保管的钢材），均应按钢材长度方向呈一定的倾斜度摆放，以便排水。

近年来，为提高工作效率，结合改进堆垛方法还创造了用"错头"、"抽头"等进行记数的办法，使收、发及核对数量的工作更迅速准确。所谓"错头"或"抽头"记数，就是在料垛一定部位，用"错头"或"抽头"来标记一定的数量。

二、产品的保管

在钢材保管过程中，主要应注意避免钢材受到机械性损伤，防止产生锈蚀。因此，要采取相应的保管措施来加以预防。

（一）钢材机械性损伤

造成库存钢材机械性损伤的原因，主要是装卸时任意抛、滚、拖、滑，引起的表面损伤及变形。另外，堆垛过高、垛形不正确，也可能引起钢材发生弯曲、瓢曲等变形。钢材表面损伤和变形，不但降低了表面质量和形状尺寸的精确度，而且会影响钢材的使用。所以，在装卸，堆垛等过程中应特别注意防止机械性损伤和变形。

（二）钢材锈蚀

众所周知，钢材锈蚀所带来的危害和造成的损失是相当严重的，除国家储备仓库和少数现代化仓库以外，钢材的储存条件一般都不太好，而且相当多的钢材没有包装，又常露天存放，经受风吹雨淋和尘埃的侵蚀，因此容易锈蚀。锈蚀不仅会破坏钢材及其制品的表面和外形，而且会降低使用性能。例如，当钢件锈蚀深度约 1% 时，强度则降低 5% ~ 10%。因此，加强对钢材的保管养护，积极采取措施防止钢材在保管期间锈蚀，不但能减少因锈蚀而造成的损耗，节约钢材，而且能保证产品质量。

钢材在保管过程中，常见的锈蚀是大气腐蚀。干燥的空气没有明显的腐蚀作用，只在空气的相对湿度超过 60%，且空气中有一定的杂质气体存在时，才会发生腐蚀。在这种情况下，腐蚀速度随着空气相对湿度的增大而明显增大。大气腐蚀属于电化学腐蚀。由于空气中经常含有一些气体杂质，这些杂质与大气中的水蒸气会形成腐蚀性较强的电解质溶液，当金属表面被这种电解质的水膜覆盖时，就产生了所谓的微电池作用，发生电化学腐蚀。在工业性大气气氛下，腐蚀会加速。所以，大气腐蚀与所处地区（例如工业区、城市市区、农村区）有很大关系。实践证明，虽在同一个城市，但不同地区的大气腐蚀速度会有一定的差别：工业区腐蚀速度最大，市区次之，农村区最小。造成这种差别的主要原因是大气中有害杂质的影响，工业区大气中所含气体杂质（如二氧化硫）及盐类（如氯化物、硫酸盐等）粉末电能多，市区次之，农村区最少。二氧化硫（大多是煤燃烧所生成的）溶于水膜中而生成亚硫酸，还可借助金属表面的催化作用而氧化成硫酸，这就会加速腐蚀的进行。氯化物也会加速大气腐蚀，离子对金属氧化膜有极大的破坏性。显然，在沿海地带由于海洋大气中含有盐分，金属会受到海洋大气强烈的腐蚀。特别是经过海运的钢材，易于受海水侵袭而被腐蚀。

（三）库存钢材的防锈

1. 库存钢材防锈特点

库存钢材锈具有以下特点：

（1）库存钢材储存期限往往不能准确地确定，吞吐有快、有慢。因此，要求防锈措施应有较长时期的效果，方法要简便易行。

（2）钢材发出后用户还要进行加工。因此，防锈措施不应影响以后的加工和使用。

（3）钢材数量多，防锈工作量大。因此，要求防锈措施的费用低，防锈用料来源广。

（4）钢材锈蚀与储存数量多少及储存时间长短有较密切的关系。因此，要求制定合理的库存周转计划和周转定额，贯彻先入先出的原则，制定出既科学又严格的检查和处理库存钢材的技术保管规程（例如检查制度和防锈办法等），从而减少锈蚀造成的损失。

2. 库存钢材防锈措施

库存钢材一般采用下述防锈措施：

（1）选择适当的保管场所。钢材保管场所，无论在库房内或在露天料场，都要尽可能远离产生有害气体和粉尘的厂房，不得与酸、碱、盐类、粉末状物品等物体一起混存。各种小型型钢、薄钢板、硅钢板、钢带、薄壁管、抛光银亮钢及金属制品等，都必须在库房内保管，有条件的仓库应做到专库专存。表面锈蚀对使用影响不大或在进一步加工时能消除锈蚀的钢材，例如重轨、大中型钢、中厚钢板、大口径管等，可在露天货场或在料棚内存放。

料棚地面对钢材锈蚀有影响，普通地面比较潮湿，若采光不好，其锈蚀情况甚至比露天料场还严重，所以，料棚地面最好是水泥地面。

存料场所应有良好的排水系统，使雨后积水迅速排除，避免钢材处于潮湿气氛状态中。

（2）保持库内干燥。保持库房相对湿度在60%以下，可防止钢材表面出现凝结水膜的现象，避免产生电解质溶液而发生电化学腐蚀。但只靠自然方法往往很难达到相对湿度在70%以下，因此，要调节库房内的温度、湿度。具体的方法：一是建立气象观察报告制度，随时掌握天气的变化，预防台风、暴雨、冰雪的侵袭和潮湿季节的影响。利用自然气候调节库房内温、湿度，即以自然通风的办法降温、降潮，开启门、窗、通风口等进行自然通风。二是利用通风设施，如通风机、电扇等进行通风排气，在通风时应不断观察通风效果。三是通过安放干燥剂达到降潮的目的，常用的干燥剂有氧化钙、硅胶、木炭等，一般的做法是将盛有干燥剂的条竹筐、木箱或麻包放在垛底，气流不畅的地方。

（3）合理堆垛妥善遮盖，这是钢材保管的重要环节，也是防损伤、防潮的较为有效的简便方法。

（4）保护防护层或包装使其完好。为防止钢材锈蚀，有些钢材出厂时需涂覆防腐剂或经一定的处理或包装，对这些防护层必须加以保护，以避免在操作过程中损坏。包装损坏者应予以修复。无法修复者应予以重新更换包装，包装受潮也应进行干燥处理。出厂涂油的钢材，如发现有污物、受侵蚀或挥发干枯，应及时予以清洗，除去污垢，重新换油涂覆。

（5）保持钢材本身和存货场所的清洁。入库保管的钢材必须保持清洁，如沾有水、污物等应擦拭干净。汗水也能对钢材造成锈蚀，搬运时要戴手套，既安全又防锈。注意不要将破布、碎片、废手套等遗留在钢材上或垫夹其中。要经常打扫库房、料场。必须特别注意铲除库区的杂草，杂草丛生会加速钢材锈蚀。因为杂草会使垛底通风不良、湿度增大、聚集露水；此外，杂草白天排出氧气、夜里排出二氧化碳，这就给形成电解液提供了条件。例如，对钢管进行典型观察表明：在没有杂草的环境下，钢管在大气中暴露一年，表面会形成锈蚀颗粒，而在杂草丛生的环境下，表面会出现严重的麻坑。

（6）喷涂防腐剂。在钢材表面喷涂防腐剂涂层，可使其与空气等腐蚀介质隔绝，以消除保管过程中发生电化学腐蚀的机会。以前曾用工业凡士林油、锭子油和汽缸油等作防腐剂，但这些防腐剂容易粘上泥土灰尘，失去防锈作用。现在采用干性油防腐涂料，防锈效果较好，使用方便。干性油防腐涂料含有以干性油为主体的成膜剂、防锈漆加剂和溶剂，将其涂在钢材表面能形成透明的薄膜层。

（7）加强检查。钢材在保管期间，应经常进行检查（如日常、定期及不定期、临时和季节性的检查等），随时掌握数量、质量情况，以便及时发现问题并及时处理。

需要指出，钢材各种防锈措施，主要可起缓蚀的作用。因此，保管应有一定的合理的期限，应坚持先入先出，轮换发货等原则。

第二节　产品的养护处理

一、金属锈蚀的特征

1. 黑色金属（包括镀覆材料）锈蚀的特征

（1）轻锈：或称浮锈，系轻微锈蚀，呈现黄色或淡红色，成细粉末状。用粗麻布或棕刷擦拭即可除掉，去锈后仅会轻微损伤氧化膜层（蓝皮）。

（2）中锈：或称迹锈，系较重锈蚀，部分氧化膜脱落，呈现红褐或淡赭色，成堆粉末状。用硬棕刷或钢丝刷刷掉，去锈后表面粗糙，甚至会留存锈痕。

（3）重锈：或称层锈，系严重锈蚀，锈层凸起或呈片状，一般为暗褐色或红黄色，用铜刷或钢丝刷才能刷掉，去锈后呈现麻坑。

（4）水渍：系受雨水或海水侵蚀，尚未起锈，仅在表面呈现灰黑色或暗红色的水纹印迹。轻者麻布即可擦去，但若已渗透氧化膜的仍会有纹印。

（5）粉末锈：系指镀覆表面被氧化后，形成白色或灰色状的锈层，用麻布即可擦去，擦净后，大多数表面上会留有锈痕或呈现粗糙面。

（6）破锡（锌）锈：系指基体金属上的锡（锌）镀层由于锈蚀而被破坏，使基体金属暴露。轻者可用粗麻布擦去，虽然镀层破坏而基体金属未发生锈蚀；重者麻布擦不净，基体金属发生重锈。

2. 有色金属锈蚀的特征

铜材：

（1）水纹印：表面产生褐色平滑水纹暗印。

（2）迹锈：1）凸起水纹黑锈，表面不平；2）淡绿色锈，表面光滑。

（3）绿锈：表面积成斑点或层状深绿色凸起锈蚀，擦掉后呈现麻坑。

铝材、锌板：

（1）白浮锈：表面一层白色细粉末，用布可擦去，呈现平滑暗灰色锈印。

（2）白迹锈：点或水纹白锈，用布擦后仍留有白色锈迹，表面略粗糙。

（3）重白锈：凸起白色锈蚀，擦掉后呈现小坑。

二、产品的养护处理

产品在保管期间，除采取相应的措施防腐外，还必须对已经发生锈蚀的材料进行必要的分类养护处理，贯彻执行"以防为主、防治结合"的方针。处理的主要工作是除锈和涂油。除锈应根据锈蚀程度，即分布面积大小、深浅、色泽、形状及锈蚀材料的数量而定。一般情况是锈蚀越轻的，越及早除去为好。处理时应做到防止材料磨损，符合使用要求，达到继续存放的目的。由于金属多笨重、大型，处理时应提高机械化程度，减少体力劳动。

根据产品锈蚀程度，分类处理的一般要求是：

（一）黑色金属（钢铁）产品

1. 钢板

普通质量的中厚钢板，若轻锈蚀则应除锈干净；中锈蚀一般以清除锈蚀浮层为宜，应将锈灰、锈皮除去，不可涂油；重锈蚀可做一般除锈；将锈末、锈灰扫净，不必涂油。此类钢板不宜长期保管。

优质及合金钢的中厚钢板，若轻锈或中锈蚀则应除锈干净，重锈蚀要做一般除锈，将锈末、锈灰扫净，不必涂油，但不宜长期保管。

普通质量的薄板若轻锈或中锈蚀则应除锈干净；重锈蚀薄板除锈可能会影响尺寸，可不除锈，应及早处理使用。

优质及合金钢薄板，如优质碳素结构钢薄钢板、合金结构钢薄钢板、深冲压用冷轧薄钢板、搪瓷用热轧薄钢板、碳素工具钢薄钢板、空气压缩机阀片用热轧薄钢板、航空用钢板、弹簧钢薄钢板、压力容器用薄钢板等，轻锈、中锈经除锈可涂以中性防锈油和防腐剂。热轧硅钢薄板一般不除锈、不涂油，但应及早处理使用。薄钢板双面涂油无须过多，润湿即可。

镀覆薄钢板，如镀锌铅薄板、镀锡钢板（钢带），其锈蚀大部分为点状、线状和片状，轻者色暗或有白色粉末锈，重者镀层破碎锈穿板材。除锈很易挫伤镀面，因此，不便除锈，也无须涂油，但不宜长期保管。镀锌薄板原出厂涂油的，应视其情况予以定期检查，有布擦去已经失效的油层，涂以中性锈油。

各种用途的钢带，一般不除锈，不涂油。应根据其锈蚀情况及早处理使用。

2. 型钢

普通和优质的圆、方、六角、八角钢，其直径、边宽或内切圆直径在 20mm 以下，以及扁、工、槽、角钢等，其厚度、腰厚或腿厚在 6mm 以下，轻锈或中锈蚀，应力求除锈干净。

大于上述尺寸者，可作一般除锈或除去浮锈。

重锈的型钢可扫除锈末、锈灰，不宜长期保管。

表面精密光亮的优质型材，如圆、方、六角、八角等冷拉钢材，去锈后，应适当加以油润。其余型钢一律不涂油。

3. 管材

镀锌管材，类似镀覆板材所述，不便除锈，但以不伤及无锈表面而力求擦净垢尘与锈末、锈灰，不涂油。

无缝钢管和焊接钢管，轻锈应除净，其钢管内外表面可涂以中性防锈油，仅要求内表面和外表面涂油的可按要求涂油。

锅炉钢管、蒸汽钢管、高压锅炉管的轻锈和中锈除去干净，去锈后可不涂油及其他防腐剂。

直径在 200mm 以下的输油管和地下水道管，轻锈和中锈经除去后，外表面涂以薄的中性防锈油，大于 200mm 的，除锈后可不涂油。

地质钻探用钢管、包括钻杆及其接箍、锁接头、岩心管、套管的衔接与保护环、钻头用钢管、钻铤和主动钻杆的一般轻锈、中锈应擦净，去锈后内外壁应涂以中性防锈油，其丝扣、加工表面处应涂以中性防锈油及其他防腐剂加以保护。

石油油管及接头除锈后，其螺纹部位应涂以润滑油为宜。石油钻探管、石油套管除锈后的内外表面均应涂以中性防锈油，其螺纹部分要涂油保护。石油对焊钻杆、钻铤、方钻杆及其接头管材除锈后，其外表面应涂以指定的防锈漆。螺纹与加工部分应涂以中性油。

精密钢管、优质薄壁管、合金管等，轻锈、中锈应擦净，去锈后内外表面可涂中性防腐油。

钢管两端口，最好用油纸封口或油纸堵塞端口，防止沾灰或潮湿，保护内壁不受腐蚀。

钢管发生重锈的，应扫除锈末，锈灰与尘垢即可，不宜长期保管。

4. 钢轨与配件

钢轨一般不除锈、不涂油保管，但如遇有 60％ 以上发生中锈的，须进行除锈。垫板一般不除锈、不涂油保管；鱼尾板须除锈涂油保管。

5. 钢丝、钢丝绳

镀覆钢丝如发生锈蚀，不除锈及涂油，重锈者应及早处理使用。

各种用途的钢丝，一般都经涂中性油并加防潮纸包装，应定期检查涂覆及包装情况，不除锈，但应对油层失效与包装损坏的进行重新涂防锈油和加工养护处理。重锈的应及早处理使用。

钢丝绳均在出厂前涂以防锈油脂，如原油脂干涸，可除去垢尘重新除以油脂保护。航海绳索应在表面涂中性油。

6. 焊条

各种焊条如发现受潮，属碱性的需经 250℃，酸性的经 150℃，均烘干 1～2h 后，再使用。经烘干后的焊条在进行焊接时，如没发现药皮脱落，和焊缝表面无气孔及焊条内部有轻微锈斑的，在不影响力学性能的情况下亦可用，但要求高质量的产品不得使用。

（二）有色金属产品

镁锭是极易腐蚀的，如表面发生锈蚀将会迅速向内部渗入，以致全部被氧化。因此有锈必须彻底擦除干净。除锈后应仔细的在热碱水及重铬酸盐溶液中洗涤，去掉溶剂氯化物的污垢，并涂以凡士林或石蜡之类的防腐剂或以油蜡封装保管，并注意封面不能破裂。表面已发生锈蚀的，虽经防腐处理，亦不宜长期保管。

铜、锌、铅、铝、锡、锑等块状材料，如发现锈蚀，一般擦净浮锈及除去垢尘即可，不宜涂油。

板、管、带材，如发现锈蚀，一般应擦除轻锈或锈末，不必涂油。但原制造厂出厂已涂油的还应涂以中性防锈油，如铝板、铝管等。其锈蚀严重的，不除锈、不涂油，但不宜长期保管。

线材无论锈蚀轻重及包装与否，原则上一律不进行除锈、不涂油，但应擦净垢尘。若属于沾染锈，在不影响线材的要求时可以去锈。并应以防潮纸严密包扎。

碎块、粉末、颗粒等原材料，无论锈蚀轻重，一律不除锈、不涂油。铝粉是易燃品，存放应注意隔离火种。

汞蒸气有剧毒，金属砷极易氧化且有剧毒；汞及金属砷包装器皿均应封闭完好、防锈和防潮。

有色金属产品大部分是较软的，在一般情况下可不进行除锈涂油。其表面有尘土、污垢或其他锈蚀介质时，可用麻布擦除。在有色金属的保管中，应防止碰伤、潮湿和化学浸蚀。

以下几种强氧化金属，应设专库与其他物质隔离，并采取安全措施。含有特殊变化或需换油维护时，应在技术人员指导下进行。

锂，应浸在变压器与石蜡（50∶50）的混和溶液中保管，并用铁桶或缸作容器密封。

钾、钠、铷、铯、铈，应浸在煤油或汽油中保管，并用铁桶、缸或特制的玻璃容器，严密包装。

钡、钙，应浸在煤油或石蜡溶液中，或放在真空中注入惰性气体，密封保管。

锆粉，其化学稳定性不如块状者，可放在注入水的容器中保管。

铊，应放在甘油或凡士林中保管。

对于含有放射性同位素元素的金属材料，在保管过程中必须采取防护措施，按规定操作，避免射线辐射伤人。

第三节 金属的危害常识

一、金属的危害

金属的危害，更多的是出现在工业生产过程之中。

　　金属生产不但会接触提炼的金属，而且还要接触矿石中伴生的金属，矿石中含有的硫、氟化物以及可能存在的放射性物质。开采矿山和粉碎矿石还接触二氧化硅粉尘。在冶炼过程中，重要的职业危害还有高温、一氧化碳、酸雾等。金属的危害常识，应该了解一些。

　　诸多工业生产都使用大量金属化合物，油漆颜料工业、橡胶工业、塑料工业、医药工业、农药工业等都会接触金属化合物。此外，皮革工业、纺织工业、玻璃工业、陶瓷工业、木材工业、电子工业、国防工业等部门都使用金属化合物。

　　金属化合物是金属元素与其他元素化合而形成的。金属元素除贵金属外，都能与氧化合生成稳定的金属氧化物。同一金属由于价数不同，可形成几种不同的氧化物。硫化氢能与所有重金属生成具有特殊颜色的硫化物。很多常用金属的重要矿物都是硫化物。

　　氯几乎能与所有的金属化合，生成盐。在稀有金属冶炼中常常利用氯化物的一些特性进行提纯和制取金属。

　　金属与硫酸作用生成硫酸盐。绝大多数的硫酸盐呈白色，其溶液是无色的，仅有某些重金属硫酸盐有特殊颜色。大多数硫酸盐易溶于水，只有硫酸钙、硫酸铅、硫酸钡等不溶于水。

　　金属与硝酸作用生成硝酸盐。所有硝酸盐都可溶于水。重金属硝酸盐加热时，分解成金属氧化物、氧和二氧化氮。

　　有些金属可以形成有机化合物。有机金属化合物具有特殊的化学性能，因而有特殊的用途，但也有特殊的毒性，尤其是有机铅、有机汞、有机锡化合物的毒性很大。

　　提高有毒金属，也要引起注意。工业生产会向自然界排放大量废水、废气、废渣，造成环境污染，先是生产环境的污染，进一步是大自然环境的污染。金属对环境的污染主要是重金属污染，其中问题最严重的是铅、汞、镉，其次是锑、砷、铍、钴、铜、锰、镍、硒、锡、钒。其中有的是必需微量元素，如钴、铜、锰、镍、硒、锡、钒，由于接触量过大而表现出毒性作用。铅、汞、镉、锑、铍目前还不知有什么重要的生理功能，是单纯的有毒金属。有毒金属多是微量重金属。

　　有毒金属作用于生物体可引起功能性或器质性损害。毒物引起生物体损害的能力称为毒性，产生的损害称为毒作用或毒效应。毒性的大小可用损害的性质和程度表示。毒物各有其作用部位，可作用于一个系统，也可作用于几个系统。金属的毒性由其内在的毒性决定，但也与剂量和浸入途径有关。大剂量、短时间接触毒物可引起急性中毒；小剂量、长时间接触可引起慢性中毒。有毒金属的剂量由小到大，损害的程度由轻变重。

二、预防金属中毒

　　在这里，仅就生产环境层面预防金属中毒的内容加以简要叙述。

（1）完整的技术措施：

1）有害物质生产过程机械化、自动化、密闭化、有害气体和液体输送管道化。

2）以无毒或毒性小的生产原料代替有毒的原料。

3）仪表远距离操纵，或隔离操作，减少人与毒物的接触。

4）改进工艺、简化工艺流程。

5）综合利用回收废气、废液、废渣，化废为宝、化害为利。

（2）降低生产场空气中有害物质的浓度，加强通风排毒措施：

1）全面通风，采取自然通风或机械通风，使车间得到良好的通风换气，排除或稀释车间空气中的有毒物质。

2）局部抽风，在车间毒物集中的地方安装局部抽风设备，如通风橱、排气罩、槽边抽风等。

3）毒物的回收利用。

防尘措施：产生粉尘的作业，应采取密闭、通风、排尘等措施。湿式作业是比较有效的方法，要经常喷水、洒水，以降低空气中粉尘污垢的浓度。

4）建立、健全安全生产制度，加强维修、保养和清扫制度，对车间有害物质的浓度进行定期监测。

5）新建、改建、扩建的厂房要根据工业企业设计卫生标准进行设计。建筑要符合卫生学要求。毒物产生较多的车间应排列在下风向，与其他车间保持一定距离。室内墙壁、地面要光滑、平坦，便于清洗。

6）卫生防护措施：根据需要，配备个人防护用具。

①防护服装，工作装、手套、长靴。

②防毒面罩或面具、过滤式防毒面具、送风式防毒面具、供氧式防毒面具。

③防尘口罩。

④车间安装冲洗龙头、淋浴间。

有关更大范围的环境保护，如治理三废（废气、废水、废渣）等工作，这里就不多说了。

———— 本 章 小 结 ————

正像前面所说的那样，如此庞大的生产规模，势必涉及生产安全环境。优质、高产、低成本的产品，需要生产工艺的核心技术支撑，以及全面管理的保障。紧密相关、严格掌控，各个工序衔接配合，总体工艺流程顺利畅通。提高生产效率，确保增加企业的赢利。

课后思考与习题

1. 钢材保管时的堆垛，一般应该考虑什么原则？

2. 库存产品一般都采用什么防锈措施？

3. 熟悉和了解金属压力加工产品的锈蚀特征，采取何种养护处理，试举例说明。

附　　录

附录1　金属元素分类

黑色金属（钢铁）
- Fe（铁）
- Mn（锰）
- Cr（铬）

金属
- 黑色金属（钢铁）
- 有色金属
  - 轻金属：Al（铝）Mg（镁）K（钾）Na（钠）Ca（钙）Sr（锶）Ba（钡）
  - 重金属：Cu（铜）Pb（铅）Zn（锌）Ni（镍）Co（钴）Sn（锡）Cd（镉）Bi（铋）Sb（锑）Hg（汞）
  - 稀有金属
    - 稀有轻金属：Li（锂）Be（铍）Cs（铯）Rb（铷）
    - 高熔点金属：W（钨）Mo（钼）Ta（钽）Nb（铌）Ti（钛）Zr（锆）Hf（铪）V（钒）Re（铼）
    - 分散金属：Ga（镓）In（铟）Tl（铊）Ge（锗）
    - 稀土金属：Sc（钪）Y（钇）La（镧）Ce（铈）Pr（镨）Nd（钕）Pm（钷*）Sm（钐）Eu（铕）Gd（钆）Tb（铽）Dy（镝）Ho（钬）Er（铒）Tm（铥）Yb（镱）Lu（镥）
    - 放射性金属：Tc（锝*）Po（钋）Ra（镭）Ac（锕）Th（钍）Pa（镤）U（铀）Np（镎*）Pu（钚*）Am（镅*）Cm（锔*）Bk（锫*）Cf（锎*）Es（锿*）Fm（镄*）Md（钔*）No（锘*）Lw（铹*）Fr（钫*）
  - 贵金属：Au（金）Ag（银）Pt（铂）Pd（钯）Rh（铑）Ir（铱）Ru（钌）Os（锇）
  - 半金属：Si（硅）As（砷）Se（硒）Te（碲）B（硼）

注：1. 通常把金属分为黑色金属和有色金属两大类。黑色金属亦称"铁类金属"（所含主要成分是铁），包括铁、锰、铬及其合金。习惯上把黑色金属统称为"钢铁"，钢和铁（即铁碳合金）占全部金属总重量的94%。除铁、锰、铬以外的金属都称为有色金属（或"非铁金属"）。

2. 金属元素共列出86种，其中黑色金属元素3种，有色金属元素83种。

3. 带 * 的是人造元素。

附录2　钢铁产品名称及符号

名　称	汉字简称	采用符号	符号在牌号中的位置	名　称	汉字简称	采用符号	符号在牌号中的位置
碳素结构钢	屈	Q	牌号头	焊接用高温合金	焊高合	HGH	牌号头
沸腾钢	沸	F	牌号尾	耐蚀合金	耐蚀	NS	牌号头
镇静钢	镇	Z	牌号尾	精密合金	精	J	牌号中
半镇静钢	半	b	牌号尾	软磁合金		1J	
特殊镇静钢	特镇	TZ	牌号尾	变形永磁合金		2J	
碳素工具钢	碳	T	牌号头	弹性合金		3J	
滚珠轴承钢	滚	G	牌号头	膨胀合金		4J	
易切削钢	易	Y	牌号头	热双金属		5J	
焊接用钢	焊	H	牌号头	精密电阻合金		6J	
船体用结构钢		AH		炼钢用生铁	炼	L	牌号头
		BH		铸造用生铁	铸	Z	牌号头
		DH		含钒生铁	钒	F	牌号头
		EH		球墨铸铁用生铁	球	Q	牌号头
锅炉用钢	锅	g	牌号尾	铸造用磷铜钛低合金耐磨生铁	耐磨铸	NMZ	牌号头
桥梁用钢	桥	q	牌号尾	硅铁		FeSi	
汽车大梁用钢板	梁	L	牌号尾	硅钙合金		CaSi	
钢轨钢	轨	U	牌号头	锰铁		FeMn	
冷镦钢	铆螺	ML	牌号头	高炉锰铁		GFeMn	
锚链钢	锚	M	牌号头	铁锰硅合金		FeMnSi	
压力容器用钢	容	R	牌号尾	金属锰		JM	
低温压力容器用钢	低容	DR	牌号尾	电解金属锰		DJM	
多层压力容器用钢	容层	RC	牌号尾	铌锰铁合金		FeMnNb	
矿用钢	矿	K	牌号尾	金属铬		JCr	
凿岩钎杆用中空钢	中空	ZK	牌号头	铬铁		FeCr	
地质钻探钢管用钢	地质	DZ	牌号头	真空微碳铬铁		ZKFeCr	
电工用热轧硅钢	电热	DR	牌号头	氮化铬铁		FeNCr	
电工用冷轧硅钢	电	D	牌号头	硅铬合金		CrSi	
电工用冷轧无取向硅钢	电无	DW	牌号头	钨铁		FeW	
电工用冷轧取向硅钢	电取	DQ	牌号头	钼铁		FeMo	
				氧化钼块		YMo	
电磁纯铁	电铁	DT	牌号头	钒铁		FeV	
变形高温合金	高合	GH	牌号头	钒铝合金		AlV	
铸造高温合金		K	牌号头	钛铁		FeTi	

附录3　铁、铸钢产品牌号表示方法举例

产品名称	牌号举例	产品名称	牌号举例
生铁及铁合金		生铁及铁合金	
生铁		钼铁	FeMo70
炼钢生铁	L08、L10	氧化钼块	YMo55.0-A
铸造生铁	Z14、Z30	钒铁	FeV40-A
含钒生铁	F02、F05	钒铝合金	AlV55
球墨铸铁用生铁	Q10、Q16	钛铁	FeTi30-A
铸造用磷铜钛低合	NMZ14、NMZ30	铸铁、铸钢及铸造合金	
金耐磨生铁		铸铁	
铁合金		灰铸铁	HT20—40、HT40—68
硅铁	FeSi75Al0.5-A	球墨铸铁	QT40—10；QT60—2
	FeSi45	可锻铸铁	KT33—8；KTZ60—3
硅钙合金	Ca31Si60	耐热铸铁	RTCr—1.5；RTSi—5.5
锰铁	FeMn85C0.2	铸钢	
高炉锰铁	GFeMn76	碳素铸钢	ZG15；ZG45
铁锰硅合金	FeMn60Si25	合金铸钢	ZG50SiMn；ZG35CrMnSi
金属锰	JMn97	不锈耐酸铸钢	ZG2Cr13；ZG1Cr18Ni9Ti
电解金属锰	DJMn99.7	铸造合金	
铌锰铁合金	FeMn50Nb17	铸造永磁合金	LNG40；LNG52
铬铁	FeCr69C0.03	铸造高温合金	K5；K13
真空微碳铬铁	ZKFeCr67C0.010	粉末及粉末材料	
氮化铬铁	FeNCr3-A	铁粉	
金属铬	JCr99-A	粉末冶金用还原铁粉	FHY1—26；FHY3—24
硅铬合金	Cr30Si45	焊条用还原铁粉	FHH1—24；FHH2—28
钨铁	FeW80-A		

附录4　有色金属与合金名称及其汉语拼音字母的代号

序号	名称	代号	序号	名称	代号
1	铜	T	7	白铜	B
2	铝	L	8	防锈铝	LF
3	镁	M	9	锻铝	LD
4	镍	N	10	硬铝	LY
5	黄铜	H	11	超硬铝	LC
6	青铜	Q	12	特殊铝	LT

序　号	名　　称	代　号	序　号	名　　称	代　号
13	无氧铜	TU	21	铸造碳化钨	YZ
14	真空铜	TK	22	铸造合金	Z
15	金属粉末	F	23	镁合金(变形加工用)	MB
16	喷铝粉	FLP	24	焊料合金	Hl
17	涂料铝粉	FLU	25	印刷合金	I
18	细铝粉	FLX	26	轴承合金	Ch
19	钨钴硬质合金	YG	27	阳极镍	NY
20	钨钴钛硬质合金	YT			

附录5　有色金属与合金产品状态、表面特性及其汉语拼音字母的代号

序　号	名　　称	代　号	序　号	名　　称	代　号
1	热加工状态	R	13	表面不包铝的	B
2	退火（焖火）状态	M	14	不包铝、热轧	BR
3	淬火状态	C	15	不包铝、退火	BM
4	淬火后冷轧（冷作硬化）	CY	16	不包铝、淬火、冷作硬化	BCY
5	淬火、自然时效	CZ	17	不包铝、淬火、优质表面	BCO
6	淬火、人工时效	CS	18	不包铝、淬火、冷作硬化、优质表面	BCYO
7	硬状态	Y	19	退火、优质表面	MO
8	$\frac{3}{4}$硬、$\frac{1}{2}$硬、$\frac{1}{3}$硬、$\frac{1}{4}$硬	Y_1、Y_2、Y_3、Y_4	20	淬火、自然时效、优质表面	CZO
9	特硬状态	T	21	淬火、人工时效、优质表面	CSO
10	优质表面	O	22	淬火后冷轧、人工时效	CYS
11	表面涂漆蒙皮板	Q	23	热加工、人工时效	RS
12	表面加厚包铝层	J	24	淬火、自然时效、冷作硬化、优质表面	CZYO

附录6　有色金属及合金加工、铸造产品牌号表示方法举例

产品名称	组　别	金属或合金牌号	代　号
铝及铝合金	工业纯铝	四号工业纯铝	1035
	防锈铝	二号防锈铝	5A02

产品名称	组 别	金属或合金牌号	代 号
铝及铝合金	硬 铝	十二号硬铝	2A12
	锻 铝	二号锻铝	6A02
	超硬铝	四号超硬铝	7A04
	特殊铝	六十六号特殊铝	5A66
镁合金		八号镁合金	MB8
钛及钛合金	工业纯钛	一号 α 型钛	TA1
	钛合金	五号 α 型钛合金	TA5
		四号 $\alpha+\beta$ 型钛合金	TC4
纯 铜	纯 铜	二号铜	T2
	无氧铜	一号无氧铜	TU1
	磷脱氧铜		TUP
黄 铜	普通黄铜	68 黄铜	H68
	铅黄铜	59-1 铅黄铜	HPb59-1
	锡黄铜	90-1 锡黄铜	HSn90-1
	铝黄铜	77-2 铝黄铜	HAl77-2
	锰黄铜	58-2 锰黄铜	HMn58-2
	铁黄铜	59-1-1 铁黄铜	HFe59-1-1
	镍黄铜	65-5 镍黄铜	HNi65-5
	硅黄铜	80-3 硅黄铜	HSi80-3
青 铜	锡青铜	6.5-0.1 锡青铜	QSn6.5-0.1
	铝青铜	10-3-1.5 铝青铜	QAl10-3-1.5
	铍青铜	1.9 铍青铜	QBe1.9
	硅青铜	3-1 硅青铜	QSi3-1
	锰青铜	5 锰青铜	QMn5
	镉青铜	1 镉青铜	QCd1
	铬青铜	0.5 铬青铜	QCr0.5
白 铜	普通白铜	30 白铜	B30
	锰白铜	3-12 锰白铜	BMn3-12
	铁白铜	30-1-1 铁白铜	BFe30-1-1
	锌白铜	15-20 锌白铜	BZn15-20
	铝白铜	13-3 铝白铜	BAl13-3
镍及镍合金	纯 镍	四号镍	N4
	阳极镍	一号阳极镍	NY1
	镍硅合金	0.19 镍硅合金	NSi 0.19
	镍镁合金	0.1 镍镁合金	NMg 0.1
	镍锰合金	2-2-1 镍锰合金	NMn2-2-1

产品名称	组　别	金属或合金牌号	代　号
镍及镍合金	镍铜合金	28-2.5-1.5 镍铜合金	NCu28-2.5-1.5
	镍铬合金	10 镍铬合金	NCr10
	镍钴合金	17-2-2-1 镍钴合金	NCo17-2-2-1
	镍铝合金	3-1.5-1 镍铝合金	NAl3-1.5-1
	镍钨合金	4-0.2 镍钨合金	NW 4-0.2
铅及铅合金	纯铅	三号铅	Pb3
	铅锑合金	二铅锑合金	PbSb2
锌及锌合金	纯锌	二号锌	Zn2
	锌铜合金	1.5 锌铜合金	ZnCu1.5
锡及锡合金	纯锡	二号锡	Sn2
	锡锑合金	2.5 锡锑合金	SnSb2.5
	锡铅合金	13.5-2.5 锡铅合金	SnPb13.5-2.5
镉	纯镉	二号镉	Cd2
焊料	铜焊料	64 铜锌焊料	H1CuZn64
	锡焊料	39 锡铅焊料	H1SnPb39
	银焊料	28 银铜焊料	H1AgCu28
硬质合金	钨钴合金	钨钴 6 硬质合金	YG6
	钨钛钴合金	钨钛钴 5 硬质合金	YT5
	铸造碳化钨	2 号铸造碳化钨	YZ2
金及金合金	纯金	二号金	Au2
	金银合金	40 金银合金	AuAg40
	金铜合金	20-5 金铜合金	AuCu20-5
	金镍合金	7.5-1.5 金镍合金	AuNi7.5-1.5
	金铂合金	5 金铂合金	AuPt5
	金钯合金	30-10 金钯合金	AuPd30-10
	金镓合金	1 金镓合金	AuGa1
	金锗合金	12 金锗合金	AuGe12
银及银合金	纯银	二号银	Ag2
	银铜合金	10 银铜合金	AgCu10
	银镁合金	3 银镁合金	AgMg3
	银铂合金	12 银铂合金	AgPt12
	银钯合金	20 银钯合金	AgPd20
铂及铂合金	纯铂	二号铂	Pt2
	铂铱合金	5 铂铱合金	PtIr5
	铂铑合金	7 铂铑合金	PtRh7
	铂银合金	20 铂银合金	PtAg20
	铂钯合金	20 铂钯合金	PtPd20
	铂镍合金	4.5 铂镍合金	PtNi4.5

产 品 名 称	组 别	金属或合金牌号	代 号
钯及钯合金	纯　钯 钯铱合金 钯银合金 钯铜合金	二号钯 10 钯铱合金 40 钯银合金 40 钯铜合金	Pd2 PdIr10 PdAg40 PdCu40
粉　末	镁　粉 喷铝粉 涂料铝粉 细铝粉 炼钢、化工用铝粉 特细铝粉	一号镁粉 二号喷铝粉 二号涂料铝粉 一号细铝粉 一号炼钢、化工用铝粉 一号特细铝粉	FM1 FLP2 FLU2 FLX1 FLG1 FLT1
轴承合金	锡基轴承合金 铅基轴承合金	8-4 锡锑轴承合金 0.25 铅锑轴承合金	ChSnSb8-4 ChPbSb0.25
印刷合金	铅基印刷合金	14-4 铅锑印刷合金	IPbSb14-4

参 考 文 献

[1] 中国冶金百科全书《金属塑性加工》[M]. 北京：冶金工业出版社，1999.

[2] 中国冶金百科全书《金属材料》[M]. 北京：冶金工业出版社，2001.

[3] 陈恒庆，等. 中国钢铁材料牌号手册[M]. 北京：中国标准出版社，1994.

[4] 虞莲莲，等. 实用钢铁材料手册[M]. 北京：机械工业出版社，2001.

[5] 李春胜，等. 金属材料手册[M]. 北京：化学工业出版社，2005.

[6] 段曰瑚，等. 有色金属塑性加工学[M]. 北京：冶金工业出版社，1982.

[7] 有色金属工业设计总设计师手册《有色金属加工》[M]. 北京：冶金工业出版社，1989.

[8] 姚若浩. 金属压力加工中的摩擦与润滑[M]. 北京：冶金工业出版社，1990.

[9] 李虎兴等. 压力加工过程的摩擦与润滑[M]. 北京：冶金工业出版社，1993.

[10] 田乃媛等. 薄板坯连铸及热装直接轧制[M]. 北京：冶金工业出版社，1993.

[11] 徐鹤贤，李生智. 冷轧窄带钢生产[M]. 沈阳：东北工学院出版社，1992.

[12] 郭栋，周志德. 金属粉末轧制[M]. 北京：冶金工业出版社，1984.

[13] 温景林，杨如柏. 金属压力加工车间设计[M]. 北京：冶金工业出版社，1992.

[14] 郭长武. 钢材深加工技术[M]. 沈阳：东北大学出版社，1997.

[15] 李隆旭等. 高强度包装钢带的开发研究[J]. 辽宁冶金，1997，(4)：59～61.

[16] 李生智，李隆旭. 不对称异径三辊轧机热轧薄带钢的新技术研究[J]. 辽宁冶金，1994，(6)：27～31.

[17] 李生智. 对我国实现连铸钢坯直接轧制成材新技术的探讨[J]. 冶金能源，1989 (1)：20～24.

[18] 李生智，刘景新. 连铸坯直接轧制工艺研究[J]. 钢铁，1995，(4)：42～45.

[19] 于国安，于忠升. 弹性力学及有限单元法程序设计[M]. 沈阳：东北大学出版社，1988.

[20] 于志中，熊中实. 钢材管理知识[M]. 北京：冶金工业出版社，1984.

[21] 王世俊，等. 金属中毒[M]. 北京：人民卫生出版社，1988.

[22] 王廷溥，等. 轧钢工艺学[M]. 北京：冶金工业出版社，1981.

冶金工业出版社部分图书推荐

书　名	作　者	定价(元)
塑性成型力学与轧制原理	章顺虎	52.00
特种轧制设备	周存龙	46.00
真空轧制复合技术与工艺	骆宗安　谢广明	88.00
板带材智能化制备关键技术	张殿华　李鸿儒	126.00
中厚钢板热处理装备技术及应用	王昭东　李家栋　付天亮　等	86.00
金属压力加工原理（第2版）	魏立群	48.00
金属塑性成形理论（第2版）	徐春　阳辉　张弛	49.00
金属固态相变教程（第3版）	刘宗昌　计云萍　任慧平	39.00
金属学原理（第2版）	余永宁	160.00
光学金相显微技术	葛利玲	35.00
焊接导论	张英哲　伍剑明　李娟	27.00
钛粉末近净成形技术	路新	96.00
增材制造与航空应用	张嘉振	89.00
粉末冶金工艺及材料（第2版）	陈文革　王发展	55.00
高温熔融金属遇水爆炸	王昌建　李满厚　沈致和　等	96.00
冶金工艺工程设计（第3版）	袁熙志　张国权	55.00
冶金与材料热力学（第2版）	李文超　李钒	70.00
钢铁冶金虚拟仿真实训	王炜　朱航宇	28.00
轧钢过程节能减排先进技术	康永林　唐荻	136.00
轧钢生产典型案例——热轧与冷轧带钢生产	杨卫东	39.00
轧钢工（高级技师）	杨卫东	36.00
焊工技能培训（技师）	张金艳　李晓霞	38.00